Xinben Renshêng

心本人生

吴发科　吴舒蔓　著

暨南大學出版社
JINAN UNIVERSITY PRESS

中国・广州

图书在版编目（CIP）数据

心本人生/吴发科，吴舒蔓著．—广州：暨南大学出版社，2014.12
ISBN 978－7－5668－0743－4

Ⅰ.①心…　Ⅱ.①吴…②吴…　Ⅲ.①心理学—通俗读物　Ⅳ.①B84－49

中国版本图书馆CIP数据核字（2013）第211708号

出版发行：暨南大学出版社

地　址：中国广州暨南大学
电　话：总编室（8620）85221601
　　　　营销部（8620）85225284　85228291　85228292（邮购）
传　真：（8620）85221583（办公室）　85223774（营销部）
邮　编：510630
网　址：http：//www.jnupress.com　http：//press.jnu.edu.cn

排　版：广州市天河星辰文化发展部照排中心
印　刷：广东省农垦总局印刷厂

开　本：787mm×1092mm　1/16
印　张：13.5
字　数：326千
版　次：2014年12月第1版
印　次：2014年12月第1次

定　价：35.00元

前言

☆人生是一个大课题

人生是一个大课题，包括人生的时间、空间、际遇、感受等，它既是生活际遇的历程，也是心灵感悟的历程。有的人活了一百多岁，跨越了几个朝代；有的人只活了十几二十岁，甚至更短。有的人一生的生活空间很大，走过许多地方；有的人生活空间极其狭窄，只活在家门口。有的人一生际遇多，生活内容丰富；有的人一生际遇少，生活经历少。有的人一生富贵显赫；有的人一生穷困潦倒。有的人一生平稳顺畅；有的人一生劳累奔波。有的人一生积德行善、贡献社会；有的人一生作恶多端、危害社会。有的人感觉生活快乐幸福；有的人感觉生活痛苦不堪。人生，各有各的生活方式，但不管如何，人生有其共同点：

——以社会为背景：每个人都以社会为背景，都活在某个时代、社会和文化背景之中。人生与社会紧密联系在一起，生活的一切离不开社会的痕迹。因此，人除了有自然属性外，还有社会属性。人的一生都深深地打上时代、社会的烙印。

——以生命为载体：人是生命的有机体，每个人就是一个生命体。生命由躯体、心灵、意识等构成，它不能借用、留用，只能一次性使用。人生以生命为载体，生命从诞生到结束，就是人生过程。因此，要珍惜生命、热爱生命，享受生命带来的人生。

——以生活为元素：人生不是空洞的概念，而是以生活为元素，如衣、食、住、行，学习、工作、活动以及成家、立业、繁衍后代等。生活的一点一滴都是人生的积淀，都是谱写人生的题材。因此，我们要热爱生活，享受生活，珍惜人生。

——以际遇为历程：人生不是一张白纸，而是一种际遇历程。人生际遇有冷色、暖色等，五彩缤纷；生活历程有甜、酸、苦、辣、涩，这构成一幅精彩的人生“画卷”。人只有活着，才有际遇和历程，才有人生的精彩“画卷”。因此，无论何种际遇都是人生的瑰宝。

☆人生是一种知与悟

人生是一种体验，是对生活的一种知觉和感悟。

“心”是人性之源，是万念之源、万恶之源、万行之力，一切皆在心中。人，为何会感觉到人生百味？一是人有意识，会感知，会品味人生。二是人有本能欲望，有“食色性”的需求，且求多、求好、求爽，这是人性贪婪、懒惰的一面。三是由于人性贪、懒、恶，人总是以自己的需要来评价人生，用欲望来感知生活，用自私的眼光来看待生活：满足了就快乐，不满足就痛苦。四是人会有病、残、苦、累，会有寒、暖、饱、饿等情况。因此，就有了各种各样的感悟。

——感悟生活：人生是一种感悟。人既聪明，也愚笨。聪明之处在于：为了生存及生活需要，发明与创造，努力与奋斗，追求与探索。愚笨之处在于：对生活的需求无止境，执着追求身外之物，且贪得无厌，如不满足，得到的只会是劳累、忧闷和痛苦。

——感悟际遇：人生有许许多多的际遇，有各种各样的感受。每个人都在感悟生活中的各种事物，都在品尝各种味道：结果有好的际遇，叫幸运；有不好的遭遇，叫厄运。诚然，感悟过程渗透着个体心理素质的影响。人生就在所谓的幸运与厄运之中生活，就看你用怎样的心态去感悟！

——感悟命运：人生的命运，靠“心”去感悟。许多人常常以自我需要，以自私心态去感受生活，最后就悟出“命运”的种种结论。有些人常常喜欢与“命运好者”相比，常常用悲观心态看待自己的命运，结果得出的感悟必定是“人生苦涩，命运坎坷”。殊不知，人生命运掌握在自己的手中！

☆人生是一种择与行

每个人在自己的人生历程中，都会面临各种各样的选择，然后践行，因此人生是一种选择与践行。当然，人生的许多东西无法选择，诸如基因、生病等。然而，也有许多东西可以选择与践行，诸如信仰、追求、结婚生育、交朋结友、衣食住行等。

——选择什么：选择什么是人生“走什么路”的问题，它涉及人生目标、人生态度、生活方式、行为方式等。人生某些行为本来是不应该选择的，如贩毒、杀人、贪污等犯罪行为。但有人选择了，为什么？人生中某些事物的选择是没有对错、好坏之分的，问题是你选择了，该如何践行？如何负责？

——如何践行：如何践行是人生的路“如何走”、生活的事“如何理”的问题。如果说选择没有对错之分，那么践行却有好坏之别。人生之路该如何走，生活之事该如何理，这些问题很难回答，只能笼统地说：全凭我们的智慧、策略、经验、素质和能力，并且千万不能随意践行、懒散践行，因为这会给我们的人生带来灰暗的结局。

☆“心本”决定人生

“心本”人生为何物？“心本”是相对于“人本”、“物本”而言，是“以心为本”的观点。“心本”人生，是指人生“以心为本”，是一种“以心为本位”的人生观、生活观和幸福观。人生，是一条“心路”，靠“心”去感受、认知，也靠“心”去指挥人的一切践行，度过一生。“心本”人生是对人生的一种认知方法、应对方法以及人生的行为方式、应对策略。因此，“心本”既是世界观，也是方法论。

“心本”还是一种心理品质，包括知、情、意、行等，它可以是积极的（如善良、爱心、慈悲、和谐等），也可以是消极的（如自私、冷漠、歹毒、贪婪等）。这些要素既构成了“心本”品质，也综合影响着人生。

——“心本”决定人生：人生是一个心理历程。“心本”人生就是以心感悟人生，以心认识人生，以心看待人生，以心应对人生，以心度过人生。“心”是心智、心情、心态、心品等，有什么样的心品，就有什么样的人生——“心本”影响人生、主宰人生、决定人生。所谓人生百态，都是“心本”在起作用。

——“心本”演绎生活：生活，包括学习、工作、人际、处事、成家、立业、油盐酱

目录

第一章 “心本”人生之论说

人生是一本书，一本尽管用心读，却未必读得懂的书。“心本”人生是一本一辈子用心写，却未必写得好的书。因为，人生是一条漫长的“心路”，一条由心感受而成的路：你可以感觉它很顺畅，很开心，很幸福；你也可以感觉它很波折，很痛苦，很不幸。因为，人生是一个历程，一个由心去谱写的历程：有什么样的心态，就有什么样的人生感悟；有什么样的人生感悟，就会谱写出什么样的一本书。

人生面临着几个难以回答且没有统一答案的问题：人活着为了什么？人生的意义是什么？何为幸福？生命的终极在何时？人生是一个大课题，因此很难弄清这些问题。“心本”人生也不可能弄清这些问题，只是引导你适应、顺应人生的这些问题。

“心本”人生，企图从心视野、心角度、心感悟去认识人生、感悟人生、顺应人生。因为，人面临两个世界：一个是客观存在的外部世界，一个是主观内部的心灵世界。人的生存，一定程度上要靠心灵去感受和适应外界的一切，从这点来看，心是世界的中心，心是人生适应和行为的指挥所。

“心本”人生认为：一个人的“心本”修养、“心本”素质如何，直接影响其生活感受、生活质量和人生幸福。那么，“心本”人生就是阐述如何提升人的整体心理素质，教人学会：

正认知：对人生际遇、为人处世、世间万物、生活态度、自身的认识和评价等，有一个正确、正面的感知和认识。

正能量：不让自己的心力散失，让心灵发出正能量——有自信心、意志力、耐挫力、调节能力、适应能力等，使生活充满活力。

正心态：以良好的修养、宽敞的心怀、适度的自信、温和的情绪、坚忍的意志和平和的心态去看待生活，去对待客观外界的一切事物，使自己过得幸福快乐。人生最害怕的东西是什么？不是孤独、贫穷、挫折、失败……而是自己对生活的无知和心态的异常。

正行为：珍惜生命，热爱生活，顺应生活，编织生活，耕耘工作，享受人生；积德、行善、施爱；让自己快乐、幸福地活着，使人生更顺利、平实。

第一节 “心本”人生的认识

一、“心本”人生的定义与内涵

（一）人生的定义与内涵

何谓人生？狭义的人生是指人的一生，即人从出生到死亡的过程——在某一社会形态下所经历的生存、生活过程，包括幼年、童年、青少年、中年、老年和晚年这六个人生阶段。这一定义包含四个概念：一是指一个人的生命从诞生到结束所经历的时间过程——时间概念；二是从出生到死亡的几十年光景，生命的自然属性过程——生命概念；三是人在一定社会形态下所经历的社会属性过程——社历概念；四是个体所经历的生存、生活的独特过程——生活概念。

广义的人生是指人的一生历程的本然和应然状况的总和，即人应如何看待和度过一生。它包括人生目的、人生态度、人生价值与人生意义。因此，广义的人生是人生本然状况（人的自然属性的本然状态应有的种种）和应然状况（人在社会属性下应然保持的状况）的总和，既包含人生的时间概念、生命概念、社历概念和生活概念，又包含人生目的、人生态度、人生价值和人生意义。

不同个体，其本然状况和应然状况的分量不同，对人生的理解、感悟和态度不同，也就导致个体的人生质量和价值的不同。这就形成了个体千差万别的人生历程和人生状况，也就是人们常说的："人都是人，但活得不同。"在相同的自然环境、社会背景、生活环境下，有人活得轰轰烈烈，有人活得平平庸庸；有人活得明明白白，有人活得糊里糊涂；有人活得大富大贵，有人终生穷困潦倒；有人热爱生活，有人厌恶人生；有人享受人生，有人觉得活着没意思；有人为社会创造价值，有人危害社会及他人。

（二）"心本"人生的定义与内涵

1."心本"人生的定义

"心"指个体的心智、心情、心态、心愿、心志、心品等，也泛指人的个性、人格、情绪、认知等心理品质和心理现象过程；"本"为本原、本质；"心本"一是指人心本源、人心本位、"以心为本"——属本源性的；二是指"以心理品质为本位"，它受后天教育的影响——属社会性的。"心本"人生是指人生"以心为本"，生活"以心为本"，它是一种"以心为本位"的生活观、幸福观和人生观。

2."心本"人生的内涵

"心本"人生既包含人生的一般概念，又包含"心本"的内涵，即人生感受、人生悟道、人生态度、人生修养和生活态度、生活表现等。其基本思想是：主张人要以心为本，以健全人格、良好心态、积极心品去感悟客观外界事物，去应对人生的各种境遇，去对待生活中的人与事，尽可能好地度过自己的一生。"心本"人生的观点强调：人的感悟、感知、认知决定人的行为，即决定生活态度和行为取向；人的"心本"影响人生的过程、质量及价值和意义。如果人的"心本"好，就能适应外界、适应社会、适应生活，一生就过得较顺畅、较幸福。

通俗地说，"心本"人生就是：以心感悟人生，以心应对人生，以心度过人生，以心享受人生——用心看世界，用心度人生，用心过生活。人生要"以心为尺"去度量生活，人生要"以心为本"去享受生活。

但是客观地说，"心本"作为人的一种心理品质，它有积极的，也有消极的。用什么样的"心本"去感知人生、度量人生、面对人生和度过人生，则其生活质量、人生感受就会完全不同。

那么，“心本”人生的内涵是什么？我们可以将其概括为以下五个基本观点：

(1)“善—恶两源”与人生认识。

对人生的基本认识，对人生的基本态度，对人生的心理感受和人生的一切行为，都受到人的“心本”素质的影响；而人的“心本”素质受制于“人性本能”。就是说，“人性本善”和“人性本恶”这两个本源，从根本上影响了人生认识、人生态度和人生行为，也影响了人的“心本”。因此，全面认识“善—恶两源”对人生的影响，充分认识“人性本恶”的顽固性，既有助于我们认识人生，也有助于顺应和度过人生。

人的“心本”素质可以借助后天的教育来提升，但由于“人性本恶”的干扰，其改变和提升是有限的、波动的。

(2)“内—外两界”与心本素质。

人的内部世界藏着“人性本恶”，而客观外部世界既有挑战，又有诱惑，因而人会产生贪欲，得不到就会烦恼，就会冒险，甚至是相互争夺。内部世界与外部世界如何相互适应，如何进行平衡，如何达到统一，说到底是人生观问题，也是人的“心本”素质问题。

人如何戒贪、消烦、消除争夺，如何抑制自身的“人性本恶”，如何使内部世界与外部世界相和谐、相适应，如何正确认识外部世界，靠的是“心本”素质——它控制着人的认识、思维、情感和行为。

(3)“感—调两器”与心理修养。

“心本”是人的中枢，“心”是人对外界事物的“感应器”，“心”是人的内部世界的“调节器”，“感—调两器”对外界信息事物进行接受和加工，而后主宰着人的一切表现。倘若“感—调两器”正常运行，人的内部世界就平和，人与外部世界就平衡，生活就过得平顺；倘若“感—调两器”运行混乱，人生就多波折。

“感—调两器”深受人的“心本”的影响。“心本”素质不同，信息事物的接受加工和后果就不同。“人性本善”充满内心，抑或“人性本恶”占尽内心，“心本”素质就截然不同，生活之路就不一样。因此，必须重视心理修养，处理好“感—调两器”与心理修养的关系。

(4)“物—心两相”与生活需要。

人生是“物生活”和“心生活”的交织，即“物相”和“心相”的交融。“物—心两相”互为环绕，构成人生。生活需要物质（含事物），也需要快乐，人生离不开物质，也离不开感受。物质是客观条件，快乐是主观感受，说到底，人生是“物生活”和“心生活”之间的均衡关系——“物—心两相”平衡，生活就能感受到快乐。

倘若“物生活”贫乏，“心生活”就感到不愉快；倘若“心生活”贪婪，“物生活”就感到不满足，也就永无快乐。所谓人性贪婪，其实是“心生活”的贪婪；所谓人的生活需要永无止境，其实也全凭“心生活”的把持。因此，人生要快乐，必须把握生活需要的尺度，更重要的是把握“心本”。

(5)“苦—福两极”与人生态度。

人们对人生的根本认识态度，总是趋向两极：人生或是痛苦的，或是幸福的。对人生

"苦—福两极"的认识，就是两种人生观。为何有两种截然不同的人生观？原因很简单，因为人有不同的命运和不同的人生际遇，以及不同的"心本"素质，因而对人生的感受就不同，就会产生积极的或是消极的人生观。人的"苦—福两极"的人生观，很大程度上是受人的"心本"所影响。

综上所述，人的一生要靠"心"去感受外界的一切事物，要靠"心"去指挥人的一切行为。从这一点来看，心是世界的中心。因此，人完全可能"以自我为中心"去悟道、判断外界事物和抉择、采取自己的人生行为。但不要忘记，悟道、判断和最后的抉择过程，会受"心本"的制约。

或许，"心本"是唯心的，却不是唯心主义。实际上，唯物和唯心都是客观存在着的。"心本"以主观世界的"唯心"去认识客观世界的"唯物"。

二、"心本"的原理

(一)"心本"的学理

1."心本"的学理支撑

"心本"人生以人生哲学，心理学（教育心理学、品德心理学、积极心理学、幸福心理学），思想品德教育学，社会学，医学，生物医学，临床心理学和宗教学派等的理论为学理依据，通过吸取这些学科的精华和运用这些学科的原理和方法来充实"心本"的内涵，来作为"心本"人生的学理支撑。

2. 心力是人生的动力

人生的动力是什么？是人的心力。或许会有人说，人生的动力是信仰和目标。其实，信仰和目标都是心的"产物"，都是靠心力来维持的。人的心力，或称"心力量"是巨大而持久的，是取之不竭的（下面将专题谈论这一问题）。倘若一个人的心力丧失，那么他的人生就没有动力，生活和工作等就趋向潦倒。倘若一个人心力矢量是"正能量"，那么他人生的所有行为表现就是积极的；相反若是"负能量"，那么他的行为表现和后果就完全不同，这就是"心本"作用。

3."心本"的组成元素

"心本"就是心理品质，它由许多心理元素所构成：个性、心性、品性；自信、情绪、意志；善心、爱心、孝心等等。这些心理元素构成人的品质，并影响人的一生。个体的心理元素的结构组成不同，就决定了个体的品格和心理元素的好坏，就构成了个体的心本素质，也就造就了他的"心本"人生。

4. 良好"心本"靠培植

良好的"心本"不是与生俱来，而是通过"心本"教育、"心本"修养和"心本"培植形成的。人只有培植良好的"心本"，才有美好的人生，因此，培植良好"心本"具有重要的意义。

5."心本"的学理逻辑

人的积极心品素质的形成，需遵循一定的学理逻辑。

人本能有许多欲望，它与客观外部世界的文明规范往往是对立的，人性欲望若得不到满足，就会出现心理不平衡，并产生心理问题。一般来说，人的心中有两个我：“恶”的我和“善”的我；“野蛮”的我和“文明”的我；“糊涂”的我和“明智”的我。前者与后者时常产生冲突，人也就时常会出现心理不健康的状态。

由于上述原因，人时常会出现心理不健康状态（不正常状态），可通过心理教育或自我调节，使之达到心理健康状态（正常状态），再经过心理修养、内化（对一些人而言），可以达到积极心理品质状态（良好“心本”）。这一过程可用下图示意：

心理欲望 —引起→ 心理冲突 —导致→ 心理不健康状态 —教育、自我调节→ 心理健康状态 —修养、内化→ 积极心理品质状态

如果冲突很大，超过自身的心理承受力，就会出现严重的心理问题。良好“心本”，可以降低心理问题出现的概率并减轻心理问题的严重程度。

由此可见，积极的心理品质对人生的积极影响极大。良好的“心本”，是人生修养所追求的境界。

（二）“心本”的能量

“心本”为何能够对人生发挥巨大的作用？因为心是有能量的，所谓心的能量就是心力，因而才能发出功能，作用于人生。

心的能量表现形式包括智力和非智力，如智力、自信力、意志力、毅力、自控力、心理弹力，以及信仰、精神等。心的能量本来无所谓好坏之分，即没有正能量或反能量之分，但人由于受后天的社会影响（社会教育和社会评价），心的能量就有了正反之分。由此，它就演变成人的“心本”素质，即“心本”素质就有了优劣之分，这就是心力与“心本”的本质差别。例如，革命先烈有了信仰，为了实现革命目标，就有了坚强的毅力和意志力，能够战胜任何困难，能够摧垮任何障碍，甚至甘愿抛头颅、洒热血。当然，心力一旦发出反能量，那也是相当可怕的，如某些邪教的行径。

分析心的能量仅为说明：第一，心是万念之源，万行之力，也是万恶之源。第二，“心本”是带有社会性的，因而有好坏之分。第三，“心本”素质的好与坏对人的重要性。一个人心的能量的优劣与大小，对其一生的学习、生活、交往、工作和事业发展的影响极大。

心的能量有三个特点：第一，它有好坏和大小之分。第二，它是世界上最强大、最难抗衡、最可怕的力量。第三，它取之不竭，并且持久性特强。例如，某些复仇者，无论时间持续多久、无论遇到多大困难，他都誓要报仇，想尽办法，非达到目的不可，且复仇手段往往极其残忍——这都是因为心力起了作用。

心的能量的来源值得探讨。一个人心的能量有两个来源：一是来源于人性欲望的驱使，另 个是来源丁后天教育的状况。而人性欲望是根本因素，后大教育只是发掘其潜力，改良人性力量的矢向。

心力之所以如此强大，有两个原因：

1. 人性欲望是心力源点

人类认识自己相当艰难，人们认识和讨论了几千年，也没有彻底将其弄清楚。许多学科都在研究人，如医学、生物学、心理学、道德学、哲学等，而众多的研究问题中最难弄清楚的莫过于人性。人性欲望是一个复杂问题，迄今已有诸多研究，诸多假设和诸多争论，但至今尚未形成定论。

从深层角度看，人性欲望是心的能量的起源，人性欲望是心力的源头，它是人的本能，而本能所发出的能量是最原始的、最内在的、最强大的和最持久的，好比原子核的力量，而且它长期支配着人的全部。

人的一切龌龊行为，人的所有光辉表现，都需要靠能量来支配，其支撑的力量均来自人性欲望——也可简单的看成是来源于“心”。人生的所有痛苦，都是因为欲望未能得到满足；而人生的一切幸福，都是欲望得到了满足。人生的这些感受均来源于“心”。

分析心力源点，目的是为了进行“源头改良”。人的道德改良、行为改良都必须抓住人性改造的源头，否则效果极差。这好比一条污染严重的水渠，如果不将污染源头断绝，并同时引入清泉，而只是中途清洗，那么是永远也无法把它清理干净的。

人性源头改造，目的是改良心力性质，使之发出正能量，同时促使心的能量的发挥最大化。对人性欲望的源头改良就是心的源头改良，即“心本”改良，其重点是“心本”修养，或叫“心本”教育。“心本”修养做得好，心本人生就好，“育人先育心”就是这个原理。可以说，如果心的源头改造好了，“心本”人生就一片光明。

2. 心力是巨大动力

人，论力量比不上大象，论凶猛比不上狮子，论速度比不上羚羊，论飞翔比不上鸟类，论游泳比不上鱼类。但为何人类有力量战胜它们？这是因为：第一，人的心力是巨大的力量，任何动物都无法超越，人有了这一动力就能在优胜劣汰的自然法则中生存、繁衍下去。第二，人具有意识、思维、智慧，具有制作工具的能力（事实上，人类发明工具的能力，也来自心力）。

为何心力如此巨大？如此持久？一是人性欲望是与生俱来的，是自然的、原始的、本能的，而本能需要的动力是最强大的、无穷的，是非常可怕的。二是人性最顽固、最顽强。而这就使得心力源源不断涌现，取之不尽，用之不竭，持续性大，坚韧性强。

这就涉及一个问题，即如何更好地利用人的本能动力？人的心力是一种资源，利用得好，广益人间；利用不好，祸害人类。对个体来说也是如此，心力利用得好，有助于一生发展；利用不好，则毁坏一生。因此，人的“心本”非常重要。

（三）“心本”的功能特质

人是有心力的，因而心是具有功能作用的，这也是“心本”的特质。有什么样的“心本”，就有什么样的心功能，就会发出什么样的指令，指挥人采取什么样的行为。所以说，心乃人之灵魂。心是人的感应器、调节器和驱动器，调节人的心理状态和控制人的行为表现。

1. 心是人对外界事物的"感应器"

心具有感应功能，是人对外界事物的"感应器"，能感应到外界事物——认识世界，然后指示人的行为。但个体的"心本"品质不同，对同一外界事物的感应所产生的心理感想（感受、认知）不尽相同，指令人行动的标向也就不同，这显示了"心本"的功能特质作用，也说明"心本"的重要性及其个体差异性。"心本"教育是其他教育的"母机"。基础教育在对学生的德、智、体、美、劳等教育中，强调德育为先（教育部将心育归入德育），就是这个道理。

2. 心是人的内部世界的"调节器"

心具有调节功能，是人的内心世界的"调节器"，能调节人对外界事物进行心理感应后所产生的情感。如果说人因为有意识会思维，因此会出现生气、烦恼的情绪，此时心能够发挥其调节功能，来摆脱烦恼和缓和心情，而缓和的程度取决于个人的心理修养的程度。另外，感应过程是一个比较感性的心理过程，而经过心理调节后可能变为较理性的心理过程。正如佛法认为，心中有佛，心怀坦荡，心态平和，则遇事不易生气，待人能够宽容，且能够与自己和谐相处。这在某种意义上，是强调心理调节、"心本"的功能特质作用。

3. 心是人的行为的方向标和"驱动器"

心具有驱使功能的特质，人的行为表现完全由心所指使。心对外界事物进行认知之后，心知会影响行为的方向，心情会影响行为的质量，心志会影响行为的强度。当我们遇到一件事时，当时的认知、情绪、意志如何，就决定了我们对这件事的态度和动力，以及完成这件事的质量。所以说，人的认知水平、心念的取向，会影响人一生的行为表现。

认知正确了，心念坚定了，则办事有动机，有方向，就有动力，就能克服困难，避免懒惰，办事效率和成功率就会提高，事业也就发展顺利了。

心态正常了，心情正常了，心灵阳光了，则烦恼就没了，情绪就乐观了，心病就少了，生活就幸福了。

心志正直了，为人正气了，办事诚信了，则人际就好了，威信就高了，事业就顺了，前途就好了。

心品正常了，人格健全了，则处事就正当了，人就走正道了，为人就正义了，对权力、金钱就看淡了，人生就自在和幸福了。

三、"心本"人生的真谛与意义

人类的教育，不是增加人什么新的本能，而仅仅是更好地利用、发掘人的原始本能，最多也只能说是改良本能而已。

许多学科都在研究和探索人及人之心的问题。诸如：

《道德经》（或称之道德学），其学科本质：一是改良人的本质，将"人性恶"改良为"人性善"，如去除人的野性、恶性，使人具有良好的人格魅力。所谓人格魅力，就是某个人的野性、恶性成分少了，在人与人相处的过程中，其心更善良，行为更被他人所接受。二是利用、发掘人的原始本能，如激发人的意志、毅力，使之发出正能量——将人的心能量、心动力予以开发利用。所谓意志、毅力，实质上是心的能量得到充分发挥，心的原动力得以充分激发。

心理学是一门研究人的心理机能、心理现象、心理过程、心理机制和心理表现的科学。其学科实质：一是补救和矫正人之心所出现的某些不正常心态和由此引起的不良行为表现。如学生的叛逆行为、自杀行为等。二是发掘心能量、心动力，培养人的心品素质。如培养人的自信力、意志力、自控力、心理弹力。为何要激发利用人的需要动机？因为从表象上看，有了需要动机就有了行动力，而从本质上看，激发需要动机就是使人最原始的心能量发挥功能作用。

“心本”人生吸纳诸多学科（包括心理学）在探索人以及人之心的问题上的精华，从“以心为本”的角度来探讨人的一生应如何顺利地、幸福地度过。说到底，人生是由每个人来度过的，因而探讨个体的“心本”素质有助于度过人生。因此，“心本”人生不是一个什么学科，只是一种人生的基本观点。

（一）“心本”人生的真谛

如何消除人的野性、恶性，如何保持人的正常心态、平和心态，如何激发人的正态的心能量、心动力，如何使人生更幸福快乐，这些都是人生要面对和解决的。这些问题，都是“心本”人生所试图分析和探讨的。例如，有的人遇到困难，充满自信，敢于挑战；碰到挫折，不灰心丧气，想办法解决；遇到不幸，有勇气面对，用智慧度过。而有些人恰恰相反。人生的失败，首先是“心”的失败；人生的痛苦，来自“心”的感受；人生的不幸，全是“心”的无为。

人的一生不可能一帆风顺，人生之路必定有平坦也有崎岖。对顺与逆、贫与富、爱与恨、聚与散、健康与病痛、成功与失败等问题，应如何感受？如何面对？如何化解？这些问题即“人生的活法”，也是“心本”人生试图探讨的问题。

“心本”人生以心为本位，从心的本源出发，从人的个性、心态的角度出发，去揭示人生、分析人生、论述人生、审视人生。同时，“心本”人生教人如何用良好的“心本”素质去感受、面对、化解人生中遇到的各种具体的问题，教人如何愉快地过好一生。这就是“心本”人生的真谛。

（二）“心本”人生须解决的问题

人生必须面对和解决许多实际问题，而“心本”人生就是用什么样的“心”去对待人生中所必须面对的问题。

半个世纪以来，“幸福”成为人们普遍关注的话题，成为许多学科研究的主要内容，成为人生追求的终极目标，也成为人类社会追求的最高境界。由此，幸福社会、幸福生活、幸福感、幸福指数等就成为人们探讨和研究的主题。但是，“幸福”是社会客观存在和人们主观感受两者共同作用下产生的结果。它涉及两个问题：一是客观外界存在的实际状况；二是个体以什么心态和方法去认识世界。如果没有积极心态去对待生活，没有用“心本”去度量人生，再繁华的社会环境、再舒适的生活条件、再丰厚的工资福利，都不会感觉到“幸福”。因此，只有用良好的“心本”人生的态度去看待生活，才能体会到真正的幸福。

所谓“心本”人生，不是空话，而是要实实在在地面对这些问题。例如：

1. 如何对待“衣食住”问题

“衣食住”是人生必须面临的问题，也是生活中最基本的问题。它受自然、社会、经济、人（千千万万的个体）等诸多因素的相互制约和影响。因此，“衣食住”问题有：①社会能提供“衣食住”的客观存在的能力水平问题；②个体“衣食住”的实际得益的社会公平问题；③个体对“衣食住”的期望值问题；④社会和个体的心态问题。前两个问题是客观社会存在的问题，不以人的意志为转移；后两个问题是人的心态问题，随人的意志为转移。因此，它就涉及人的“心本”问题。

可以这样看，社会提供给人们“衣食住”的能力是有发展阶段性的、有限的，也是客观存在的。例如，古代没有高楼、地板砖，人们不会去追求它；现在有了洋房，有了煤气、冰箱、电灯、电话等，还要追求汽车。个体实际得益的社会公平存在差异，“衣食住”差异也就实际存在。例如，有的人一出世就“衣食住”无忧，有的人奋斗一辈子还买不起一套房子，这是实际存在。个体对“衣食住”的期望值和心态也是不同的。因此，“衣食住”的问题是一个极其复杂的问题，对待“衣食住”的问题，是“心本”人生态度的问题。

对人生幸福而言，“衣食住”是获得幸福感的基础条件，但不是重要条件。有了优越的“衣食住”不一定就会感到人生幸福，关键是用什么样的心态去感受这些“衣食住”的条件。同样的“衣食住”条件，可能每个个体的感受结果完全不同：生活无忧，生活幸福，或者恰恰相反。

2. 如何看待“钱权位”问题

“钱权位”是人生面临的问题，或许也是人生追求的问题。社会上流传着“有钱能使鬼推磨”、“钱不是万能，但没有钱万万不能”、“有位就有权，有权就有钱”、“钱权可交易”、“人无横财不富”、“学而优则仕”、“无官一身轻”、“一身正气、两袖清风、三餐温饱、四海皆空”等等话语，都与“钱权位”有关，反映出种种社会心态。如果人类不追求钱权位，人类社会或许不会进步，但如果人生只是一味地追求钱权位，将它作为人生唯一的奋斗目标，则社会必然浮躁，人生必定辛苦。

就个体而言，如果个体不追求钱权位，他可能一生默默无为，但如果个体只是一味追求钱权位，成功了则可能会轻狂，失败了便痛苦。有这样心境的人：居高位自大，居低位自卑，居富贵自傲，居贫穷自怜；遇顺境自满，遇逆境自馁，遇挫折自暴，遇困难自弃。这都是如何看待“钱权位”的问题。

如何看待“钱权位”？“心本”人生认为，“钱权位”是一把双刃剑，它有激励人向上追求的一面，也有给人带来无尽痛苦的一面。但无论如何，“钱权位”本身不可能给人带来真正的幸福，有的只是表面上的风光。社会上的确有人刻意追求“钱权位”的最大化，无止境地追求“钱多”、“权重”、“位高”，追求的过程无不费尽心机，但这些人无论成功或失败，都得不到真正意义上的幸福。那么，既然“钱权位”本身不能给人带来真正的幸福，为何仍有许多人在孜孜不倦地追求它？因为人性是贪婪的，也是虚荣的，由于人性的“贪”和“虚”，必须以“钱”和“权”来弥补，使其“荣”起来。

如何对待“钱权位”？“心本”人生告诉我们：顺其自然，适可而止。既然人性“贪”和“虚”，必须由“钱”和“权”来弥补，那么对待“钱权位”问题，又如何能使之“顺其自然，适可而止”？根本途径是要用“心本”去解除人性“贪”和“虚”的内在问题，才能克服追求“钱”和“权”的表象问题。

3. 如何对待“食色性”问题

从另一个角度看，“食色性”是人生的重要问题。的确，人活着离不开“食色性”，应该承认，“食色性”是人生最基本、最重要的问题，如果人生缺乏“食色性”，人生就没有意义。因此，人追求美食、美色、性欲是合理的，符合人性的，是无可非议的。例如对“性欲”这一问题，无论是社会学、伦理学、法学，还是生理学、医学、心理学对其研究和采取的对策，均是倡导“放纵—抑制”相结合的方式。但随着社会经济发展，随着人本社会的宽松管理，导致人们“个性自由”、“人性解放”、“欢淫无度”。

如果人类将“食色性”作为人生追求的最高、最终目标，将“食色性”作为衡量人生幸福的唯一标准，将“食色性”问题无限度、无节制、无约束地扩大化，则是社会本身、人类自身均难以承受的；现行的社会道德将是支离破碎的，道德标准也将面临重构和改写。从现实来看，西方国家一直追求的“高待遇”、“高福利”已使社会经济难以承受，所标榜的“个性自由”、“人性解放”也使社会道德走向堕落。而这些都必须引起我们的认真思考和高度警惕。

人类如何对待“食色性”？如何做到“食色性”适度？如何抑制“食色性”的无限追求？可以肯定地说，如果用“以人为本”的理念来管理社会，来教育和适度抑制人们对“食色性”的追求，是无法做到的。人性有贪婪、欲望的一面，如用“个性自由”、“人性解放”的人本思想来抑制人自身的“食色性”，结果只能适得其反。人本思想诞生以来的社会现实足以证明这一点。只有通过教育、挖掘和激发人性中善良的一面，即“心本”中善良的一面，才能让人自觉地、有能量地去抑制过度的“食色性”。

（三）“心本”作用及“心本”教育

人生必须解决的上述问题，只靠“人本”是无法解决的，必须借助“范本”和“心本”来解决问题。因而，有必要对“人本”、“范本”、“心本”予以鉴别和分析。

1. 关于“人本”、“范本”、“心本”的分析

（1）关于“人本”。

“人本”是19世纪初期出现并风靡全世界80多年的“人本主义”思想体系。其核心内容是“以人为本”的思想，包括社会发展以人为本、管理以人为本、办事以人为本、教育以人为本等，也即一切以人为第一位，以人的需要与发展为出发点和归宿。可以说，“人本主义”思想对人和人生发展具有很大的积极意义。也正因为这一点，“人本主义”思想才得到了人们的拥护，风靡世界几十年。

但是，任何事物和思想体系都必须有个度，没有绝对正确，也不能进行过分渲染，否

则就会走过头。例如，在“以人为本”教育思想中，有好的理念提法：教育应为人的生存和发展；教育要尊重和关爱学生等等。也有“过了头”的理念提法：教育要使学生“个性发展”，“自我发展”，并提倡“一切以学生为中心”、“教育人性化”等。结果学生从小就学会了个性张狂，以我为中心，从不考虑别人的感受，还自以为比别人高明；从小就变得高自尊、高敏感、高索取和高自我，其实心里很脆弱；从小就学会不听话，不循规蹈矩，表现极端，行为叛逆，其实心里很空荡或自卑……这样的思想境界和心理素质，势必会影响其人生发展①。

（2）关于“范本”。

这里之所以引入“范本”概念，是因为“范本”的确存在，并且对人生的发展产生了极大的影响。

何谓“范本”？“范本”是指几千年来人类积淀下来的文化精髓、传统思想美德和相应的行为准则。“范本”教育是指对人（尤其学生）进行规范行为的教育。“范本”包括世界公认的，我国传统的；包括大的（如道德观、价值观、责任心、爱心等），包括小的（如道德操行 ABC、待人处事规范、礼貌行为规范等）。学生阶段是接受社会化教育和改良的关键期，也是世界观、道德观和健全人格形成的关键期；学生是一张白纸，尚未能分清好坏是非，因此最需要的应是“范本”教育而不是“人本”教育，过早且过多地接受“个性发展”、“自我实现”、“自我中心”的洗涤，势必走向极端的“唯我”和极端的“自私”。过早且过多地接受“人本”，会产生一个错觉：父母、老师、学校、社会都要“以我为本”、“以我为中心”，否则就不符合“人本”精神，至于奉献、感恩和规矩，就缺乏深刻的认识。

当今社会，为何会出现如此多的贪污、嫖娼、卖淫等犯罪活动和行为？其根本原因是：“人本”思想在提倡“尊重人性”、“个性解放”的同时，却几乎没有保留人类文明的精髓，几乎全部销毁规范人类行为的“范本”。我国的新民主主义革命在砸烂旧世界、推翻腐朽没落的道德传统的同时，却很少保留几千年来传统道德的精华，几乎没有梳理出适合国民进步的“范本”，使人在思想道德和行为上出现混乱。

当前中国教育的最大的问题：一是“哄”，二是“宠”，三是“缺钙”。现在的学生是被家庭和学校“哄出来”、“宠起来”的，家长和老师围着学生转，只能表扬，不敢批评，危险一点的游泳课、体操课不敢开，别说是进行磨炼教育了。表面上看，学生自尊、自强，实际上却很脆弱，是“玻璃性自尊”和“冰雕式自强”。尤其是“心理缺钙现象”严重，即缺乏坚强的意志、毅力，具体表现为“三缺”：第一，缺乏责任心。包括缺乏同情心、爱心——这是以“自我为中心”的人所必然形成的。第二，缺乏意志力。学生缺乏生活上的挫折体验和磨炼，心理抗挫能力弱，遇到困难就无可适从，或以为前途一片灰暗，要死要活——硬不起来是必然。第三，缺乏独立能力。学生依赖性强，独立生存能力弱——这是“宠”的必然结果。出现这些问题，其原因是多方面的，但究其根源在于教育思想（包括家庭教育）、教育体制出了问题——在严重缺乏“范本”的基础上，过早过分

① 吴发科．心本教育．广州：暨南大学出版社，2011.

植入“人本”教育思想中的某些糟粕，使学生难免在思想和心灵上出现扭曲。在这样的教育思想和体制下，学生出现问题的概率极大。

也不是说，“范本”教育就一点问题都没有。它的确存在着规矩过多、约束过严等弊病，如教育过程若未能适当把握，有可能抑制个性，损害自尊。问题的前提是：第一，不可以缺失“范本”教育，过早过分地开展“人本”教育。第二，适度把握好“范本”教育和“人本”教育。

（3）关于“心本”。

上面已对“心本”做了较充分的论述，这里只是强调，“心本”是“人本”、“范本”的基础，也是人生的基础。倘若人的“心本”不好，心态、心品会出问题，人的“范本”表现和“人本”表现也就会出问题。

2. “心本”教育

“心本”教育指“以心为本”的教育，是对人进行以健全人格、积极心品、品德心理等为目标内容的“心本”修养教育。它可延伸到社会、单位、团体、企业、公司的管理——“心本”管理。

2011 年，笔者撰写出版了《心本教育》一书，主要论述对青少年学生的“心本”教育，一方面指出“人本教育观”存在的某些理论上的局限和实践上的缺陷，另一方面提出了“心本教育观”，陈述了教育为何要“以心为本”。

“心本”教育强调学生良好的心态、心灵、心品是学生文化学习、道德养成、学会做人的基础，提出“教育以心为本，从心开始；育人先育心，管人先管心；心育是教育之母，心品是人品之基”的教育理念，主张学校教育、家庭教育要重视对孩子开展心态、心灵、心品的素质教育。它既是心理教育行为，又是“心本”教育理念。同时强调，现代教育不能对孩子过分主张“个性发展”，过早主张“自我实现”，不能片面主张“教育人性化、个性化”，不能不加审慎地提“教育以学生为中心”。过分和过早地向中小学生主张“个性发展”和“自我实现”，可能会造成学生个性狂野、过分自私、心态膨胀、以我为主、不顾他人、不顾及集体法则；可能会影响学生心灵的塑造、人格的健全，导致其行为的叛逆，从而影响其学习和做人①。

教育为何要“以心为本”？

第一，心品影响道德表现。性格决定命运，心品决定人品，心理素质影响道德表现，没有良好的个性、情绪、心态，则容易产生叛逆心理、逆反行为和违纪、违规、违法行为。

第二，心品影响学习效果。知识的学习积累要靠理解和记忆，情绪、心态、意志、动机等心理因素会影响学习过程的理解、记忆和学习效果。许多学生在青春期时学习成绩明显下降，就是情绪、心态、动机出现了问题。

第三，心品影响人际关系。亲子关系、师生关系、学友关系均影响学生的学习成绩和德行表现，而这些关系的建立要靠个性风度、交往心态、自信气质、爱心、孝心等心理品

---

① 吴发科．心本教育．广州：暨南人学出版社，2011.

质来维系。因此，“心本教育”认为，育人先育心，教育要以心为本，从心开始，为“心本”人生奠定良好基础。

“心本”教育还涉及“心本”管理问题。“心本”管理是指要“以心为本”的管理。“心本”管理理念认为，现代管理，无论是机关、单位、企业，还是学校都要坚持“以心为本位”的管理。如学校的班级心本管理。“心本”管理强调管理者与被管理者关系、上级与下级关系、学校师生关系、家庭亲子关系，以及夫妻关系都要平等，要缩小人与人之间的心理距离和心理高差，要使团队成员心愿一致、心志共融。只有心品素质好的人才有可能做到团队协作，只有“以心为本位”的管理思想才能实现心愿一致、心志共融。相反，过分“个性发展”就会缺失协作精神，过分“自我发展、自我实现”就不会有团队意识与合作；个性张狂、极端自私的人也就难以服从管理和满足团队需要。

“以心为本位”的管理主张在单位内部建立起“共同愿景”——单位集体内部的发展目标、发展前景和员工的共同心愿、共同利益。全体成员无论职位高低、能力高低、分工不同，都围绕着“共同愿景”而合作、努力、奋斗，心往一处想，劲往一处使。

3. “心本”对人生的作用

“心本”对解决人生必须面对的问题有所帮助，但良好的“心本”不是凭空而来的，而是要经过“心本”教育、“心本”修养才能得到的。

尤其对青少年儿童而言，“心本”教育、“心本”修养更为重要。因为青少年代表着社会的未来和发展，处于社会化的过程之中，正处在人生观、人格形成的关键期，因此青少年的“心本”素质相当重要，“心本”人生观对其一生的影响甚大。

无疑，一个性格独特、个性张狂、行为野蛮的人，其实是一个心理脆弱、心灵灰暗的人。由此可能带来的生活表现有：为人处事患得患失，人际关系紧松无节，生活习性进退无数，工作态度吊儿郎当，人生之路坎坷不平。

无疑，一个情绪不正常、心态不健康，总想自我发展的人，是难以与人沟通、共融、相处与合作，也难以在现代社会的激烈竞争中站稳脚跟的。纵然他有文化知识和才干，其发展也相当有限，生活不可能称心如意。

无疑，一个人格健全、心态和谐、充满信心、乐观向上、尊重他人、关心他人、平易近人的人，就会对生活充满希望，让工作充满乐趣，使潜能充分发挥，人生事业的追求就有可能实现；哪怕是遇到困难、挫折，也有丰富的人脉资源和克服困难的内在资源可以利用，人生发展就有许多获得成功的机会。

无疑，一个“心本”品质好，对人生悟得透，对世事看得清，对生活看得明，心宽似海，志坚如铁，诚以待人，爱之千里的人，其人生之路必然一帆风顺。

（四）“心本”人生的意义

人生以人的生命、生活为载体，没有生命和生活就没有人生。

所谓人生意义，是指人的生命和生活的价值意义。人生意义是一个极其复杂的问题，对此各有各的理解。比如对人生意义的评价，它与评价体系标准有关，且受到价值观、人生观的深刻影响。因而，不同时代、不同价值观、不同个体有着不同的人生评价的坐标系。

“心本”人生是“以心为本”的生活观、幸福观、人生观和具体生活表现。因此，“心本”人生的意义更注重人的内心世界的发展以及由此带来的生活质量。其意义在于：

1. 把握自己的人生

人要学会把握自己的人生。把握人生，不一定要一生轰轰烈烈，大有作为，也不一定要求自己对人类和社会有多大的贡献。但起码要知道：人活着有不同的作为和意义，不能给社会和他人带来损害。把握人生，就是要正确认知人生，使自己的一生减少一些挫折，让自己过得平顺，活得潇洒，过得幸福一些。

2. 积极对待人生

人要学会积极对待自己的人生。积极对待人生，就要乐观地对待生活中的顺境和逆境，自始至终热爱人生，积极地感受生活，面对各种挑战，以及生活中的苦与乐。积极对待人生，就要尝试与探索人生，既要勇于拥抱成功和快乐，也要敢于接纳挫折和失败，积极快乐地度过人生。

3. 愉快过好人生

人要学会愉快地过好自己的生活。生活中的确有许多令人烦恼的人和事。因此，如何去看待和面对生活中的酸甜苦辣，全凭自己“心本”的体验、感受和应对。不因生活中的烦心事，就觉得无法接受别人；不因生活中的小小挫折，就觉得生活艰难，人生苦涩，甚至失去生活的勇气。归根结底，我们要学会从容、自在和愉快的生活。

第二节　人及人性之论

讨论“心本”人生，必然涉及人及人性的深层问题。人及人性是什么？这是一个简单又复杂的问题，涉及对人的根本认识。

一、人之论

（一）对人的认识

1. 对人的认识种种

（1）经典心理学对人的认识。

对人的认识问题，弗洛伊德早于1923年在《自我与本我》一书中就从心理学的角度，分析了“人的问题”：人，可以分为“本我”、“自我”和“超我”。

“本我”，是人格中最早、最原始、最本能的部分，是人的生物属性（即自然属性）的部分，是人的生物性的冲动和欲望的“本原面”。“本我”是人一出生时就储存、固着于体内的心理积淀物，完全处于非理性的、无意识状态之中，是由各种生物本能的能量所构成的，是人的本能、冲动、欲望、驱动力、生命力（原始心力）。“本我”是按“快乐原则”活动的，它不顾一切地要寻求满足和快感，而这种“快乐”特指性欲、生理和情感方面的快乐——这与动物本能相近似（但必须强调的是，人一出生就处于社会之中，因而人的本能欲望是被抑制的，人性在一定程度上是被压抑的）。

“自我”，是人格的“心理面”，介于“本我”与外部世界（社会现实）之间。“自我”在一定程度上带有理性的、有意识的心理状态。“自我”是遵循“现实原则”活动的，它一方面使个体能意识到其认知能力，另一方面使个体能意识到其适应需要，即为了适应现实，而对本我加以约束和压抑（不管情愿的或不情愿的，或虚伪掩盖“本我”的，都得适应现实，压抑“本我”）。在现实之中，“自我”明白什么是需要，什么是现实，什么是适应，什么是人生目标，什么该压制，如何正确地选择。（人本主义在提倡“以人为本”的同时，倡导个性发展，个性自由，人性解放，在某种程度上使人回归“本我”，放纵“本我”，使人朝着“本我”的方向自由地倒退）。

“超我”，是人格的“社会面”，它遵循的是“理想原则”。“超我”是“道德化的自我”，是由“良心”和“自我理想”组成的，是人的社会化、道德化过程和自我修养的结果。“超我”的力量，能限制“本我”，指导“自我”（弗洛伊德早在1923年就主张限制而不是放纵“本我”）。

（2）佛学对人的认识。

佛学对人的认识是认为人生来就带有“恶”，人要去恶从善。并且设立了一套去恶从善的佛学理论和行为方式的准则来造化人。这样，佛教对人的认识就进入了它自己所设定的境界，可以概括为：“非我”和“苦我”。

“非我”在一定程度上是人格的“无我”、“丧我”，也是佛教对人（指信徒）所设定的境界。人一旦信佛和遁入空门，就应以佛为尊，万物皆空，一切皆为佛心、佛念和佛戒，以此来洗涤心中的私念、杂念和邪念，且以佛之心去积德、施爱和行善，做到“非我”、“无我”甚至“丧我”，才能升华至佛的境界。

“苦我”是佛教对人生的认识。佛教认为，人生来就有私心、贪念和邪念，而由人构成的世间充满了争夺和险恶。因此人要成为完人（指信徒），就要清除心中的这些污垢，就要修心，就要“五戒”或“八戒”，就得过苦行僧的生活，才能够达到佛教的信仰和境界。

（3）儒家道德观对人的认识。

儒家学说对人的认识的假设前提是“人性恶”。人由此而引起许多不良的念头，以及许多不符合社会道德规范的行为。儒家学说对人的认识可以概括为：“忘我”和“真我”。

“忘我”是儒家学说推崇的人格道德上的修养。儒家学说以社会需要为本位，建立起一套相应的道德标准体系，要求在人格道德上要“忘我”，力求抑制人的自然属性中丑陋的一面，修心以服从社会需要——克己奉公；并要求人在道德行为上要遵循社会道德规范和尊重他人——克己复礼。只有“忘我”才符合“君子”的道德标准。

“真我”是儒家学说对人的最高要求。儒家学说倡导和要求人做到仁、义、礼、智、信，做到忠、诚、真，这样的“真我”既适应社会的需要，又符合做人的信条，从而达到为人的最高境界。

2. “心本”人生观对人的认识

人究竟是什么？人与动物有何区别？人是自然属性和社会属性的总和。人与动物的根本区别在于：一是人有社会属性；二是人有意识。因此，人是人体（身体、肉体，以及本能）加意识（认知、思维，以及反应）的生命组织体。有了人体是动物，有了意识的人体才称为“人”。可用公式表示：

人 = 人体 + 意识

“心本”认为，人有了意识，才有思维、情感、交流等，才具有社会属性。人也因有了本能（生存的各种本能欲望），又有了意识（感知、认知、思维、反应）才会产生自然属性与社会属性的内心情绪冲突，才会出现心理问题①。

人的心理问题，实质上是人的意识、感知、认知、反应的产物，也是人的自然属性与社会属性之间矛盾和抗衡的内心表现。“心本”认为，人有了社会属性，就不得不一定程度的压抑、限制自然属性——这是社会需要；也因为人有意识、认知、情感，就存在“人可教育”和人生修养的空间。但不得不说，教育会抑制人的自然属性，人是极其“痛苦”的，因为它是有意识的人体，而不是纯粹的无意识的肉体。因此，教育要从人之“心”入手，要进行“心本”教育。

（二）对人改造的认识

人是否必须改造？改造什么？如何改造？这是对人的认识的延伸。上述各种学说都主张对人的自然属性的改造。改造人的什么？“心本”主张改造人的某些不良的本能属性，即改造“人性恶”的一面（“人性之论”将在下面予以专门论述）。如何改造？“心本”认为，改造要“以心为本”，从心开始，只有修养和调节好人的“心”，改良人的野性，人才有较好的心理素质和行为表现。

人类一直在改造自己，并在改造的过程中发展和提升自己。然而，人的改造教育的效果并不是很好，主要是受到了三重因素的牵制：

第一，受本能的牵制。因为人的某些本能欲望是极其顽固的，难以改变的。

第二，受意识的牵制。因为人有了意识，会感知被改造的痛苦，从而产生抵制，给改造带来难度。

第三，受教育思想、方法的牵制。首先会遇到改变人的什么欲望的问题，其次会遇到用什么样的教育思想、教育方法、教育途径去改造人的问题。

例如，“人本”教育思想提出人本教育观，提出教育要“以人为本”，其主要观点有：教育为人的生存和发展服务；教育要尊重人、关心人。这都是很好的教育理念。但它同时主张：教育要以学生为主体、为中心；教育要发掘人的潜能，让人个性化、人性化；人要追求个性发展、自我实现等。这无疑迎合了人本能的某些需要。

“心本”认为：个性发展如不加以一定界限，有可能使“人性恶”的一面得以发展，发掘人的潜能若缺乏明确的界定，有可能将“动物属性”的本能无限制地发掘出来。这无

---

① 心本教育．吴发科．广州：暨南大学出版社，2011.

疑将影响改造的效果，混淆了“改造什么”的问题与如何改造的思想方法问题。“心本”认为：人性化、个性化与社会化不处在同一层面上，或者说，人的人性化、个性化过程与人的社会化过程之间存在一定的意识差距，存在一定的矛盾。

二、人性之论

（一）人性是什么

人性是什么？关于“人性善”或“人性恶”，人生哲学、社会学、教育学等学科已讨论了几千年，至今尚无定论。为何至今仍无法定论？究其原因是人性极其复杂，试图仅用“善”与“恶”的标准来准确评价是极其困难的。

认识人性要从人的本能来认识。人的本能就是欲望，欲望得不到满足就会产生痛苦；人若被本能欲望牵着走，则会痛苦无常。

张中行在《顺生论》中写道：人性的本相究竟怎样？这在中国哲学史上是个头绪纷杂的问题。纷杂的象征之一是，人人都在闭门造车，甲说性善，乙说性恶，丙说性无善无恶，丁说性有善有恶，等等；之二是，公说公有理，婆说婆有理，谁也说不服谁；之三是，都难以自圆其说。相持不下的主要原因就是不能自圆其说，都只见其一未见其二①。

暂且将人性善或人性恶看成是人性“善—恶”学说体系，对它的所有讨论都是对人性本质的根本认识和根本评价。

（二）人性的评价

对人性的评价，过于抽象、笼统，其本身就存在缺陷：

1. 评价标准体系过于简单、极端

首先，评价标准太过简单，只有善、恶两个标准。因此，处于善、恶之间的大量人性表现没法描述出来。

其次，评价标准趋于极端。人性不是善，就是恶。将千千万万个相当复杂的“个体”抽象地归为“善—恶”。这种即善即恶的极端的抽象的评价，表面看是高度哲理地概括人性本质，其实这种抽象的高度哲理是将人性学说本身陷入了一个极端评价的困局，使其无法全面看待人性。

2. 社会参照系

对人性的评价，回避不了社会参照系。人性“善—恶”学说体系，说到底是学者、专家对人性的评价。他们试图脱离社会环境因素的影响作用来单纯地认识人性最根本的实质，但到底是无法脱离和回避社会参照系的。所谓“善—恶”的表述，就很明显的带有社会参照评价的迹象——以社会需要、社会规范为前提。学者们在对人性进行“善—恶”的哲理评价时，自觉不自觉地陷入了社会参照系——人性符合社会需要就是“善”，反之则是“恶”。这种以“社会需要”为参照系的人性评价学说，说到底是“社会本位人性论”。

---

① 张中行．顺生论．北京：中华书局，2010.

这种既抽象又极端的人性评价标准体系，得出的结论只能是代表人性的两种极端倾向。其评价的结果无法概括人性的全部，也难以指导人性修养。因而，人性虽讨论了几千年，却连自身都说不清楚。用这样的理论、学说去指导人生问题，就难免偏颇；用这样的评价体系标准去改造人性，就难以奏效。

（三）“心本”看待人性

人性欲望可分为：

人性第一欲望：主要包括物欲、性欲和贪欲。它是人的自然属性的主体部分，具有人性本能的属性特点。它是人生存的最原始的强大的本能欲念和心动力，也往往是“人性恶”的最本源的表现。由于有“人性第一欲望”，人才能与自然界抗争，最终才能够生存、繁衍下来。

人性第二欲望：主要包括自尊、自由和权利。这是人生存的另一种欲望，是进入人类社会后所产生的欲望，是人的社会属性的主体部分。“人性第二欲望”是人性在与约束、抑制人性的社会体制、社会制度做抗衡的过程中所产生的新欲望。

这两种欲望，既是人生存的需要（因为没有它，人的生存会受影响），也是人生存的阻碍（因为有了它，人的生存会受到限制）。原因很简单，假若自然和社会能够满足人类的两个欲望，那人间就是仙境，但地球上的自然资源和社会上的物质资源，远不能满足人类日益膨胀的欲望，社会文明进步也容忍物欲、性欲、贪欲的无限度的泛滥。因此，不能不加限制地笼统地提倡人性化社会或人性化教育。也因此，人类对待自己的人性欲望，历来有两种态度和方式：一是抑制，二是放纵。问题是，人类从来没有看到“两种欲望”的本质区别，没有将它们分开来，分别加以抑制或放纵。

西方在文艺复兴以前，对待人性欲望以抑制为主，以致在压制了人的物欲、性欲、贪欲的同时，也抑制了人的自尊、自由和权利；而文艺复兴以后，提倡了人权、自由和尊重人的尊严，人类的“第二欲望”得以逐渐实现，与此同时，也放纵了“第一欲望”的物欲、性欲、贪欲。这种放纵表现为：对自然，人类过分开发、掠夺资源、影响生态；对社会，过分欲望竞争而出现垄断、剥削、贪污和侵占；对人类自己，导致了性解放、性放纵等。而人本思想不加分析限制笼统地提倡“以人为本”，一方面对人的尊严、自由和人权给予了尊重，但另一方面使得人性、贪欲、性欲扩大、放纵和无节制。这样一来，人就会出现心理矛盾、情绪浮躁、心态不平和、心灵不和谐。

为何抑制了“第一欲望”，就同时抑制了“第二欲望”？为何解放了“第二欲望”就同时放纵了“第一欲望”？根本原因在于，首先是未能全面认识人性欲望，未能将“两种欲望”分离；其次是由于没有分离，均混在一起笼统地没有界限地提出教育或解放人性的方式方法，结果使得人性的教育、改良效果较差。

人的本能的欲望，可看作是“心”的作用。任何人类的思想和行为、活动都“由心而起”，也就是人性欲望在作用。

“心本”认为：第一，人性就是人性，它只有本能、欲望的特性，原本就没有好和坏、善与恶之分，只是人类社会需要（并按一定标准），将其分为“善”、“恶”两极，符合社会需要的，就定性为"善"，不符合社会需要的，就定性为"恶"。第二，既然人性必须符合社会需要（否则社会将无序、无法运行、无法发展），那么人性的某些方面就必须改良。因此"心本"强调，在全面地看待"人性善恶"，全面地对待人性欲望的基础上，在考虑社会需要的前提下，对人性要有所抑制，也要有所放纵。

抑制与放纵之间产生矛盾，必然反映到人的"心"里。在一定程度上，无论抑制还是放纵，"心"都会浮躁——几千年来社会变革的现实已证明了这一点。因此，"心本"主张以心为本，从心开始改良人性，做到育人先育心，管人先管心，改良先修心，用良好心态、心品去克服人性中的不良一面，才有益于人生。

第三节 生命、人生之论

一、生命之论

（一）生命的定义和特质

1. 生命的定义

所谓"生命"，《现代汉语词典》解释为：生命是指生物体所具有的活动能力。生命是蛋白质存在的一种形式，它的最基本的特征就是蛋白质能通过新陈代谢作用不断地跟周围环境进行物质交换。新陈代谢一停止，生命就停止，蛋白质也就停止分解。

恩格斯（19 世纪）对生命的定义为：生命是蛋白体的存在方式，这种存在方式本质上就在于这些蛋白体的化学组成部分的不断地自我更新。

中国农业大学工学院教师段勇认为，现有的对生命的定义主要有两种：一种是主要从生命的性质和功能来定义，可以叫做功能定义；另外一种是从生物的特有结构来定义，可以叫做结构定义。功能定义也有两种，一种认为生命是多种性质的集合，所以又称"集合定义"；另一种强调少数几种或一种性质为生命的本质性质，可以叫做"根本性质定义"。"集合定义"往往是通过列举生命的一系列特征来定义生命，比如新陈代谢、生长、发育、遗传、进化、应激性、自稳态、自组织等等。他对生命的定义为：生命就是一种具有特殊结构的大分子物质，这种结构使它具有在自然条件下通过自复制等正反馈运动维持自身结构存在的功能。

2. 人的生命定义

动物的生命只是一种本能的生存繁衍，是一种自然现象。而人的生命之所以宝贵，不仅仅是他像动物一样具有本能的生存繁衍的自然性现象，更重要的是人类的生命具有文化、意识和思维发展，存在着社会意义与价值，具有社会性现象。

人的生命具有多元的构成成分。

（1）自然成分。人是从动物进化而来，像动物一样，人的生命由其"躯体"（物质）作为载体，也即人的"躯体"是生命构成的物质基础和生命存在的基本载体，没有躯体就没有生命。这是人的生命的物质构成。并且，人的生命也与生物一样，具有新陈代谢、生长、发育、遗传、进化、应激性等生理的、本能的自然现象。

（2）意识成分。人区别于动物，是因为人具有文化意识和价值观，即人的生命是有意识、有灵魂的，因而有人说“没有灵魂就没有生命”。因此，灵魂是人的生命的精神构成。这是人的生命相对于动物生命的根本区别。

（3）社会成分。人类社会有文化传统和社会道德规范等，人的生命存在于特定的社会形态之中，人就不仅仅是自然的人，人的生命就不仅仅是自然生命，人的生命被赋予了社会性，是有着社会意识形态的生命，而社会意识形态往往支撑、反映、表现了人的生命的社会行为。因此，“社会意识形态”是人的生命中不可分离的构成部分。这是人的生命的意识构成。

（4）时代成分。人的生命具有时间、时限维度，即人的生命是有限的，只在一定的时空中生存，人的生命具有“分代”成分特点，现代人不能与古代人“握手相会”。因此，人的生命有时限性。

3. 人的生命特质

人，具有生命特质。这些特质主要有：

（1）自然性。人的生命的自然性是指人的生理意义上的生命（性命）。人的生命的自然性包括：第一，人的生命是物质的，是一个物质的有机体。第二，人的生命具有新陈代谢、生长、发育、遗传、进化等功能和生存本能、繁衍能力等因素。因此，生命可以理解为“活着”的。第三，人的生命通过吃、喝、呼吸等来维持有机体的存在，也即生命通过新陈代谢而活着并生长、发育、遗传、进化等。

（2）一次性。人的生命的一次性是指人的生理生命只能存活一次，生命结束就不可逆回，对任何人均如此；从这一意义上看，它是非常公平的，也是非常宝贵的。这是人的生命的自然规律特点。

（3）时限性。人的生命的时限性是指人的生理生命具有时间阶段。一般人大约生存几十年，最长也只是一百岁出头而已。这也是人的生命的自然规律特点。

（4）意识性。人的生命的意识性是指人的生命包含了人的意识、思维和观念等成分，指人的生命存在着意识判断和高级思维的特点。这是“生命”与“性命”的本质区别，也是人的生命与动植物的生命的根本区别。

（5）社会性。人的生命的社会性是指人的社会生命，这是相对于生理生命而言的。一方面，人的生命包含了人在特定的社会时空下的行为表现，即人的生命不仅有本能行为，还有社会性行为；另一方面，人的生命具有社会精神上的意义，即人的自然生命虽然不存在了，但其社会精神生命可以是永存的。这就是人的生命的社会性特点。

（二）生命的认识

1. 生命存在

生命的存在，或者说生命之所以存在，用三句话来概括：一是生命靠遗传，二是生命靠能量，三是生命是有限的。

（1）生命靠遗传。生命是父母爱情的结晶，父母基因的遗传。父母基因的结合与遗传就形成了一个全新基因的生命体——这是必然。但父母婚姻带有一定的选择性，父母任一方跟别人结婚，就会生出另一个基因完全不同、长相完全不同、体质完全不同的生命。因此，生命的遗传，带有一定的必然性和偶然性。

（2）生命靠能量。生命存在靠能量支持，包括遗传的能量（如孩子一出生就有了机体，就会哭），生活的能量（如吸收营养、修心意念、运动体能等）的支持。没有生命能量的支持，生命就会停止。

（3）生命是有限的。生命能量不是无限的，而是有限的；每个人生命能量的总量不同，但它都是有限的。因此人会死亡，故要珍惜生命。

2. 生命能量

生命存在靠生命能量支持，所谓生命能量就是心的能量，它包括基因能量、生活能量和心灵能量。

（1）基因能量。父母基因的结合遗传，给新生命带来能量。遗传基因好，生命能量就强，免疫力就强，生命就充满活力，生命存在就长久，否则生命就会早早夭折。我们可以认为这是先天能量。

（2）生活能量。或叫自然能量，它是多方面的。首先，生命在于饮食。没有饮食就没有营养能量，就没有生命。人在饥饿时方知饮食的需要，人在饥饿中方知营养的重要。其次，生命在于水。组成人体的大部分物质是水，水的许多成分对人体有益。没有水，生命就枯竭。人们天天在喝水，却天天在浪费水、污染水，没意识到水的珍贵和对人体健康的重要性。一个在酷热的沙漠中行走的人，才懂得水的意义和水的珍贵。再次，生命在于呼吸，停止呼吸则生命结束。人一出世就不停地呼吸空气，却从未意识到呼吸的重要性，不会珍惜空气和保护环境，也不会珍惜自身的呼吸器官（如抽烟），更没有学会如何正确利用呼吸来增进生命能量。人只有到了重病时才注意到呼吸和感受空气的益处，到了生命快要结束，无法呼吸之时，才意识到呼吸的重要性。最后，生命在于睡眠，睡眠让生命得以休息、贮存和积累能量。人的一生有近1/3的时间在睡眠，没有足够的睡眠，则生命无法维持。人老了，睡眠时间和质量会降低，能量积累储存减少，生命便逐渐走向衰老。

另外，生命在于运动。更确切地说，生命在于适当的运动。人的活动、生活、工作和体育锻炼都属于运动。适当地运动能够促进呼吸，促进新陈代谢，促进血液循环，增进体能，有利于生命延续。我们可以认为这是后天能量。

（3）心灵能量。人的生命由心灵能量来支撑。心灵能量是心的能量的一部分，这部分需通过修炼得来。修炼包括修身养性、静心呼吸、安详端坐、调整心态、排除杂念、消除烦恼、身心合一、微笑生活、开心度日等。上一节曾论述了心的能量，它是世界上最强大、最难抗衡、最可怕的力量。这里要强调的是，人的心灵能量要合理地利用，对它利用得好，将对生命和生活、工作发挥巨大作用；但如果烦恼、生气、劳累等，则会消耗人的心灵能量，影响生命质量。

3. 生命质量

生命珍贵且短暂。因此，我们既要珍惜生命，又要提升生命质量。

对生命质量，各人的认识不同。如何看待生命质量？这既是评价标准问题，又是人的

"心本"问题。"心本"人生认为，人活着，本是一种生物的本能、生命的应然，无论是生命价值大小，质量高低，都应该活着。人是有意识的，人的心态在很大程度上影响着生活质量，也影响生命质量以及对生命质量的评判。因此，人要努力提升生命质量。

生命质量应如何提升？对此我们要有充分的认识。

(1) 生命存在是生命质量提升的前提。只有生命存在，才有生命质量可言，只有热爱生命才能热爱人生，也只有热爱生命才能坦然地面对人生；只有珍惜自己和他人的生命才能有生命质量，只有不轻易放弃生命才能提升生命质量。

热爱生命包括热爱自己和他人生命的问题，还包括如何看待"生与死"的根本问题：为何而生，为何而死，从来都是生命质量的最高评判；坦然面对人生，从容面对死亡，才是提升生命质量的最高境界。

(2) 身体健康是生命质量提升的基础。既然活着，就得生存；既然生存，就要有质量。身体是生命存在的载体，身体健康是生命质量的基础，如果没有健康的身体，就谈不上生命质量的提升。

一个人身体不健康，经常疾病缠身或身体残缺，不但学习、工作和生活无法自理，而且会给家人带来工作、生活、经济和精神上的负担，哪有生命质量可言。因此，每个人都要爱护身体、锻炼身体、增强体质，只有身体健康，才能提升生命质量。

(3) 心理健康是生命质量提升的保证。心理健康既是生命质量提升的保证，也是生命质量评价的重要标准。一个人如果体格健壮、学识丰富，但有心理疾病，则生命质量就会受到严重影响。

当今社会竞争激烈，人们靠什么去竞争？去适应？去生存？主要靠两方面的素质：坚实的文化技能素质和良好的人格心理素质。这两者缺一不可。因此，只有心理健康，才能更好地生存，才能提升生命质量。

(4) 生活质素是生命质量提升的关键。生活质素，包括物质生活、文化生活、精神生活、家庭生活、夫妻生活和工作环境、人际环境、心理环境等诸多因素。由于对生命质量的理解、认识不同，人对生活质素的要求、评价也就不同，这就是人的生存意念、生活态度的差别。说到底，它是人生观和幸福感的问题——属于"心本"问题。

如何对待生活质素？一是用主动的态度去劳动致富，去改善生活条件，去创造物质生活质素。二是用积极的心态去看待周围的一切生活事物，对待人生中所有的际遇问题，去营造良好的生活心理氛围。生活质素是生命质量提升的关键，只有提高生活质素，才能提升生命质量。

4. 生命繁衍

生命需要繁殖延续——生命的本能需要；生命能够繁殖延续——生命本能的特点规律。生命通过生殖、养育生命去繁衍后代，让生命延续下去，一代生育一代，永不停息。从这一角度来看，生命具有延续性。我国古代有"不孝有三，无后为大"的思想观念，这足以说明人类对生命繁衍的高度重视。

生命能够繁殖延续的特点，使生命本身更加珍贵，更有质量，更具意义。

（三）生命的意义

生命的意义是一个永恒的话题，且不同的人对生命意义有不同的理解。有的人感受不到生命的意义，觉得人生没意思，甚至感到生存是一种痛苦和精神负担；有的人则领悟到生命的价值，对生活充满乐观向上的态度，并产生使命感和责任感；有的顺其自然的活着，对生命没有什么认识和理解。然而，生命的诞生，生命的延续，其生命的意义究竟是什么？生存的原因是什么？生存有没有目的？

生命本来是一种自然现象，活着就是活着，活着不需要什么理由，活着完全是纯粹的自然现象，活着也不需要什么世界观、价值观、人生观。所以，生命本来可以是无所谓意义的。但是人类偏偏要探知自己存在的理由，探究为何活着、活着的价值和生命的意义，这是因为人处在人类社会，具有意识思维。

因此，了解生命的意义关系到一个人对生活的自我感受和态度，关系到一个人对生命旅途的目标设定，关系到一个人的社会义务与责任的角色认同。以下是当今存在的探究生命的意义的三种主要的人生观：

世俗悲生观：这种观点认为我们既然活着，乐也罢，苦也罢，顺也罢，逆也罢，只能撑下去，只能顺其自然地度过此生。叔本华认为，生命不过是为了生活，生活不过是为盲目意志所支配，其实并没有什么意义，他写文章宣扬自杀，说这是对自然的一种挑战（意思是：你强制我求生，我偏不听从），可是他自己却相当长寿[①]。可见叔本华还是“顺生”、“乐生”的。

中庸处世观：生命存在几十年，既然不能选择和替代，就让生命认真活着，做该做的事，不求轰轰烈烈，只求平平稳稳；不求红红火火，只求本本分分；不求荣华富贵，只求开心快乐，这就是中庸处世观。这种中庸处世哲学是中国传统文化的一面，也是社会生存现实的写照。几千年来大多数老百姓就是这样延续生命，一代又一代传下去的。

传统乐生观：生命既然诞生，虽然短暂，但也要活得像个人样，不辱活着的使命，让人生放光彩，让生命有意义，这就是传统乐生观。我国自古就流传着有关“光宗耀祖”、“金榜题名”、“万世师表”、“忠贞报国”和“千古英烈”等的动人故事，就是极力弘扬活着的意义，生命的价值。

无论哪一种人生观，都是对生命意义的演绎。明确生命的积极意义，有助于个体生命价值的升华，有助于个体以一种积极的态度和方式去对待生活。生命的积极意义如何获得？华南师范大学曹梅静副教授认为：生命的积极意义应从我们父母无私的爱中获得；从我们给予他人帮助时的快乐中获得；从我们的学习和工作中获得；从我们得到的帮助和快乐中获得；从我们的信念、价值观中获得；从生命的悲剧性经验中获得[②]。

（四）欣赏、尊重、保护生命

只有生，才有命；只有生存，才有命运。无论对生命意义的认识如何，无论抱着哪种

① 张中行．顺生论．北京：中华书局，2010.

② 曹梅静．心理健康教育·C证教材．广州：广东省语言音像电子出版社，2008.

生存观、生命观，既然生命存在于世，既然已经活着，就要活得顺心开心，就得泰然处世，就要珍惜此生，就得保护生命。

上面陈述了生命认识、生命质量、生命价值和生命意义，其目的是要我们欣赏生命、尊重生命和保护生命，最终目的是让我们过好一生。

1. 欣赏生命——“心本”认知层面

如何欣赏生命？这属于“心本”认知层面。生命来之不易，十月怀胎、父母教养花费了很多时间、精力和金钱，寄托了很多期望：要使子女尽快成长，要使子女懂得生命的宝贵，要使子女懂得自己的责任。而子女责任的背后不是优越、依赖和享受，更多的是感恩和义务。

欣赏生命就是欣赏生命的全部：包括欣赏人生的平坦与坎坷，生活的乐趣与苦涩、顺利与波折、幸福与不幸；欣赏生命的平凡与可贵、诞生与结局、演绎与延续。

欣赏事物是如此。同样，欣赏生命也与人的心理认知、情绪有关。因此，要重视人的积极的“心本”素质修养。这里我们来谈谈生命过程中的几个特例。

——“顺世”时如何欣赏生命。所谓“顺世”就是生活无忧无虑，没有病痛，没有太多波折，心想事成，生命过程比较顺当。因而在欣赏生命时要：让生命的每一天都过得充实，过得更具意义，过得更加开心。

——“逆世”时如何欣赏生命。所谓“逆世”就是指生活有太多坎坷，遇到诸多不顺心的事，生命过程很不顺当。因而欣赏生命要看到：生命是父母赋予，独此仅有，无可替换，是无价之宝；生命是天地万物之灵，只要存活，本身就有价值，就很珍贵，任何坎坷事物与生命相比都算不了什么，所有不顺心的事与生命相比都不值一提。只有生命在，才有欣赏在。生命之珍，在于活着；生命之贵，在于饱尝人间的喜怒哀乐；生命之美，在于无时无刻地憧憬。

——青少年如何欣赏生命。青少年的生命特点是朝气蓬勃，如早晨八九点钟的太阳冉冉升起，充满未来、充满希望、充满寄托、充满阳光。因此，青少年欣赏生命要懂得：生命是人生的载体，未来的美好、前途的光明全凭生命的承载；生命之珍贵，在于它能履历人生的各种遭遇，品尝人生的各种味道；生命就像春天的生物发芽生枝，虽时常会遇到暴风骤雨，枝叶折断，但充满阳光，充满希望；生命属于宝贵、属于未来、属于幸福。

——老年人如何欣赏生命。老年人的生命特点是经历漫长，饱经风霜，世事悟道多，岁月存量少，且年老多病。因此老年人欣赏生命要做到：放宽心怀，放下遗憾，用积极的“心本”去欣赏生命历程，欣赏人间世事，欣赏生命的灿烂晚霞，真正使自己老有所为、老有所乐、老有所福。

2. 尊重生命——“心本”情感层面

尊重生命，这属于“心本”情感层面，只有积极的“心本”情感，才能够爱惜和尊重生命。那么，如何尊重生命呢？

——尊重生命就是“活的权利”。尊重生命就是尊重人的生命权，尊重人的生命权就是尊重任何人活着的生命权利，包括尊重他人和自己的生命权，尊重小孩、老人、残疾人士、低能人员、病危人员和传染病人等的生命权，甚至包括尊重反社会和危害他人生命的人的生命权。尊重生命是人的基本道义，也是所有人应遵守的行为准则。残害自己生命和他人生命、自杀和杀人都是不尊重生命的行为。

——尊重生命就是尊重人权。人权的根本问题就是生命权，没有生命权，什么人权都无法实现和显得没有意义。从社会法律的角度看，任何人都无权利不尊重他人的生命和生存权；任何人都无权利剥夺、伤害他人的生命，包括剥夺、伤害自己的生命。

而要尊重生命就必须做到：

第一，尊重自己的生命。尊重自己的生命就是要对自己的生命负责，不要随意践踏自己的生命，轻易放弃自己的生命。对自己的生命的尊重表现在：当人生遇到病痛、挫折、痛苦和不幸时，要积极面对，而不是残害自己的身躯，甚至结束自己的生命。

第二，尊重他人的生命。尊重他人最基本的原则就是尊重他人的生命。尊重他人的生命，就是不要危害他人的人身安全，更不能伤害他人的生命。尊重他人的生命，还包括尊重他人的人格、个性。

第三，尊重生命的不幸。尊重生命包括尊重生命的不幸，如要尊重残障人士、贫困人员、病痛人员，要有爱心、怜悯之心，对他们的不幸遭遇予以尊重、同情、关爱和帮助。

第四，反对残害生命。尊重生命就要反对非人道的行为和残害生命的行为，如反对用人体、生命做医学、遗传的实验，反对战争等。

3. 保护生命——"心本"行为层面

生命是宝贵的，我们除了从心理认知层面、情感层面对它予以欣赏、尊重外，还要在行为表现层面上去保护它。如何保护生命？一般来说，就要做到：

第一，增强体质，减少疾病。人的生命是建立在物质的躯体上的，身体的健康是生命存在的基石和先决条件。因此，要积极锻炼身体，增强体质，减少疾病，保护生命；要养成良好的生活方式来提高身体素质。

第二，注意安全，爱护生命。人身安全是爱护生命的前提和保护生命的重要条件，因此注意安全与自我保护相当重要。人身安全包括：劳动安全，环境安全，交通安全，消防安全，用气、用电安全，饮食安全等。因此要提高安全意识，远离危险，反对黄、赌、毒，反对一切危害生命安全的事物，反对一切伤害生命的行为，拒绝与危害身体和生命的事物接触。

第三，爱护环境，提高生命质量。环境包括空气、水源、噪音、卫生、治安等生活环境。生活环境对生命影响极大，并且这种影响是长远、广泛的。因此要爱护环境，保护环境，不要污染和破坏环境，改善生存空间，提高健康水平，提高生命质量。

综上所述，每个人都是一个生命体，每一个生命都是极其可贵的，都有其存在的价值，都有其活着的意义。因此，要欣赏生命、尊重生命、保护生命。"心本"的生命之论，其目的就是教你如何看待生命，怎样对待生命①。

二、人生之论

人生的演绎随着时代的变化有所不同。倘若说，"文革"时期是一个扭曲的"政治

① 吴发科．心理健康教育·主题教学．广州：广东省语言音像电子出版社，2008.

人”时代，过去的30年是“经济人”时代，那么如今你可以明显感觉到“心理人”时代的兴起[①]。企业管理学将“心本管理”作为管理学的第三次理论革命——企业管理从过去的“物本管理”走向“人本管理”再走向现代的“心本管理”，即“物本”→“人本”→“心本”[②]。教育也从传统教育的“师本教育”走向“人本教育”再走向现代的“心本教育”，即“师本”→“人本”→“心本”[③]。

人生是一个大课题，包含了人生的顺境逆境、生离死别、喜怒哀乐、富贵贫贱和偶然必然等多个子课题，有无限之谜，有无限之解，有无限的求解方式，因而无法完全解得开，也无法完全说得清。最后只能说，人生就是人生，人生在于“心本悟道”。

人生是一段大经历，包含了人的整个生命自然历程，人的整个社会活动履历，人的学习工作发展经历，人的漫长心路经历。有人享受经历过程，有人追求完美结果，有人开心幸福，有人艰辛无奈。最后只能说，人各自经历了一生，走过各自不知对错的人生路，留下各自不知深浅的足迹，让后人去探视，去重走。

（一）人生分析

1. 人生是综合体

人是“自然人”、“社会人”、“心态人”的综合体，人生是“自然人生”、“社本人生”、“心本人生”的综合体（或许还有更多的层面）。随着人类的不断进化，人有着“自然人生”→“社本人生”→“心本人生”三个不同的认识阶段，也是三次人生理念的革命。人生是一个综合体，现出于论述的需要将它们分离开来。

何谓“自然人生”？它是指人最自然、最本能和最原始层面的生活。即使进入人类社会几千年，进行了全面地、积极地改造，但人仍然保留着原始本能的痕迹，且有时表现得淋漓尽致。这就是“自然人生”。

何谓“社本人生”？它是指进入人类社会之后，人经过社会化过程，有着社会意识，过着更规范、更文明的生活。这是人与动物的根本区别，也是人生的最大特点。

何谓“心本人生”？前面论述过，它是指“以心为本位”、“以心理品质为本位”的人生观、生活态度和生活表现。“心本人生”是精神心理层面的人生（精神包含思想、意识等，心理包括心态、心境、心品等）。

人生的三个层面构成综合体。可能有人会将心本人生纳入社本人生的范畴。但是人的确存在着内心世界和精神心理一面的生活。人类进入20世纪末，才开始认识和进入“心本人生”的阶段，才开始重视“心本人生”的意义。这是对人生认识的发展，是人生认识的一大进步。但是，人类即便到了“心本人生”的认识新阶段，也还是一个综合体。

人虽然都有着外部的“社本人生”，但个体的“心本人生”的质量完全不同。就个体而言，“自然人生”是其本性的一面，“社本人生”是其社会生活的一面，“心本人生”是其内心感受的一面。这三者存在于个体的人生之中，但每个个体的生活中，三者的分量不

① 般若竹．中国社会正在进入“心理人”时代．商业周刊·中文版，2012（4）．

② 吴甘霖．心本管理——管理学的第三次革命．北京：机械工业出版社，2006.

③ 吴发科．心本教育．广州：暨南大学出版社，2011.

同，因而就形成了个体差异。同样的生活环境，有人活得很开心，有人活得很痛苦。因此，"心本人生"认为，要使人活得快乐幸福，就必须加强"心本"修养和教育。

笔者在《心本教育》一书中主张学校教育要"以心为本"，以对青少年的良好心态、阳光心灵、积极心品的培养为育人目标，提出了"教育以心为本、从心开始；育人先育心、管人先管心；心育是教育之母、心品是人品之基"的教育理念，其目的在于帮助人们认识"心本人生"的意义，并强调教育的"以心为本"的深刻意义。《心本教育》旨在让青少年从小就有着健全人格、和谐心态、良好素能，从小就有积极的心品素质；让青少年以良好心态、积极心品去面对社会、面对生活、面对人生；让青少年具有心本人生，过好一生，快乐一生，终生幸福。

2. 人生的几个偶然性问题

任何人都无法完全主宰自己的人生，因为人生有几个偶然性问题，也就是人生有几个无法自主选择的问题：

（1）出生的基因优劣。一个人出生的基因组成和优劣完全靠父母婚姻的结合和遗传，因此一个人的天赋条件，自己是无法选择的。基因的优劣可能影响你的身材高度、身体素质、智力聪明、生活质量，甚至决定你的健康寿命。譬如，有败血病、癌症基因的家族，可能导致一个人一生多病或寿命不长。

（2）生病的概率。由于基因优劣无法自主决定，导致人生病（何时生病、生什么大病）的概率无法选择，当然保健和锻炼身体有可能降低自己生病的概率，但不能够完全控制自己生病的概率。

（3）出生的家庭状况。一个人出生在富裕家庭或贫困家庭，城市家庭或农村家庭，文化家庭或文盲家庭，是无法自主决定的。它可能影响一个人的幼儿期、少年期的生存环境、学习培养、个性养成、生活质量，甚至影响一生的发展。

（4）出生的地区状况。一个人出生在大城市或出生在山区的僻静小村是无法自主决定的。它可能影响一个人的生活质量、学习环境、见识多少、交往圈大小和发展机遇，可能决定一个人一生的命运。

（5）死亡的时间、方式。一般来说，人无法自主决定和控制自己死亡的时间、死亡的方式，除非选择自杀，或因严重犯罪而被判处死刑。

3. 人生的几个有限性选择问题

人生有几个自己可选择，却又无法完全控制的问题：

（1）学习资源条件的有限性选择。由于地区资源条件、社会经济条件、学习资源条件无法做到均匀分布、合理分配，故人对学习资源条件自己有所选择，但无法完全控制。例如，要就读哪个优质的小学、中学、大学和选择学习什么专业，自己无法完全控制，因此就存在着学习资源条件选择的竞争。

（2）从事工作类别的有限性选择。社会上的工作类型、工种繁多，各工种对知识、能力、技能要求不尽相同，而每个人的知识结构、能力技能结构也不同，每个人可以依据自己的知识、能力、技能和爱好选择工作。但是，由于个体知识、能力的限制，由于招工的机遇等原因，人对从事工作类别是无法完全按照自己的专业特长、爱好而做出自我选择的。由于社会上优质工种的有限，因而在选择工种的过程中存在着竞争。

（3）婚姻对象条件的有限性选择。人生会面临婚姻对象的选择。选择婚姻对象的条件和要求，各人不尽相同，所谓婚姻自由就是各人有选择对象的自由。但是，无论男女，由于每个人自身的婚姻条件（包括身材、身体、个性、知识、能力、工作、经济、家庭、环境等状况）存在差别，选择对象的要求标准存在差别，选择的机遇存在差别等，因此，人对婚姻对象条件存在有限性选择。有限性选择，就是婚姻存在所谓匹配的问题。有限性选择和匹配关系，说到底也是婚姻竞争。

（4）孩子发展条件的有限性选择。孩子是否智力高，是否天赋聪明，是否具有某种爱好特长，甚至孩子能力的高低、发展潜力的优劣，都是不因父母的意志而转移的。父母对孩子的聪明、爱好和能力有所希望、要求、引导和培养无可非议，但父母对孩子的发展条件无法完全控制和选择。许多家长要求，甚至逼迫孩子有爱好、学特长、学知识，希望孩子赢在起跑线上，但爱好、特长和知识不仅仅是靠强迫学习得来的。孩子发展条件的有限性，必然影响孩子一生的发展竞争。

由于人生是“自然人生”、“社本人生”、“心本人生”的综合体，人生存在偶然性和有限性选择问题，这就造成每个人从生到死的人生境遇、道路和历程不尽相同，也造成人的一生都在竞争中发展。这就构成了每个人的命运。

人生的“自然人生”、“社本人生”、“心本人生”的综合性问题，以及偶然性问题、有限性选择问题、竞争性问题，甚至还有死亡的必然性问题，这些就构成了五彩缤纷的人生。

如何看待这些问题，就是人生的认识问题。

（二）人生之认识

关于人生问题，几千年来，不同学科、学派都在研究，也涌现出不少有益的人生理论和处世名言。对人生的认识，实际上是人的心对生活的感知、认知，也即“心看世界”、“心看人生”。人的一生，卓越只是一种偶然，平凡却是一种必然；人若只是为一宿三餐，其实人生并不难；人若为名利、“官财”，人生的确很苦①。关于人生问题，总的来说必须把握几个关键问题。

1. 生命是人生唯一的财富

什么是财富？这是一个既简单又复杂，既容易理解又难以把握的概念。这是一个人生哲学、人生态度的问题。有人认为金钱是人生的财富，有人认为权力是人生的财富，有人认为占有是人生的财富，有人认为知识是人生的财富，有人认为事业是人生的财富，有人认为精神是人生的财富，有人认为幸福是人生的财富。前几年社会上流行着这样一句话：“高职不如高薪，高薪不如高寿，高寿不如高兴。”它反映了大多数人的态度。那么，人生的财富究竟是什么？归根到底，生命是人生唯一的财富。因为生命是人生的载体，没有了这个载体，物质、精神都付之东流；没有了生命，金钱、地位、权力等都是过境浮云，知

---

① 蓝药师．去西藏杀毒．羊城晚报，2013－12－12．

识、事业、精神等都是过眼云烟，自尊、自由、幸福均是空谈。又因为“人最宝贵的是生命，生命对于每个人只有一次”。

2. 心态是人生长寿的法宝

心态影响生命的延续，心态是人生长寿的法宝。

首先是“自然—社会人生心态”问题。在古时，人们对人生有不同的划分和称谓：人初生叫婴儿，不满周岁叫襁褓，2~3岁叫孩提（女孩7岁称髫年，男孩7岁叫龆年），10岁以下叫黄口，13~15岁叫舞勺之年，15~20岁叫舞象之年（女孩12岁称金钗之年、13岁叫豆蔻年华、15岁称及笄之年、16岁叫碧玉年华、20岁叫桃李年华、24岁叫花信年华），20岁叫弱冠之年，30岁叫而立之年，40岁叫不惑之年，50岁叫知天命，60岁叫花甲子，70岁叫古来稀，80~90岁叫耄耋之年，100岁叫期颐之年。这种划分和称谓让人感觉人生超过35岁就过得特别快，好像已接近人生暮年。“自然—社会人生心态”是一种人生悲观心态。女人未到30岁就自认为老姑娘，30岁出头就自认为徐娘半老，50岁未到就自认为老太婆，到了50岁就认为人生到了后期。而男人40岁出头，就认为人到中年，产生了船到码头、车到站的心态，到了50岁就等待告老归乡，60岁一到就待老养生，依靠儿孙。总的来看，男人比女人的“自然—社会人生心态”较好一些。“自然—社会人生心态”既影响人生态度，也影响人生寿命，故古代人寿命较短（当然还有其他原因）。现代人的“自然—社会人生心态”有了好转，45~50岁才中年，50~60岁事业中兴，70岁还不认老①。其次是“人生处世心态”问题。人之为人，应如何面对人生一世？如何处世？这是一个极其复杂的心态问题和方法问题，可以说千人有千般心态。过去有一句俗语：“千人千般苦，无人苦相同”，它反映了人们对人生不同的看法和心态问题。有研究认为，“人生处世心态”既影响健康，也影响寿命。

3. 快乐是人生态度的标准

快乐是人生态度的标准，也是人生健康的标准。微笑是人生健康的源泉，也是快乐的外部表现，因而微笑成为衡量心理是否健康的标准。有调查显示，经常微笑的人其性格开朗，不易生气，心理较健康，人生态度较好，生活更有情趣，寿命也更长。

前面已陈述过，心态是长寿的法宝。男人比女人心态好，但为何女人比男人平均寿命长6年半？就因为女人天生爱笑。女人一生比男人笑的次数和时间多得多。男人天生不爱笑，并且“男儿有泪不轻弹”，似乎这是意志坚强的表现，其实流泪不一定是意志软弱，哭有时也是坚强的表现。正常人的眼泪是咸的，而悲伤时人的眼泪是苦的。所以，男人如果悲伤，眼泪必须“弹”出来，让心情好转，有益健康②。

“心本”人生主张笑看人生。人的一生很短暂，也很简单：从一声啼哭坠地，赤裸裸来到世界，开始了生命之旅，一直到生命结束，仅几十年光景。人生旅途中，有酸甜苦辣，有悲欢离合，有生老病死，有自然灾害，有环境所迫，有命运波折，这都是人生应经历的事。做人要看得开，把心放宽，正确认识世界，正确看待名利地位，随时应对生活中

---

① 人民网，http：//www. people. com. cn.

② 张中行．顺生论．北京：中华书局，2010.

的挫折，并且随时准备放下沉甸甸的行囊，结束人生旅程，轻松离开人间。这不是悲观厌世，而是人生规律，再自然不过。

“心本”人生提倡人要积极地面对人生，感受人生的阳光灿烂，享受人生的丰富多彩，要调适心态，活在当下，时时微笑，快乐生活，幸福人生，该哭则哭，该笑则笑。

4. 幸福是人生追求的境界

幸福是人生质量的评判标准，也是人生追求的最高境界。无可非议，每个人活在世上都在追求人生幸福。然而，究竟什么是幸福？人生追求什么样的幸福？答案是千差万别的，评判幸福的标准也是各种各样的。

关于幸福，每个人的体验、感受、认识、理解、要求和评价不同。幸福是人们经过社会比较之后，对生活水平和生活环境等外界事物的主观体验、理解和感知。也就是说，幸福是客观事物在人们主观心理的一种反映也即产生一种“幸福感”。人的感知和客观事物是幸福产生的内外条件，两者（条件）的优劣程度，就构成多种不同程度的幸福感。相同的外界环境条件，不同心态的人对幸福的感受就会完全不同，即幸福感不同。可以说，幸福是个体的感受，很大程度取决于人的积极心理、良好心态。因而，人的“心本”相当重要，积极心理品质是追求人生幸福的必要前提，否则便没有幸福可言。

幸福感对人生意义极大，幸福感影响着每个人的生活质量，影响着每个人一生的生存与发展，影响着千万个家庭的温馨与和睦，影响着全社会的稳定与发展。

关于幸福人生，后面有章节将进行专门论述。

第二章 “心本”人生之修养

心品是人品之基，心品影响人品和人生。人的品质表现，是人的心理品质的反映，而人的心理品质是人的整体素质的重要组成部分，也是人品构成的基础。

在第一章“心本”人生之论说中，已涉及人生的两个重要问题：一是“心本”修养——人之为人的基础前提；二是面对人生——人生过程的应对方法。二者实际上是强调一个观点：没有良好的“心本”品质，就难以积极面对人生，而“心本”修养是良好心品形成的关键和前提，也是“心本”人生的重要内容。因而人的积极心理品质是人生存、发展的重要因素；如果人的心品出现问题，人的生存质量就会降低，发展空间就会受限制。

然而，人的积极心理品质不是凭空而来的，而是要经过长期的“心本”修养得来的。

那么，什么是“心本”修养？“心本”修养就是以心为本，修身养性，养成自信、平和、宽容、善爱和积极等心理品质。“心本”修养的目的是使人接纳自己、接纳他人、接纳生活现实、接纳人生的一切，以良好的“心本”品质积极地度过人生。

本章重点是论述“心本”修养的重要性、主要目标、主要内容以及如何进行“心本”修养，包括“心本”修养的认识，“心本”修养的目标、内容和“心本”修养的方法等，其目的是帮助人们进行有效的“心本”修养。

第一节 “心本”修养的认识

一、“核心素养”的认识

在对“心本”修养进行认识和讨论之前，有必要先探究人的“核心素养”问题。

（一）人的“核心素养”及其作用

1. 人的“核心素养”的定义

人区别于动物的一个重要标志就是人有诸多素养，包括“核心素养”和“一般素养”。人的“核心素养”是指在人的诸多素养中，对人一生的生存和发展起着主导和决定性作用的基本素养。它是相对于人的一般素养而言的。

人的“核心素养”的定义，包含着如下三个概念：

第一，“核心素养”是人生存和发展的最重要最基本的素养。因此它不可或缺。

第二，“核心素养”主导、影响、支配着人的“一般素养”。如果将人各方面的素质看成一个整体，则“核心素养”处于核心主导地位。

第三，相对于人的“一般素养”而言，“核心素养”是人的整体素养的核心和主体，是人生存和发展的基本保障。

2. 人的“核心素养”的作用

（1）人的素养是多方面的，它们一起构成人的整体素养。人的整体素养包括心本素养、德行素养、文化素养、能力素养、审美素养、艺术素养、生活素养、行为素养、安全素养、求生素养、生计素养、繁育素养等。应该说，一个人的整体素养好，适应性就强，其人生发展的路就较宽；一个民族的青少年的整体素养好，这个民族就有希望。

（2）人的“核心素养”在人的整体素养中是重要的、不可或缺的素养，它在人的生存和发展中起着不可替代的作用；而“一般素养”，在人的生存和发展中只是起着辅助作用。可以说，一个人的“核心素养”低，则整体素养必定就低；一个人的“核心素养”的好坏，会影响其对“一般素养”的培养。例如，一个文化素养（它是核心素养）低的人，其艺术素养就会受到限制，艺术造诣也就高不到哪里去。

因此，人的“核心素养”很重要，对人的一生具有决定性的意义和作用。

（二）人的“核心素养”的构成

1. 人的“核心素养”的构成四要素

人的核心素养由“四要素”所构成。这“四要素”分别是：

心本素养：人的内在的本源素养，包括性格、心态、心怀、心智、心志、心力等。

德性素养：人性经社会化之后的素养，包括信仰、价值观、诚实、责任、德行、礼仪等。

文化素养：后天受教育之后的素养，包括全人类的哲学、社会人文、自然科学知识等。

能力素养：后天形成的素养，包括适应、应对、协调、配合、创造能力等。

“四要素”相互渗透、相互作用，并构成一个整体，形成了人的核心素养，其结构如下图所示：

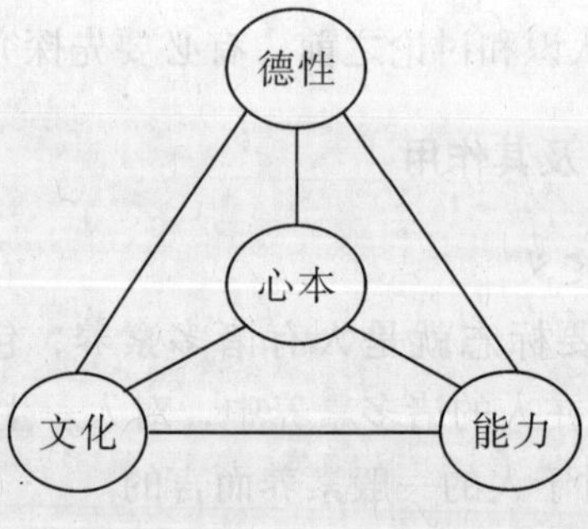

“核心素养”的结构

2.“心本素养”在“核心素养”中的地位

如上图所示，人的“核心素养”四要素之间有着密切的联系，它们相互影响，相互促进，缺一不可，形成了一个系统，构成了人的“核心素养”，从而决定和支配着人一生的生存和发展。然而，“心本素养”要素又是核心中的核心，重中之重，居于“核心素养”结构的中心，支配着其余的三要素，带有根本性作用。其逻辑关系是：

（1）“心本素养”影响“文化素养”的内化。一个人“心本素养”的好坏，直接支配其文化学习的积淀、效果和文化知识的有效运用，直至影响人的“文化修养”的内化。一个人有知识不等于有素养，有文化也不等于有“文化素养”。一个人要使知识变成文化并形成文化素养，即从“知识→文化→文化素养”，不仅仅是一个量变到质变的过程——积累作用，这其中也必须有一个心理过程——内化作用。这一内化作用过程就受到“心本素养”的主导和制约。例如，一个“心本素养”较差的学生，平常情绪易波动，情感也易失控，上课会时常失神，无心听讲和学习，不但老师讲授的知识无法入心，而且学到的知识也难以内化和形成文化修养。当然，一个人的“文化素养”也反过来会影响其“心本素养”的养成，但它不是主导性、制约性的。

（2）“心本素养”影响“德性素养”的升华。一个人“心本素养”的优劣，会主导和制约其道德认知、道德评判，会影响其道德品质的形成以及控制其道德行为的表现的保持。人的德性素养的形成，一是靠内化升华——道德认知变为道德涵养；二是靠行为表现——道德涵养支配道德表现；三是靠长久保持，即道德涵养促使道德表现的长久保持（若只是一时的良好道德行为，不是素养）。然而，这一德性“形成—表现”的内化升华过程，靠的是人的“心本素养”——受制于“心本素养”。例如，一个个性较张狂、心态不和谐、心力较脆弱的学生，必然影响其心理品德素质的内化和升华，不但难以形成和保持良好的道德表现，而且易出现极端的道德行为。

（3）“心本素养”影响“能力素养”的表现。一个人“心本素养”的良莠会主导和制约其能力素质的形成、提高和能力素养的施展，并且影响其能力素养的发挥效果。一个人的能力不是与生俱来的，其形成必须具备：一是有一定知识文化素养做基础；二是依赖其内在的自信感、心志毅力、心理弹力和自我效能感等“心本素养”做保障；三是在长期的实践锻炼中逐渐形成的。因此，如果一个人没有良好的“心本素养”，就难以形成“能力素养”。

综上所述，我们可以得出以下结论：第一，人的“核心素养”影响人的“一般素养”，也影响人的“整体素养”，而这种影响的程度，是具有决定性和支配性的。第二，在“核心素养”构成中，“心本素养”影响“德性素养”、“文化素养”和“能力素养”，但这种影响的程度只是主导性和制约性的，不是决定性和支配性的。

（三）人的“核心素养”的意义

认识人的“核心素养”有利于对人的全面认识，有利于对人的教育和培养，有利于人的生存和发展。

1. 有利于对人的全面认识

其实，古今中外许多学科都致力于对人进行全面的了解、认识和不断地探讨、研究。例如，人类学、社会学、医学、教育学和心理学等。探讨和研究人的“核心素养”，提出

“核心素养”的概念，揭示人的“核心素养”结构，有利于更加全面地充分地了解人和认识人，有利于人自身的发展和社会的进步。

2. 有利于对人的教育和培养

对人的“核心素养”的研究，要立足于人和社会的发展需要。社会不断进步和发展，其关键因素在于人的素养的提高。而研究人的“核心素养”，探究人的“核心素养”的概念和结构，其意义在于：

（1）它是素质教育的新依据。我国素质教育提出和实践了十几年，但素质教育究竟要培养学生什么？要教学生什么？如何进行教育改革？关于这些问题并没有达成共识。对人的“核心素养”的研究以及“核心素养”概念的提出，不但为素质教育提出了新的理论依据，而且有利于素质教育的开展。因此，素质教育必须重视人的“核心素养”的培养，尤其是“心本素养”教育。

（2）它是人才培养模式的导向。众所周知，人才培养是一项十分重要又相当复杂的工程，而且耗时长、成本高。一直以来，教育界花费了大量的人力物力，都在探索人才培养模式，都在开展对人的素质的培养。人的“核心素养”概念的提出和“核心素养”结构的揭示，是人才培养模式的一个导向，有利于更快、更好地进行人才培养。

（3）它是深化教育改革的参照。当前，我国基础教育和高等教育都存在许多弊端，需要深化教育改革。然而，改革的方向、目标、内容和方式是什么？衡量改革成败的标准是什么？其理论依据是什么？对此，人们仍充满了疑虑，而弄清人的“核心素养”的问题，则有利于教育改革，它是教育改革评价标准的参照系。

3. 有利于人的生存和发展

人的生存和发展，靠的是什么？这是一个值得研究的重要问题，答案可能众说纷纭。但说到底，对人的生存和发展起决定性作用的因素是人的“核心素养”。一个人具备了“核心素养”，就有了生活的基奠，就有了事业的实力，就有了生存发展的保障。相反，则难以生存和发展。因此，全面认识和揭示人的“核心素养”，重视人的“核心素养”的教育，有利于人的生存和发展。特别是对于基础教育来说，重视和加强对中小学生“核心素养”的培养，对孩子一生的发展具有重大意义。

二、“心本”修养的认识

（一）“心本”修养的作用

人，只有经过“心本”修养才能达到“心本素养”；人的“心本”修养达到一定程度就是“心本素养”。这样看来，“心本”修养既是过程，也是结果。

1. 何谓“心本”修养

“修养”一词《辞海》的解释为：一是指经过长期的学习和实践，思想、道德品质和知识技能等方面所达到的一定水平；二是指以反省、体察为主的“修身养性”之道，这个解释出自儒家。如张养浩在《寿子诗》中写道：“维人之心，匪恶伊善。由弗修养，道乃违叛。”三是指逐渐养成的有涵养的待人处世态度。

现代对“修养”的理解为：修，有改良、理顺的意思，主要指人的修炼和养成，包含修心、修身、修行；养，主要指人的素养和涵养。修养是修身养性，主要指人的基本素养、涵养和处事态度，与人的性格、道德、文化、行为表现等有着紧密的联系，是人的基本素质。

那么，何谓“心本”修养？“心本”修养是指以心理品质为本位的修养，心理品质主要包括人的个性、情感和意志，即心态、心境、心志、心品等。从这一角度来看，“心本”修养也可简单理解为心理修养。

“心本”修养是“心本”人生的基础和重要组成部分。只有良好的“心本”修养才有良好的“心本”人生。

2.“心本”修养作用的分析

（1）心的能量作用分析。第一章谈及几个“心”的问题：心是人对外界事物的“感应器”，是人的内部世界的“调节器”，是人的行为的方向标和“驱动器”，是人性欲望的原点，是人最原始的动力。这说明，“心”的能量、功能相当庞大，“心”的作用非常巨大。

由心所引起的内部现象就是人性本质，由心所引起的外在表现就是人性表现，这就表明：心性影响人性，心品决定人品。心性指心的本质，人性指人的本质。心性本质有积极的，也有消极的，因此人性本质就分为“人性善”和“人性恶”并影响到人品的好坏。

由于心的能量作用非常巨大，人性有善恶存在，人品有好坏之分，因此才有必要提高人的“心本”修养。

（2）“心本”修养作用分析。人生包含“自然人生”、“社本人生”、“心本人生”三个层面，是一个综合体；因而人是由“自然人”、“社本人”、“心本人”所组成——人的结构形态。“自然人”是人最自然、最本能和最原始的层面，它倾向于本能欲望。“社本人”是人的社会意识、社会规范、社会文明的层面，它倾向于社会需求。“心本人”是人的心态、心境、心品的层面，它倾向于“心本”素养。每个人都有“自然人”、“社本人”、“心本人”三个层面，只是分量不同而已。由于三者的分量是不同的，这就形成了不同的人生态度、人生际遇和人生表现，从而影响整个人生。

无可置疑，社会是要将“自然人”改良成“社本人”。但是必须看到，“自然人”与“社本人”所处的各自“本位”是对立的，即本质上是对立的，“自然人”本能地拒绝被改良为“社本人”，因此改良效果是有限的。必须承认，人性是顽固的，靠社会规范的外力来改良“社本人”，效果也是有限的。

要使“自然人”自愿接受改良和具有较好的改良效果，就得发挥“心本人”的作用。而发挥“心本人”的作用，就是发挥“心本”修养的作用。“心本”修养也旨在改良“自然人”，只是这种改良方式，更多是从“自然人”的内在开始，从自身的内在修养开始，这是从自觉自为开始的，因而较易被接受。

从人性改良的历程来看，对“自然人”的改良存在着两个途径：第一，从“自然人”到“社本人”的改良——它是人性改良的一个飞跃；第二，从“自然人”到“心本人”的改良——它是人性改良的一个新的飞跃。这两个飞跃的意义在于改良“自然人”的人性恶的一面。这两个飞跃的不同在于：前者的改良目的过程更多的是让人服从社会需要，一定程度是借外力压制人性，故人会感觉到痛苦，不情愿进行改良；后者的改良目的过程，从心开始，更多的是从培养人的内在素养开始，使人较自觉地、较情愿地消除人性“恶”的一面，改良效果较好。

（二）“心本”修养的意义

由此可见，在人性改良上“心本”修养具有很大的重要性和必要性。所谓“性格决定命运”，其精义和道理就在于此。因此“心本”修养的意义在于：

1. “心本”修养有利于改良人的心态涵养

人的学习成绩和知识文化的高低，工作态度和生活态度的好坏，人际关系的紧缓，为人处世的态度，事业成功与否，家庭和睦与否，能否适应社会环境，能否把握机遇与命运，人生过程的顺逆等，很大程度是受心态涵养所支配，很大部分取决于“心本”修养的优劣程度。

2. “心本”修养有利于提升人的心品素质

人的心品素质是“心本”修养内在升华的结果。心品素质影响人的生活态度和人生悟道，直至影响人的价值观、人生观、生活观和幸福感，以及由此而影响人生过程中的各种具体的生活和行为表现。“心本”修养的好坏，直接决定心品素质的优劣，也很大程度上决定了人的生活质量的高低。

3. “心本”修养有助于提高人的适应能力

社会上有些人文化素养很高，做人也很本分，但生活适应能力较低，可谓“智力因素高，非智力因素较低”。人生不仅要有正确的基本态度，还要有良好的适应能力。因为人生有各种各样的困难、挫折和不幸，生活中有各种压力、烦恼和痛苦，人际关系中有各种矛盾、纠结和困惑。“心本”修养的目的就是提高人自身的调节能力、交往能力、抗压能力、耐挫能力和适应能力，使其适应生活，快乐生活。

第二节 “心本”修养的目标

心造一切，心主言行：乐由心生，情由心生，感由心生，烦由心生，躁由心生，苦由心生，善由心生，诚由心生，学由心生，勤由心生，志由心生，忍由心生，韧由心生，语由心生，行由心生……

人的烦恼根源在于物欲、贪欲和性欲，苦苦追求财、物、色、权力、地位和名利，得到了又怕失去，怎能不烦恼。而要想减少烦恼，活得开心，就得依靠“心本”修养。

那么，修养什么？达到什么境界？如何修养？这些问题值得我们探讨。

一、修养的一般目标趋向

人为何要修养？人的修养为何十分重要？因为这一命题是建立在“性本恶”的理论假设之上的。

修养的一般目标趋向，可概括为“修心·修德·修行”。也可以说“修心·修德·修行”是修养的目标、内容和方法的总概括。“修心·修德·修行”三者各有其内涵范畴和侧重，各自相对独立，而又紧密联系，相互间形成一条逻辑链。

众多学科（学说）都在研究人的修养，也都在论述“修心·修德·修行”。

（一）各个学说的“修心·修德·修行”

1. 人生哲学的“修心·修德·修行”

人生哲学从修养与人生态度、人生理想、人生价值和人生道路的高度上，从修养与人的世界观、人生观和价值观的关系上理性地看待“修心·修德·修行”。人生哲学认为，要过好人生就得修养，人只有修好心，养好性，修好德，修好行，才能过好人生；认为“修心·修德·修行”的目的就是从心理和行为上抑制人性的物欲、情欲和贪欲等对人的束缚，从而使人超然地过好人生。

例如，孔令华在《庄子的人生哲学与现代人的心性修养》一文中就强调现代人要注重心性修养：对物欲之困的超越——自由的精神境界，对情欲之困的摆脱——超然的心理境界，对道德之困的超越——本真的人格境界，对生死之困的超脱——旷达的人生境界①；并着重强调心性修养是现代人的必修课。

“修心·修德·修行”是人生修养的内容方法，是人性“恶”改“善”的重要途径，也是人生哲学所推崇的目标内容。

2. 心理学的“修心·修德·修行”

“修心·修德·修行”是心理学最本质的东西。心理学研究人的心理现象和心理过程，研究人的“修心·修德·修行”的心理现象和心理过程，并强调人的个性（人格）修养和性格修养的重要性。例如，品德心理学根据心理学原理，研究人的道德形成的心理现象、心理过程和心理机制，研究人的心理品质如何影响人的道德修养和行为表现，教人如何“修心·修德·修行”。又如20世纪80年代以来兴起的积极心理学就主张人应该修心养性，形成健全人格、良好心态、积极心品，去积极面对人生，过好幸福生活。

心理学认为：修心就是修心态、修心品；修德就是修养品德、去掉恶性；修行就是管好自己的行为表现。心理学强调心品是人最内在、最深沉、最本质的“核心素养”，只有人的“修心”解决好，才有“修德·修行”可言；只有人的心态修养好，人生才活得幸福。总之，人的“修心”最为重要，要先“修心”，而后再“修德·修行”，这样效果才会更好。

3. 道德教育学的“修心·修德·修行”

道德教育学研究人的道德品质的形成，道德修养的方法，道德行为的表现，以及道德教育的途径方法，其最终目标是教人如何“修心·修德·修行”。道德品质属于精神和心理层面，趋向于修心修德；而道德行为属于表现层面，趋向于修行。道德教育学的理论假设是：人性本恶（如人性本善，就不需要道德教育），需要进行改造，才能符合社会需求，

---

① 孔令华．庄子的人生哲学与现代人的心性修养．理论导刊，2007（11）．

也才能符合自己的为人处世。道德教育学的逻辑推理是：道德是一种力量，是一种制约人性本恶的力量，它生效于一切人和一切事，影响人自身发展和社会发展，因此必须使人有良好的道德及其行为表现。这样一来，道德教育学就十分注重人的“修心·修德·修行”。

但必须强调的是，道德教育学明显带有政治成分和社会成分，它更多地考虑社会政治、社会规范的需要，更多地从社会需要、社会公德和社会规范的角度去教育人如何“修心·修德·修行”。因而，道德教育学更注重“修心·修德·修行”的结果是否符合社会政治、社会规范的需要，却很少关注人自身的“修心·修德·修行”的过程和结果是否给人自己带来快乐和幸福。

4. 佛学的“修心·修德·修行”

佛学的本质是如何看待“人性”和“人生”这两个问题。佛学对“人性”的理论假设是：人性本恶，故造成人间争斗，世间险恶，因此人只能修心苦度，才能去恶，才能趋善。佛学对“人生”的看法是：人生苦短，世态炎凉，人活在世上苦难重重，因而要过好一生，其人生策略是“修心·修德·修行”，即修心苦度。

佛学认为，人性本恶，故人必须养其心，抑其性，积其德，善其行，即“修心·修德·修行”，艰难度世，才能有“后世未来”。佛学假设在尘世之外，还有个更高尚、更清净、更无忧无虑、更怡然欢乐的世界——西方极乐世界，即设想中的“世外桃源”。而人要想后世（死后）到达西方极乐世界，今生就必须“修心·修德·修行”，必须修心养性、积德行善，如此才能升上西方乐土，才能换来后世的享福。

佛学在“人世苦楚”的假说下，教人如何“修心·修德·修行”，教人如何积德行善，如爱心、施舍、修身、舍欲、无求、不贪、苦度、行善等。这种学说的结论必然是：既然人性本恶，人世艰险，则人活着就得苦修、苦行、苦度，就得吃斋念佛，就应“五戒”、“八戒”等。因此就有“人生八苦”和“苦行僧”之教义。

必须强调的是，佛学更多的是关注人和人间，即人自身的内部修养和为人处世的表现，相对来说，却较少涉及社会政治。

5. 各学说“修心·修德·修行”的差异

有许多学科都在论述“修心·修德·修行”，存在许多种学说。但是各学说在论“修心·修德·修行”时存在着很大的差异：第一，哲学比较抽象地看待人性和人生，一般人难以理解如何“修心·修德·修行”。第二，心理学、道德教育学和佛学都认为人性有恶的一面，需要根除，而根除方式是“修心·修德·修行”，以适应人生。第三，心理学、佛学教人“修心·修德·修行”，更多的是关注人和人间（个体本身以及人际关系），较少涉及社会政治（社会政治需要），而道德教育学则更多的是关注社会政治。第四，心理学教人“修心·修德·修行”，其教育过程使人感到心态平和与幸福，至少使人不至于感到痛苦——教育方式较柔和，受教者容易接受。而道德教育学和佛学的教育过程，使人感受到痛苦——教育方式较生硬，受教者不容易接纳。因而，许多人表面上学道德，内心上畏道德，行动上违道德——有虚伪的一面；许多人信佛，却只念经积德行善，不愿皈依佛门受戒——有违背人性的一面。可见，各学说论“修心·修德·修行”，其主旨不同，缘由不同，角度不同，内容不同，方法也不同。

（二）"修心·修德·修行"的实质和关系

首先，从理论上看，"修心·修德·修行"三者之间的逻辑关系构成一条修养链。人的修养，要先修心，再修德，而后修行，一般不可能掉转过来。当然，它们之间不能截然分割开来，实际上在修养过程中"修心·修德·修行"往往是同时进行的。

其次，从本质上看，"修心·修德·修行"之间存在本质的区别：

"修心"是人的修养的核心，修心是抓住人的最内在、最重要的"心"进行修养调适，因而一旦"修心"到位，人的德行表现最为稳定。"修心"最关键，它影响"修德·修行"，"修心"达到一定境界，"修德·修行"就恒定，不易受到社会风气、社会政治等外界因素的干扰，如人的自信、情绪、意志、个性、心态、心品等内容的修炼，不易受政治所左右，不被社会需要所影响。相反，"修德·修行"就容易反复。但应该承认，"修心"不是一件容易的事，要求一个人有良好个性、心态、情绪、自信、意志、爱心和善良。"修心"过程是艰难的，尤其当遇到生活中不如意的人和事时，往往必须控制情绪、调整心态、排除压力、自信应对，或者当必须舍私为人、化解恩怨时，却也不是一件易事。

"修心"与"修德"的区别在于："心"较为内在，"德"较为表象，"心"是"德"的支撑，"德"是"心"的外显表征，"心"之躁动，"德"则随变，心品不固，德品（品德）难稳。心品是德品的基石，"修德"受"修心"所牵制。

因为"德"不可避免地涉及社会规范、公德等外界因素，因此，"修德"的范畴就涉及社会、文化、政治。因为道德的标准往往以社会公德、社会规范为准绳，因此，人的"德品"评价步入了一个怪圈：是否符合社会需要。符合者则德高，不符合者则德低。这样，"修德"也就步入了一个怪圈：德是社会公德——社会需要，"修德"是修"社会之德"，不是修"人本身之德"，而"社会之德"可以完全不顾"人本身的德"。这样一来，心品有时要服从于德品。譬如，儒家的所谓"三纲五常"的"修德"，表面上是修"人之德"，其实是修"社会之德"，是典型的"克己复礼"——它被现代社会所遗弃。这就是说，"德"随社会意识形态而改变，人"修德"的目标也随社会意识形态的改变而改变。这是"修心"与"修德"的本质之别。

"修行"是"修心"、"修德"的延续和体现，是"修心"、"修德"的外显反映。"行"的方向和动力受"心"、"德"所驱动和指向。由于"德"容易受社会意识形态所影响，且容易波动，因而"行"就易于反复，因而"修行"也是一件不容易的事。事实也是这样，有些人修心养性，但一遇到烦心事，就急躁起来，暴跳如雷；一触及自己的利益，就利欲熏心，原形毕露；有的人今天做了好事、善事，明天一不小心就做了违背道德的事。

二、"心本"修养的目标境界

（一）"心本"修养的目标趋向

1. "心本"修养目标的定义

所谓"心本"修养的目标，指人的"心本"修养要达到一定的高度和境界。一般说来，“心本”修养的境界越高，人的心胸就越宽广，心态就越平和，精神就越充实，对生命悟道就越清晰，对生活认识就越真实，对世态炎凉就看得越清楚，对一切就看得越透彻，一生就活得越幸福。

“心本”修养的目标包含两重概念：一是“心本”修养的内容和方法（第三节将予以专门论述）；二是“心本”修养目标境界的高低。

然而，“心本”修养目标境界，每个人不同，目标境界的高低也就不一样。

2.“心本”修养目标的意义

“心本”修养目标境界的意义在于它影响人的生活感受和人生态度。一个人若没有良好的“心本”修养和品格境界，越有钱有势时，就会越张狂，越得意，或越空虚，越糜烂。

人的“心本”修养境界不同，对待生活和人生的态度就不同。有的人对生活中的困难，总是用消极的心态去放大它、对待它，一生几乎活在痛苦之中；相反，有的人对生活中的困难看得平淡，整天乐呵呵的，过得自得自在，无忧无虑。有的人趋向悲生厌世，将人生看得黯淡，一辈子过得很累很憋气；而有的人趋向乐观乐生，有所向往和追求，生活过得积极充实，一辈子过得较愉快、较幸福。

“心本”修养境界不同的人，在对待工作事业、家庭生活和人际交往等方面的态度和方式上就有所不同。有的人将工作和事业放在第一位，人际交往放在第二位，家庭生活放在第三位，这样的人虽在工作和事业上有所成绩，人际关系也处理得不错，但家庭生活却过得平淡无味，甚至出现问题。有的人将人际交往放在第一位，家庭生活放在第二位，工作事业放在第三位，这样的人往往精心经营人际关系，到处吃得开，以致升官发财，家庭生活也过得不错，但在工作事业上的作为不大。有的人将家庭生活放在第一位，人际交往放在第二位，工作事业放在第三位，把精力集中在小家庭的经营上，而对待工作则得过且过（尤其是集体的工作），这样的人其家庭生活往往过得较休闲舒适。有的人工作事业、人际交往、家庭生活三者合理兼顾，但这样的人往往活得很忙很累。

“心本”修养目标境界不同，对生活中的事物感受不同，也就形成了生活态度各种各样的人。

（二）“心本”修养的目标境界

“心本”修养十分注重“修心”。“心本”修养的目标境界，也是“心本”人生要达到的目标境界——积极心理品质。它可概括为“八心”境界，即心善、心静、心净、心宽、心悦、心顺、心志和心力。

心善：心地善良，充满爱心，惜弱怜贫；关心他人，接纳他人，友善待人，真诚对人；有慈悲之心，无害人之心。

心静：心态平和，心静如水，遇事不易冲动，处事不易浮躁，遇险不易急躁，冷静看待外界一切事物。

心净：内心清净，淡泊名利，不存贪念；不义之事不做，不义之财不夺；不图钱财美色，不攀高官权势，不被外界诱惑。

心宽：内心宽广，胸怀豁达；能容天下难容之人，能容天下难容之事。

心悦：心态阳光，乐天派，看得开，笑脸迎世界；困难来临不愁眉，挫折面前不悲伤，开开心心过生活。

心顺：小事糊涂，大事清醒；逆境不灰心，失败不抱怨；虚怀若谷，心正气顺，万事顺其自然。

心志：志存高远，胸怀大志，志向如山，勇气如虹；充满自信，具有恒心，心之所向从不动摇，志之所向坚不可摧。

心力：胜不骄，败不馁，难不倒，压不垮；耐挫力大，心理弹性好，自我控制能力强；具有坚韧毅力与奋勇直前的意志力。

三、影响"心本"修养的主、客观因素

人的"心本"修养境界为何有高低？因为在"心本"修养过程中会受到主、客观因素的影响。

（一）客观影响因素

客观因素是会影响个体"心本"修养的重要的客观影响因素包括社会背景、家庭背景和成长背景。

1. 社会背景

社会背景状况是会影响个体"心本"修养的。社会背景包括社会政治与稳定、社会文化与教育、社会经济与民生、社会传统与风俗、社会道德与风气、社会文明与民主等，对个体"心本"修养影响极大。这是"橘生淮南则为橘，生于淮北则为枳"现象出现的原因。

一般而言，如果社会大环境好，政治稳定，经济繁荣，世风良好，文明进步，则能够促使个体"心本"修养的程度和效果趋于正面（积极的）；相反，倘若社会政治动荡，经济衰败，风俗守旧，世风败坏，则个体"心本"修养的程度和效果可能会受到负面影响。

2. 家庭背景

家庭背景指家庭的成员结构、文化程度、温馨程度、富裕程度、父母关爱程度、教育方式以及家庭稳定程度等情况。家庭背景对个体尤其是童年时代的"心本"修养的影响相当大。一般来说，家庭背景较好，尤其是家庭文化背景好、教养方式好，有助于孩子的"心本"修养。所谓"出自名门"、"大家闺秀"，就是说家庭背景优越，家庭教育良好，孩子就有涵养，就会出色，一生也会过得较舒适。

家庭背景对孩子"心本"修养的影响极大。例如，单亲家庭背景的子女，或因父母感情破裂、离异，或因父母一方死亡，父爱（母爱）缺失等，往往造成孩子心灵上的深度创伤，继而影响到孩子"心本"修养的状况。又如，边远山村的一些家庭，由于父母长期外出打工，很少回家陪伴孩子，使孩子成为留守儿童，长期存在着孤独感、寂寞感和压抑感，这将影响孩子"心本"修养的境界。

3. 成长背景

成长背景主要是指个体的童年成长环境，它实际上反映了童年的心理经历。童年成长环境包括生长在城市还是农村，是否受到优质教育，是否为独生子女等因素。童年成长的背景因素，主要影响童年的心理体验，继而影响孩子"心本"修养的质量和境界。

（二）主观影响因素

外因是变化的条件，内因是变化的依据，外因通过内因而起作用。主观因素是影响个体“心本”修养的关键。主观影响因素，包括个体的智力因素、身体因素、文化因素、自觉修养因素等。

1. 智力因素

智力（智商）的高低影响一个人对主客观事物的认识，继而影响其一生的全面发展。个体的智力高低直接影响其“心本”修养的质量和境界。可以说，一个智力低下的人，一般情况下，其“心本”修养无从谈起。

2. 身体因素

身体因素决定一个人一生的发展状况。个体的身体健康状况直接影响其“心本”修养的质量和境界。一个长期体弱多病的人，心情长期处在压抑之中，一般情况下，其“心本”修养的质量和境界就高不到哪里去。

3. 文化因素

上面说过，文化素质是人的“核心素质”，它的高低直接影响人的认知水平和处事能力，从而影响人生。文化素质高低直接影响人自身的内部世界的修养。一般情况下，一个文化素质高的人比一个文化素质低的人，其“心本”修养的质量境界要高一些。

4. 自觉修养因素

自觉修养是指个体出自内心的、完全自愿的修养过程（包括修养认知和修养行为），这相当重要。在“心本”修养的主观影响因素中，自觉修养因素是最关键、最重要的，它影响个体的“心本”修养的质量和境界。一个人自觉修养的意愿越强烈，对修养的目标内容的自我悟道就越深刻，“心本”修养的境界就越高。相反，则修养境界越低。因此，个体“心本”修养要重视“自觉修养”和“自我悟道”的作用。

自觉修养在“心本”修养的诸多影响因素中，往往是起决定性作用的。因为其中包含了一个普遍道理：自觉决定体验，再决定感悟，最后决定修养的境界。可以这样表示：

自觉⟶体验⟶感悟⟶境界（深度、质量）

同理，学校和家庭的教养方式都要沿用这一道理，注重引导和启发孩子的自觉性，而不是生硬地灌输。所谓启发式教学，最重要的是启发孩子的自觉性，因为只有自觉，才会有独立思考，才会有教育效果。

第三节　“心本”修养的内容

“心本”修养是一种品质修养、品德修养。“心本”修养的目的，说到底是通过对“心本”的修养，形成良好的心态和积极的心理品质，从内心和行为上自觉地抵制人性恶的一面，自如地应对生活环境和际遇，坦然且快乐地过好一生。

关于人生问题，一些学说侧重于“如何应对人生路上的各种波折和不幸”。教人学会应对波折、解脱痛苦的方法，这本无可非议。但这毕竟是“头痛医头，脚痛医脚，治标不治本”。其实，每个人的人生都有许多不顺心的事，任何人都如此，不可避免。况且，人应对波折、化解不幸的过程，内心依然有痛苦的感觉。因此，只有通过“心本”修养提升个体心理素质，才是最根本的有效方式，才能在波折和不幸面前从容、镇定、自如，也才能降低不幸事件带来的痛苦感觉。

“心本”修养试图教人修养内部世界，正确认识外部世界，促使内部世界与外部世界相和谐。本节着重讨论“心本”修养的内容。“心本”修养内容广泛，这里主要陈述自信修养、和谐修养、宽容修养、善爱修养、感恩修养和幸福修养等。

一、自信修养

自信心是一个人的心理品质的基础。缺乏自信的人，几乎什么事情都无法成功，什么事情都难以应对。因此，自信心是“心本”修养的重要内容。

（一）自信的认识

1. 自信的含义

自信即自信心（self-confidence）。“自信”是自己相信自己，“信心”是相信自己的能力的心理，自信是对自己能力的一种信任和自我评价所持的一种肯定态度，它是一种积极的自我认识、自我价值、自我尊重的心理状态和心理特征。

自信的内核是班杜拉（A. Bandura）提出的自我效能感（self-efficacy）。所谓自我效能感是指个体对自身成功应对特定情境的能力的估量。班杜拉认为自我效能感是一种自我能力的感觉，这种感觉不是认为“我”有什么技能，而是“我”拥有的技能能够做些什么。

2. 自信的特质

自信的特质是：自我效能感强，对自己的能力估量较高，对自己的信任度较高；在挑战、困难和挫折面前，有不畏惧、敢于面对、勇于尝试的信念和勇气。

3. 自信的构成

人的自信，越来越受到关注。许多心理学家都在研究自信的结构和作用，以及自信的形成。Wylie 认为[①]，能力和自我接纳是构成自信心的两个主要因素，并说明这种能力是掌握和控制自我及环境的感觉。燕国材认为，自信心由“自信认识、自信体验和自信行为”三方面构成[②]，它是人不可缺少的心理品质。

4. 自信的作用

自信是一个人的内在的个性品质和心理现象特征，也是一个人赖以生存和发展的原动力，自信品质有助于增强人的意志力、承受力和能力，拥有它就会正视失败，增强战胜困难的勇气，因而它是一个人成功不可或缺的基础。如若一个人连自信都没有，那么什么事

---

① Wylie R C. *The self-concept*. In：Lincoln W. *Theory and research on selected topics Vol*（2）. NE：University of Nebraska Press，1979. 823－828.

② 燕国材．教育人本论议．云梦学刊，1995（2）．

情都做不好，什么困难都应对不了。因此，“自信是成功的第一秘诀。[1]”如若一个人没有自信的品质，那么其他诸如平和之心、宽容之心、爱怜之心等的修养，就难以生效。

自信是一股神奇的精神力量，似乎看不见、摸不着，但它的确存在于每个人的身上。有了它，就有了力量，没有它，什么事情都做不好。自信对一个人来说相当重要，它会影响一个人的学习、生活和行为表现。

(1) 自信与学习表现。自信的人，总认同自己的学习能力，认为自己聪明，具有进取心，将学习过程看成一个不断习得、获取的过程，故往往学习成绩和效果良好。不自信的学生，总认为自己笨，比别人能力低，缺乏学习的信心，上课时不敢主动发言，不敢大声回答问题，课余时不敢与同学讨论学习问题，考试时会出现焦虑心理，学习成绩往往较差。

(2) 自信与生活表现。自信的人，会乐观对待生活、积极体验生活、热情享受生活，用乐观而又自然的心态看待周围事物，用积极而又潇洒的态度对待生活，故人生充满快乐感和幸福感。不自信的人，往往有着“灰色人生”的心态，容易产生消极的生活观，容易形成悲观的人生观，缺乏对生活的探索精神，缺乏对生活的乐趣，缺乏对生活的更高愿望和追求，还时常主动回避生活中出现的问题，生活比较平淡。

(3) 自信与行为表现。自信的人，相信自己的能力，办事果断；勇于在大众场合表现自己，敢于发表自己的意见和看法；主动与人交往，享受与人交谈的乐趣，且不易受他人左右；遇事有担当，遇到困难，从不放弃，努力克服，争取成功。不自信的人，缺乏胆识和主见，办事犹豫，行动迟疑；缺乏自我表现的勇气，与人交往畏缩，在人多的地方讲话不自然，甚至有交往焦虑症；缺乏成功的意愿，遇事就回避，遇到困难就退缩。

（二）自信影响其他心理因素

由于自信心是一个人的心理品质的基础，因此对一个人来说，自信品质修养的优劣会影响到其他心理素质的修炼。

1. 自信影响情绪心理

自信是情绪的根基。自信会影响人的情感调节能力与心态。一个人之所以遇到不顺心的事就控制不了自己的情绪，容易激动、烦躁，容易发脾气，或者情绪低落、消沉、抑郁，表面看来是情绪问题，实际上是自信问题。自信心不足，遇事心里空虚无底，心中无策，自然就失去情绪控制能力，就容易情绪激动、烦躁和发火，处事就无分寸，行为就失态，或者情绪低落，意志消沉。相反，自信的人遇到烦心事和困难，内心十分淡定，并能理智对待，就不容易产生情绪问题。

2. 自信影响意志心理

自信和意志是一对孪生的心理品质。它们经常伴随在一起去左右一个人做事，去影响一个人事业的成功。为什么说自信影响意志心理？因为自信是意志的基石。意志是一种力量，它以自信为基石，没有自信就不可能有意志力，更没有创造力可言。当遇到困难的事

---

① 刘善循．高效率学习与心理素质训练——如何使你更聪明．北京：商务印书馆，2000. 158 ~ 161.

情时，敢不敢去尝试，这是自信在起作用，但如果在做事过程中，不断遇到挫折，甚至屡试屡败，但仍不放弃，还能坚持，这是意志在起作用。一个人如果没有自信作基底，做事没有信心和底气，那就什么事都不敢去做，但如果没有意志，一旦做事遇到挫折就会退缩，就容易放弃做事的信念，就没有成功的可能。所以说，自信品质很重要，它是基石，是前提，只有它存在，意志才能较好地发挥作用。

3. 自信影响交往心理

自信影响着人的交往心理。一个人，经常要与他人接触和交往，沟通和表达自己的意见。但在交往过程中，常常有这样的现象：有的人与谈得来的熟人沟通，滔滔不绝，但一遇到陌生人，就说不出话来；有的人对朋友、对下属讲话，收发自如，出口成章，表达流畅，但当有大人物、名家在场时，却马上变成另一个人，表达严重失去水准；有的人在小场合发言，表述某一问题，逻辑思维清晰，讲话条理清楚，表达恰到好处，但一到大场面就怯场，思维混乱，词不达意，不知所云。这都是自信心在作怪。

例如，有的老师，平时上课（上课是一种特殊的交往），效果很好，一旦上公开课，效果就大打折扣。又如，有的演员在小场合演出，表演欲极强，将作品演绎得淋漓尽致，而遇到大演出就怯场，就唱（说）不出来；有的演员恰好相反，越大场面越来精神，表演欲越高涨，演出效果越好。这都是自信在起作用，所以说，自信会影响交往心理。

以上对"自信"的论述，只是在说明一个问题，即自信很重要，它对人的活动会产生极大影响。因此，它是"心本"修养的重要内容。

（三）自信的适度

强调自信的重要性，不是说越自信越好。这就涉及自信适度的问题；自信与自卑、自信与自负的关系问题。

1. 自信与自卑

一般来说，不自信就是自卑。所谓自卑，通俗地说是一种自己看不起自己，轻视自己的心态。自卑感是一个人在自我认知过程中，贬低自己的能力和作用的一种心理状态。有自卑感的人，总是看不到自己的优点，总觉得自己比不上别人，总对自己消极评价，因而产生羞怯、惭愧、畏缩甚至灰心丧气的复杂心情。一个人如有微弱的自卑，轻度的信心不足，就可能产生危机感；而具有危机感的人，往往更加奋发自强，可能更有意志力和毅力，能战胜各种困难。但一个人如果自卑感极强则不利于其人格发展，也会影响学习、工作和生活质素。

但心理学界也有另一种观点认为，不自信不等于自卑，也就是说，自信与自卑不同属一个范畴。

2. 自信与自负

一个人没有自信，不行，但自信过头，也不行。自信的确对人的成长、发展有积极意义，但人的自信心不是越强越好，而是要保持适度自信。一个人如果自信过了头，就会变成自傲、自视和自负，就会产生狂妄的心态和傲慢的作风，就会自以为是，就容易看不起别人，听不进不同意见；轻视困难，盲目冒进；思考欠谨慎，行为多冒险。自负的人，往往欠缺脚踏实地的务实精神，从而影响其事业发展。

现代社会是一个非常讲究相互配合、相互协调和团队协作的社会，而一个自负和自傲的人，不可能尊重他人，不可能协调好人际关系，不可能有良好的协作意识和团队精神，也就难以融入集体，难以胜任工作。

（四）自信心的养成

一个人的自信不是与生俱来的，而是通过后天（尤其孩童阶段）的实践经历逐渐建立起来的。儿童的自信心形成是一个过程，是后天实践锻炼的过程：孩子每当完成好一件事，并得到大人（他人）的赞同和好评，就获得一分成功感，就增强一分自我效能感；当儿童成功的经历实践越多，就积累了越多的自我效能感，就获得成就感，就有了信心。因此，培养孩童的自信心的过程，首先是要给孩子创造机会，让其独立尝试；其次是要多给予孩子鼓励、表扬和肯定性的评价，让其大胆实践、积累经验，逐步建立成就感；三是要杜绝采取戏弄、嘲笑和斥责的方式，防止戳伤孩子的自尊心和积极性。

自信心的养成不是一朝一夕就能完成的，而是一个较长的过程。因此，对小学生的自信培养，家长和老师既要十分重视，又要讲究方法。自信心养成的因素有两个：一是主观因素，包括身体生理和主动体验；二是客观因素，包括成长环境和锻炼机会。

1. 身体生理

身体生理因素对儿童、少年自信心的形成影响极大。所谓身体生理因素是指身体生理有缺陷，包括伤疤、口吃、独眼、手脚残缺等，尤其小孩子的身体生理缺陷往往会令其产生不同程度的自卑感。因此，对身体生理有缺陷的孩子，要给予更多的关心和爱护。

一般来说，有身体生理缺陷的人，自信心养成的难度较大，要付出加倍的努力。例如，患渐冻症的大科学家霍金、残疾作家张海迪、断臂钢琴手刘伟等，他们都有身体生理上的缺陷，但他们很自信，而他们在自信心建立的过程中，所付出的代价比他人更大。

2. 主动体验

自信不是天生的，而是通过从小的体验和锻炼形成的，一个人的主动体验、锻炼很重要。作为家长要鼓励孩子从小就敢于主动参与、主动表达和主动体验，培养孩子的表现欲和成功感，这对孩子的自信养成很有好处。有的孩子碰到困难就退缩，就放弃，就改变主意，有的孩子见到陌生人、见到大场合就紧张、胆怯、脸红、结巴、讲不出话来，或表达不清楚。这很正常，但这时父母、老师要鼓励他主动参与体验，不能放弃，不能回避。主动体验是自信养成的最好办法。

3. 成长环境

自信是从小锻炼培养的，因此，成长环境是自信养成的重要条件。一般来说，大城市比偏僻山村的成长环境要好，大集体比小集体的成长环境要好，大家庭比小家庭的成长环境要好，因此处于大城市、大集体、大家庭中的孩子较为自信。这是因为，在大城市、大集体、大家庭中，孩子接触的事物多，锻炼的机会也多。现代家庭，独生子女的自信心培养相当重要，父母要让孩子多接触外界，多接触他人，多见世面，多参与集体活动，要让孩子独立办事，切不能将孩子“封闭”在家里，什么事都由父母包办，变成温室里的花朵。

4. 锻炼机会

锻炼机会与自信养成有着密切关系，锻炼机会越多，自信心就越强，相反，自信心就较弱。例如，一个经常当班干部的学生，发言和组织活动的机会多，锻炼机会就多，自信心就强，毕业参加工作后，往往更容易显示其自信魄力和工作能力，事业发展得更好。锻炼机会多少与成长环境有关。因而，对父母来说，要为孩子营造良好的成长环境，提供锻炼机会，促其自信的养成。对青年人来说，要创造机会，把握机会，大胆参与锻炼，不要让机会失之交臂。只有这样，才能够使自信养成。

二、和谐修养

和谐之心就是平和之心。和谐如调琴，调紧了，就会断线（断弦）；调松了，就弹不出声音。两弦若失调，则发出的音不和谐；两弦协调了，才会弹出和谐动听的声音。

心的和谐、平和是一种心境。心境宁静、平和，处事会考虑前因后果，会稳健妥当；心境不静、浮躁，就存在着情绪，往往处事就随意，或趋于极端，不考虑长远后果。正所谓：“心境宁静，才志存高远。”

和谐之心是一种心理状态，是平和心态。佛教将“平和之心”称为“平常心”。心理学将“平和之心”称为“和谐心态”。心态与情绪高度相关，心态影响情绪，心态又控制情绪、调节情绪。每个人的心态状况与其修养程度有关，因而，和谐心态是每个人“心本”修养的重要内容。

（一）和谐心态的理解

1. 和谐心态是一种心理表征

心态（psychology）是人对外界事物的心理感应之后所产生的心理状态，是一种较长期、较稳定的心理状态，而不是一时的心情。和谐心态是个体对外界事物的心理感应之后所产生的一种较稳定的心理表征，它是“感应”→“表征”的心理过程，受到个体的“良好修养”的影响。因此，和谐心态是人经过长期的“心本”修养的结果，是人看待世事万物的基本观点和心理状态。

人具有感知、思维能力，故与动物相比，人有丰富的情感和情绪。情绪是人从事某种活动时产生的心理活动状态，是人对于客观事物与自己的需要是否相适应而产生的态度体验。可以说，人人都有情感、情绪。情绪是人们常见的、人人都曾出现的一种心理现象。情绪发泄是一个心理现象过程，合理的情绪发泄是一个有益的心理现象过程，不合理的情绪发泄有害身心健康。

心态与情绪有着密切关系，它们相互影响。一般来说，心态是内部的，情绪较为外显。那么，情绪究竟是什么？

关于情绪，可以这样理解：①情绪往往反映个人的兴趣与志向。②情绪是人对外界事物的主观心理体验的产物，而主观心理体验往往受“人的需要关系”所影响。③情绪是人的正常的心理活动的重要表现，喜、怒、哀、惧是情绪的四种最基本类型，情绪的变化往往与个人的志趣密切相关。

情绪具有复杂性、多样性、差异性、多变性的特点：①复杂性。指情绪的产生过程、影响因素、表现变化的复杂性。②多样性。指情绪的基本类型、表现形式等的多样性。③差异性。不同的人，对同一件事情有可能产生不同的情绪体验；同一个人对同一件事，如果换不同角度，也会产生不同的情绪体验。这就是情绪的个体差异性。④多变性。一是指儿童的情绪易变多变的特点；二是指人的情绪随个人境遇、社会生活和“心本”修养的变化而变化[①]。

2. 和谐心态是一种心理品质

和谐心态是一种心理品质，它反映个体对外界事物、世事万物的心理认知的境界。和谐心态与个体“心本”修养的结果——心理品质有关。个体的“心本”修养的效果好，心理品质就好，胸怀就宽广，心情就稳定，心态就平和。

心态是心品的重要成分和指标，也是心品的反映，即一个人的心态是心品状况好坏的反映。有一种观点认为，心品影响和支配心态，心理品质好，心态才能平和。

前面说过，心态与情绪有关，严格地说，心态与情绪智力有关。1990 年美国耶鲁大学的 Salovey 和 Mayer 第一次正式提出了“情绪智力”的概念。他们认为，情绪智力是指个人控制自己和他人的情感和情绪，将这些情感、情绪加以区分，并利用这些信息指导他的思考和行为的一种能力。它包含了三种截然不同的适应性成分：情绪的评价与表达，情绪调节和利用情绪知识解决问题。

有学者认为，情绪智力是心理学研究的一个重要内容和方法，它是指个体对自己情绪的控制、管理、调整、调节的能力和策略。一个人情绪智力有大小，对自己情绪的控制、管理、调整、调节的效果就有优劣，情绪智力好，对情绪的控制、管理、调整、调节的效果就好，心态就平和。相反，心态就不平和。其实，这就是通常所说的“情绪管理”的问题。其实，情绪管理不仅是一个管理方法的问题，而且是“心本”修养的问题。

佛教认为，情绪往往起源于贪婪的欲望。心态受制于贪婪的欲望，如果没有贪婪的欲望，就不会出现不良的情绪与心态，因而佛教教导人要抑制贪婪的欲望，做到“五戒”与“八戒”，做到无贪无欲，四海皆空。佛教认为，无贪无欲就无烦恼，如能修养到这种境界，人就没有烦恼的情绪和心态，就活得自在自得。佛教的这种观念和方法（或叫佛法）是从心源、本质和行动上去解决人的贪婪的欲望问题，去调解人的情绪心态问题。其实，佛教的这种观念和方法，就有“心本”修养的成分。

这样看来，情绪、心态、心品三者密切联系，不可分割。情绪影响心态，心态影响情绪；情绪、心态是心品的反映，心品又支配情绪、心态。因此，情绪、心态、心品三者都是“心本”修养的重要内容。

（二）和谐心态的修养

和谐心态既是“心本”修养的内容，又是“心本”修养的一种境界。而要保持和谐、平和的心态，就要做到以下几点：

---

① 吴发科．心本教育．广州：暨南大学出版社，2011.

1. 学会对待不良情绪

简单来看，情绪往往影响心态和谐，控制情绪是保持和谐心态的法宝，能自我控制、自我调适情绪，就会减少烦恼，就能保持平和心态。那么，情绪究竟是如何产生的呢?

心理学认为，情绪是伴随着人们的思维而产生的。人对事物的看法、思维可以是理性的，也可以是非理性的。人们按照理性去思维、去行动时，就会产生积极情绪，否则就会产生消极的情绪。然而，一般人看待事物喜欢采用非理性思维，容易产生不良情绪。心理学有一个情绪“ABC 理论”，它揭示了人的情绪产生的心理过程（如下图）。

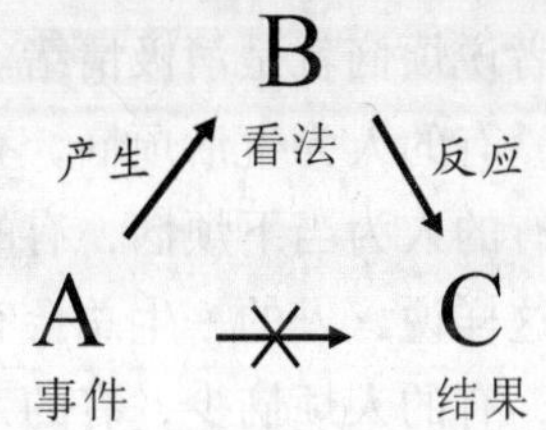

ABC 理论

该图示中：

A（Activating Event）：情绪的诱发事件，简称“事件”。任何人的情绪产生，必定有诱发事件，且由事件诱发而产生相应的情绪。

B（Beliefs）：对“事件”的看法、解释和评价，简称“看法（或信念）”。即个体对事件的看法。

C（Consequences）：情绪的反应、行为、结果，简称“结果”。即个体对“事件”表达看法之后，其情绪产生的结果。

ABC 理论认为，某一“事件”（A）诱发引起了个体对它的“看法”（B），从而个体产生了情绪“结果”（C）。可用该式表示：A→B→C。

ABC 理论说明：

第一，“事件”（A）不能直接产生情绪“结果”（C）。

第二，“事件”（A）通过诱发引起了个体的“看法”（B）反应而产生情绪“结果”（C），这说明情绪是由个体的看法反应之后所产生的。

第三，由于看法不同，引起的反应就不同，则情绪表现也就不同。

第四，对事情正确的、积极的看法，就引起良好的情绪；对事情不正确的、消极的看法，就引起不良的情绪。ABC 理论将这些“对事情不正确的、消极的看法”称为“非理性看法”或“非理性信念”。

值得讨论的问题是，同一“事件”为何会引起个体的看法不同？究竟是什么因素影响个体产生不同的情绪反应？心理学认为，主要原因是个体情绪智力的差异。情绪智力高与情绪智力低的人，情绪调节和控制能力不同，对“事件”所产生的情绪强度和情绪表现就不同，因而情绪智力高低是影响个体看“事件”而引起不同情绪的主要原因①。

而佛法认为，同一“事件”引起个体不同情绪发生，其关键因素是个体的心态问题，而心态问题又与个体的情、欲、爱、缘等有关，因此只有控制情、欲、爱、缘等因素，才能正确看待“事件”，才能保持平和心态。

无论怎么说，这其中都涉及对待情绪、控制情绪的问题。情绪好了，心情就舒畅，心态就平和，烦恼就会减少，生活就快乐。因此，要学会正确对待情绪。说到底，无论是对待情绪、控制情绪还是保持平和心态，都是个体自身的“心本”修养的问题。

2. 学会摆脱烦恼

烦恼是消极情绪的反映，或者说烦恼就是消极情绪。实际上，人人都有烦恼，有的人为学习烦恼，有的人为办事烦恼，有的人为生活烦恼，有的人为爱情烦恼，有的人为生病烦恼，有的人为升官发财烦恼；有的人为当下烦恼，有的人为未来烦恼；有的人为自己烦恼，有的人为子女烦恼……可以这样说，人的一生总会有大大小小无数的烦恼，人生与烦恼同行。事实上，有的人烦恼多，有的人烦恼少，有的人总在烦恼中徘徊，有的人却容易从烦恼中挣脱出来。

为何人人都讨厌烦恼，而烦恼总是存在？为何有的人总在烦恼中徘徊，而有的人却容易从烦恼中挣脱出来？这是因为：第一，人有贪婪的欲望，有欲望而得不到满足，就有痛苦和烦恼，欲望越多，痛苦就越大。第二，人的情绪智力有高低，处理烦心事、烦恼的智慧就有高低。这牵涉到一个人如何对待情绪、对待烦恼的问题，也牵涉到一个人的平和心态和“心本”修养的问题。

（1）要学会摆脱烦恼，就得学会舍得。

舍得是生活的一种基本态度、基本策略，是做人的一种大智慧、大境界，是一种价值观、人生观。“舍”是放弃，“得”是获取，“舍”与“得”是辩证的、对立统一的。人性的贪婪欲望，往往叫人“舍不得”，欲望就像无形的枷锁时刻困住每个人。由于贪婪的欲望，由于“舍不得”，就产生无尽的烦恼。但人世间，不可能什么东西都能“得”，只有“舍”，才有“得”，否则就会给自己带来沉重的负担，带来无尽的烦恼，这也就是“鱼和熊掌不可兼得”的道理。

所谓“舍得”实际就是“舍欲”。人世间，只有学会“舍得”，敢于“舍欲”，才能减少烦恼。人世间，面临“舍”与“得”选择的机会有很多，如何“舍得”，考验一个人的气度、心态和智慧。人在世间要保持“空杯心态”：一个人拿着装满水的杯子走路，总是小心翼翼，形成心理负担，然而满杯的水还是会溢出，只有舍得，将水倒尽，才能坦然走路。然而，世间又有几个人舍得倒尽杯中水，从容走路？这就需要勇气，需要大智，而勇气和大智，取决于一个人对人生的理解，取决于一个人的修养高度和心态表现。只有舍得，才能轻装；只有舍得，才无烦恼；只有舍得，才有幸福。

冠诚在《有一种境界叫舍得》② 一书中论述和揭示了人生“舍得”的境界，他认为：

① 吴发科．心本教育．广州：暨南大学出版社，2011.

② 冠诚．有一种境界叫舍得．天津：天津科学技术出版社，2012.

庸人自扰，人生何必太计较；适时放弃，是人生的大智慧；要进退有数，把握取舍的艺术；舍得之道，是为人处世的圣经；情感密码，舍得是一朵解语花；完美生活，舍得乃是引路人等等。他认为：“人生也罢，功业也罢，进退之道，全在舍得之间。”总之，无贪无欲无烦恼，要学会解脱烦恼，就得学会“舍得”，学会制欲，学会“轻装人生”。

（2）要学会摆脱烦恼，就得学会放下。

俗话说做人要“拿得起，放得下”。面对烦恼的事，也要有勇气彻底“放下”。这就是说，一事当前，要有勇气担当，而事后，要能彻底“放下”。人为何有烦恼，就是因为对烦恼的事“放不下”，还自以为“执着”，结果变成自寻烦恼。放下了，就没有烦恼。要学会摆脱烦恼，就得学会放下一切引起烦闷的事，包括放下负荷、放下压力、放下执着、放下牵挂、放下怨恨、放下牢骚、放下诡辩、放下矫饰、放下忧虑、放下心中一切沉重的负担等，甚至要放下追求、身价、地位、荣誉和辉煌。

放下是处世之道，它不是回避，不是退却，更不是不负责任，而是放下心中负担，放下身上的包袱，解除思想的禁锢，轻装上阵、愉快生活、洒脱向前、走好人生之路。冠诚在《有一种心态叫放下》一书中，论述了“放下”的意义、作用和方法。他认为，放下是一种睿智的表现，绝对不是一种随意舍弃的态度，“放下”倡导的是一切随缘，一切莫强求，它不仅可以带给你幸福的生活，还会为你的人生增光添彩①。

因此，放下是一种心态，一种选择，一种气量，一种智慧，一种学问；放下不是消极推卸，而是轻囊致远。放下是人生处世的哲学，为人处事的艺术，应对生活的方式，也是修身养性的最高境界。放下是对生活中诸多事物的选择，是一种心理取舍；放下，是一种心理解脱。

然而，放下不只是对事物、处境进行选择的一种方法，更是考验一个人对选择的一种心理修养和品质。总之，放下就是抛弃烦恼，摆脱困境。人要学会宁静、淡然、坦然、从容、睿智地对待生活中的各种事物和困难，这就是“心本”修养。

（3）学会摆脱烦恼，就得学会乐在当下。

一方面，烦恼来源于人性的贪婪，来源于人的占有欲，来源于舍不得，放不下；另一方面，烦恼来源于人有意识，人会思维，人会对比（与他人对比，就发生思维，产生想法）。因此，人生总有烦不尽的事：烦学业，烦生活，烦事业，烦爱情，烦住房，烦健康，烦职称，烦晋升，烦奖金……做人常常要烦自己的事，还得烦上一辈和下一代的事，可谓“一世人，烦恼三世人事”。现在许多家庭，父母就为了子女的学业、工作、婚事、家事而烦恼不尽。

烦恼全是自己惹来的。有的人遇到烦心事，总看不开，放不下，活得很辛苦；有的人每遇一件小事，总是计较得失，要弄个究竟，探个明白，活得很累；有的人为了“面子和尊严”，因一件小事而据理力争，从不忍让，从不宽容，誓与他人争个高下，活得纠结；有的人与他人出现矛盾，总用心计，暗地较劲，甚至结怨结仇，活在争斗与报仇之中。这些得到的结果只有烦恼。

---

① 冠诚．有一种心态叫放下．天津：天津科学技术出版社，2012.

因此，我们要学会乐在当下：遇事不要想太多，放开心怀，愉快生活；遇事不要斤斤计较，放宽胸襟，淡然应对；与人不争高低，不结怨恨，得饶人处且饶人，活得自由自在，活得超然洒脱。郑板桥有句名言“难得糊涂”，就是做人的一种修养境界。只有糊涂，才会不计较，对人对事豁达、坦然、达观、大度；只有糊涂，才会不争、舍得、放下；只有糊涂，才能解脱烦恼，乐在当下。因此，要解脱烦恼，就得学会“活在当下”。

（4）要学会摆脱烦恼，就得学会“心本”修养。

人之为人，不可能没有烦恼，问题是面对烦恼时，该如何摆脱。做人做事要能够舍得、放下、宽容、忍让、糊涂，且要做到“活在当下”和“乐在当下”，实在不容易。因此，要摆脱烦恼，就得学会“心本”修养。只有“心本”修养好，心品素质好，才能做到心态平和、豁达大度、人生睿智、虚怀若谷和难得糊涂。

或者说，“心本”修养好的人，就会用好的心态去看待问题，自然就常有好心情。

有一个故事：两个秀才一起上京赶考，路上遇到一支出殡队伍，看到一口黑乎乎的大棺材。甲秀才顿时一振，心想：这下完了，赶考的日子居然碰到死人棺材，倒霉透顶，不是好兆头。于是他的心情一落千丈，考试时“死人”、“棺材”挥之不去，文思枯竭，结果名落孙山。而乙秀才看到棺材后，心想：棺材啊棺材，有“官”又有“财”，极好的兆头，上京遇“官财”，鸿运当头来，我一定能高中。于是他心情兴奋，情绪高涨，考试时文思泉涌，落笔生花，果然一举高中。考完回家后，两人都对朋友说：“那‘棺材’真的好灵。”其实，“棺材”是否“灵验”，全凭自己的心态和感觉。

还有一个六尺巷的故事：清雍正年间，户部尚书张廷玉有一天接到老母亲的一封家书，家书中说张家与邻居叶家要造房盖屋，为了院墙两家发生了土地争执。张老夫人要他出面干预。张廷玉看罢作诗，回劝母亲：“千里家书只为墙，让他三尺又何妨？万里长城今犹在，不见当年秦始皇。”张老夫人看罢复信，放下争执，主动将墙退让三尺。叶家见状，也自觉退让三尺。这样两家院墙之间有六尺宽，形成了“六尺巷”，由此有了“六尺巷”的故事。张廷玉的胸怀气度，就来自于修养。

一个人对一件事的反应，是烦恼，是高兴，是糊涂，是放下，是由他的心品、心态决定的。一个人对外界事物的判断、处理方式，取决于他对人生世事的认知、意念、悟道，也全凭他的品德、秉性、个性、心态、气质、气度等的心理品质去做抉择取舍。因此，“心本”修养相当重要，缺乏“心本”修养的良好的心理品质，是难以做到舍得、放下、宽容、忍让、糊涂的，也是难以控制贪欲、控制情绪，摆脱烦恼的。

三、宽容修养

宽容（forgiveness，tolerance）在《不列颠百科全书》中的解释是：允许别人自由行动或判断；耐心而毫无偏见地容忍与自己的观点或公认的观点不一致的意见。它在《现代汉语词典》中的解释为宽大有气量，不计较或不追究。佛教对宽容的理解是，宽恕一切难以宽恕的人，容下一切难以容忍之事。宽容最早是宗教用语，后被广泛应用于其他学科领域。宽容是“心本”修养所追求的一种心理境界和结果。

（一）宽容是一种心理过程

所谓宽容，就是要坦然大度地对待任何人，不计较或不追究一切事，从而释怀。从表面看，宽容是一种处事方式，委实是一种心理过程。

1. 对宽容的认识

关于宽容，要弄清两个问题：对宽容的认知，对宽容的感受。

首先，宽容对待他人，实则宽容对待自己。表面看，宽容是容忍、宽恕他人。如他人说了什么话、做了什么事对不起你，你原谅他人，不予计较，不予追究，就是宽容。其实是容忍、宽恕自己。因为宽容最难的是过自己的"心理关"：你能原谅他吗？能不追究吗？你心里有气吗？舒服吗？如果过不了自己的"心理关"，你则无法宽容他人，如果过得了自己的"心理关"，你则宽容了自己的狭隘、浅薄和刻薄，解除了自己的心结，即宽容对待自己。

其次，宽容是一种选择过程，是一种心理体验。如果选择宽容他人，你自己就体验到释怀和宽松；如果你选择计较他人，你自己体验到的是烦恼。其实，是否宽容他人，完全是你自己的一种选择。

最后，宽容是一种积极的心理感受。倘若选择宽容了他人，把计较抛开，把怒气放下，将怨恨解除，你就解放了自己，你的心情就发生变化，就有了轻松的心情和全新的心理感受。倘若选择不宽容他人，你的心理反应和心理感受就会不一样。因此我们要常记这句话："人在红尘中起伏，心在港湾里平静！"

2. 如何做到宽容

关于宽容，要解决两个问题：宽容什么？如何宽容？

第一，宽容什么？对好事、顺心的事和快乐的事，无所谓宽容，故宽容，一定是自己认为不好的事、不合理的事、不愉快的事。能够放下不愉快的事，能够不计较、不抱怨、不追究那些不合理的事，才是宽容的表现。

第二，如何宽容？必须承认，宽容是"痛苦"的心理过程，不计较、不追究的过程。宽容必须是原谅、忍让、宽恕和委屈的过程，且必须看得开、吃得亏；宽容与人性的自尊、自私、贪婪是对立的，为了宽容，要放下自尊，甚至要与"贪婪人性"做决裂。所以说，要做到宽容，实不容易，需要良好的品质修养。

现代社会需要宽容的气质、气度和心态，否则难以适应。因为在现代社会无论做什么工作都需要分工合作、协调配合和团队精神。然而，在合作和配合的过程中，往往会出现不同的意见，出现摩擦和矛盾，会产生人际关系的紧张。这需要宽容心态予以消除，予以润活，才能建立良好的人际关系，才能协作、配合和进行团队建设。因此当今社会，更需宽容之心。

（二）宽容是一种心理状态

1. 心容则容，心界无界

宽容是"心"在起作用，心宽则能容，心能容得下，才能宽容，"心"博大无界，才能容。宽容是一种涵养，一种胸怀，一种心态，一种境界。宽容以自信之心、平和之心为前提，以慈祥之心、善良之心、容忍之心为基础。一个人如果没有良好的心理修养，就很难做到遇事心态平和，心态宽容。上面讲过，要容得天下事，就要与“贪婪人性”做决裂，而一个人要做到宽容胸怀、平和心态，就必须不断加强“心”的修养，即加强“心本”修养。

2. 宽容心态，教育得来

宽容是人的修养的结果，也是人生存的法宝。

宽容心态，不是与生俱来的，而是通过后天的教育（包含自我修养、自我教育）得来的。宽容心态，不是一天就能教育好的，或者修养得好的，也不是简单地修炼就能成功的。它是需要经过长期地、细致地，甚至是艰苦地教育和修炼才能得来的。

诚然，现代社会有其消极的一面：它是一个提倡个性、追求享乐的社会，一个激烈竞争、你争我夺的社会，是一个物欲横流、人性贪婪的社会。这使得一些人的心胸更加狭窄，更加急躁，更加贪婪，更加难有宽容之怀。因此，才必须提倡建设和谐社会，才必须进行“心本”修养。

然而，现代教育所推崇的“以人为本”，却大肆鼓吹教育要“个性发展”、“自由发展”和“自我实现”，大肆倡导教育要“以孩子为中心”、“以学生为主体”和“教育人性化”。表面看来，教育“以人为本”似乎“尊重孩子”，“以学生为本”实则放纵学生个性，造成孩子个性张狂、傲慢，造成孩子不宽容的心理状态，事事“以我为中心”，处处“个性张扬”、“目空一切”，事事“自我实现、自私自利”，全不顾及他人感受，全无宽容之心。一个“个性张扬”、“自我实现”的学生，是无论如何也做不到“宽容之心”的。表面看来，教育“以人为本”似乎是教育思想理念的进步，实则是教育的倒退：因为其放弃了教育“改造人性丑陋一面”的功能。众所周知，教育具有两个相辅相成的基本功能：一是改造功能。改造人性的贪婪欲望，改造人性丑恶一面。二是培养功能。培养人的学问，培养人的能力，培养人的品质。只有发挥好“改造”功能，才能发挥好“培养”功能，过分提倡教育“以人为本”，会削弱教育的改造功能，也使教育的培养功能难以施展。过分提倡“教育人性化”迎合了人性的丑恶欲望，必将扭曲孩子的心灵，使孩子难有宽容之心。

笔者在《心本教育》一书中，倡导教育要“以心为本”，培育孩子的心灵，培养孩子的心理品质。这次撰写《心本人生》一书，旨在探讨生活以及人生的真谛，目的是使人们懂得人生的“心本”修养的重要性。要幸福，就要有宽容心怀；要少烦恼，就要有宽容心态。

（三）宽容是一种心理品质

1. 宽容是品质

宽容属于人格心理、品德心理的范畴。宽容是一种博大、一种度量、一种美德、一种品格。宽容的对象是人和事；是否有宽容心态，则是自己的事——有平和的心态、宽容的品质。对于没有达到宽容品质的一般人来说，要宽容某件事、某个人则比较难，要宽容难以宽恕的人和难以容忍的事就更加难。只有品质好的人，才懂得宽容。

2. 宽容要容忍

宽容往往是指对人、对事的容忍。容忍是一种心力——容得下、忍得住，它来自于心的修养；容忍不是无能无为，而是大量大度。"容"字心怀若谷，心怀宽广，需要有"海纳百川"的气量。"忍字心头一把刀"，这是形容"忍"的过程十分痛苦，如刀绞心。

一般人无法做到容下难容之事，无法"海纳百川"，相反有的人是"小心眼"，心里容不下一件小事，眼里容不下一粒小沙，动不动就发火、争斗、报复；一般人无法做到忍下难忍之事，尤其是荣誉纷争、财产争夺，或官场争权、商场争利、情场争宠，或受到委屈、被人误会、被人栽赃等，就更难容忍和宽容。宽容实质上是与自己内心的"私"、"欲"、"忍"做斗争的过程。因此，要做到宽容，相当不容易。

民族英雄林则徐题于书室的一副自勉联："海纳百川，有容乃大；壁立千仞，无欲则刚。"意思是："大海可以容纳千百条河流，因为它有广阔的胸怀；悬崖绝壁能够直立千丈，是因为它没有过分的欲望，才不至于倾倒。"在佛殿庙堂经常可以看到这样一副对联："世间人法无定法然后知非法法也；天下事了犹未了何妨以不了了之。"这都是教人如何学会处事做人，如何宽容处世。因此，宽容是经过修养而形成的一种品质，一个人的美德，是"心本"修养的重要内容。

四、善爱修养

善爱之心，也是善良、爱怜之心，佛学称作"慈悲之心"，社会学简称"爱心"。爱心是平和之心、宽容之心和感恩之心的基础，是人之为人最根本、最重要的品质。一个人如果连起码的爱心都没有，就谈不上有平和、宽容、感恩之心，更谈不上责任感和使命感。

（一）善爱之心的认识

我们从小就接受教育，父母、老师给我们上的第一课就是爱心教育，如爱祖国、爱家庭、爱老师、爱父母等。许多文学作品也在描述"爱心"，如爱心是阳光，爱心是雨露，爱似清泉，爱是一盏明灯等，但它毕竟带有文学色彩。那么从科学的角度，究竟该如何认识爱心呢？

1. 爱心的理解

"爱心"一词似乎人人都晓得，但要从科学的角度给爱心下定义，的确有难度。《现代汉语词典》没有对善爱予以解释，也没有对爱心予以解释。《现代汉语词典》对"爱"的解释是："对人对事物有很深的感情"，"喜欢……"、"爱惜……"；对"爱怜"的解释是："十分疼爱"。这些解释似乎指个体对外界的表现，却未涉及个体内心的状况。

那么，爱心究竟该如何理解？所谓"爱心"，是"人性善"的一种表现，是人的一种心灵素质，通常是指人的怜悯心态、同情心态、善良心态及其相应的行动表现的总和。"爱"侧重于指对他人、事物的施予，表现为行动，而"爱心"更多是指个体内在的心态状况，带有较强的情感因素。

对爱心可进一步理解。爱心是人性善一面的集中表现，是人性中最珍贵的组成部分。人性中有“善”、“恶”两源，两源对立，时常相斗，胜者为王——决定人的“善”与“恶”，因此，许多学科如社会学、心理学、教育学、德育学、医学、文学和佛学等都将“爱心”作为研究对象，作为改善人性的启迪，作为教育人的重要内容。

2. 爱心的含义

“爱心”是一个广泛的含义，跟“思想”、“信仰”等词语一样，都是揭示人的内心的某种状况。有爱心才有爱的行为表现。爱是有层次对象的：它包括人类、非人类；包括有生命的、无生命的。因而爱心是有不同层次深度的。

爱心的本质是善良和爱。爱心的表现特点有：

（1）无限性。它指“大爱”，即爱一切有生命的、无生命的事物。如“爱人类”、“爱生命”、“爱社会”、“爱环境”、“爱科学”、“爱文明”等。爱心的无限性特点，具有超国界、超文化、超政治、超阶级、超民族，甚至超人类、超生命的特点。

（2）局限性。爱心往往受社会政治、民族、教育的影响而带有界限，如“阶级友爱”、“爱祖国”、“爱民族”、“爱母校”、“爱父母”、“夫妻爱”、“同胞情”等。从某一角度看，这些爱都有一定局限。

（3）行为性。善良也好，爱心也好，往往与行为相结合，表现为爱心行动。

（4）激发性。爱心能唤醒人的心灵使其弃恶从善，爱心能使人从沉沦中苏醒，爱心能使人从绝望中走出。

爱心看不见、摸不着，但它的确存在，且往往与行为联系在一起而表现出来。爱心的学理结构如何？爱心的构成因素是什么？爱心的心理机制是什么？这些问题有待于心理学家的深入研究。但可以肯定地说，爱心以“善良”、“慈祥”、“怜悯心”、“同情心”为品质基础，以“无私”、“无欲”、“无索取”、“无等价交换”为前提条件，以爱的“施予”、“付出”、“奉献”为行为表现。

（二）善爱的表现

1. 善爱什么

爱什么？善爱什么？总体来说，善爱是一种表现，即要善爱生命、社会、亲人、朋友，善爱一切生灵以及外界事物。

具体来说，“爱什么”可分为：首先，要爱自己、爱自己的身体、爱自己的生命。如果连自己的身体和生命都不爱，则无从善爱其他人和事物。其次，要善爱他人，包括爱亲人、爱朋友、爱同事、爱长辈、爱小辈。再次，爱一切有生命的生灵，包括花鸟虫鱼、野生动物。最后，爱天地万物，包括非人类的和无生命的。

2. 善爱的表现

善爱之心可以理解为有爱心。“善”和“爱”都展示了一个人的心品素质。首先，善爱是一种心理品质的反映。其次，善爱是一个人行善、施爱的心理现象（含动机）和心理过程（含行为），只有善爱才会有施爱行为表现。最后，善爱和施爱，是一个人内部的心理现象向外部行为表现的过程，也是心灵升华的过程。

“善爱”有益于万物，有益于社会，有益于他人，也有益于自己。

（三）爱心如何培养

善爱之心是一个人“心本”修养的重要内容，也是“心本”修养的良好途径。

1. 爱心的教育

在生活中人们经常可以看到这样的现象：婴儿一拿到东西就往嘴里塞，一拿到东西就往怀里拽。这是本能？是自私？人生下来就有爱心吗？这些是有待于研究的问题。但可以肯定地回答：“爱心”是可以教育培养的，而且要从小加以教育。

爱心的养成对一个人很重要，如果一个人从小就有爱心，将对他的一生产生极大的影响：有益于待人接物，有益于人际关系，有益于循规蹈矩，有益于为人处世。爱心是心灵的火花。孩子的爱心，是其品德、情操形成的基础。苏联著名教育家苏霍姆林斯基说：“爱的教育应该是整个教育的主旋律。”然而，现今的孩子，却“以自我为中心，眼中无他人，心中少爱心”，“只知爱自己，不知爱他人，只知要索取，不知要付出”。因此，加强爱心教育十分重要，并且十分迫切，爱心教育是素质教育的重要内容。

2. 爱心的培养途径

（1）家庭教育。家庭教育的途径包括：首先，父母是孩子的第一任老师，父母的一言一行，如“爱恨什么”、“是善是恶”、“是施爱”、“是自私”，孩子都看在眼里，都会学着模仿。其次，家庭是孩子的第一个教育场所，家庭生活中爱的氛围能够潜移默化地影响孩子，包括夫妻恩爱、爱孩子、爱邻居的孩子，包括爱花、爱草、爱动物、爱玩具等都能教育孩子。再次，尊重长辈、关心小朋友、礼貌待人等。最后，爱心能陶冶孩子的心灵。在家庭生活中，可以让孩子亲自养小鱼、小鸟、小猫，育豆苗，种小花等，培养孩子的爱心。

（2）学校教育。苏联教育家苏霍姆林斯基说过：“教师的爱是搞好教育的奥秘，是打开学生心灵的钥匙。”在学校教育中培养孩子的爱心，这是教育的主题，而教师是主角。学校教育的途径包括：首先，通过课堂教育、实践教育，要向孩子开展爱心的认知、情感的教育，使孩子懂得什么是爱心和爱心行为，认识爱心行为的意义等。其次，要进行感恩教育，如感恩社会、感恩父母、感恩师长等的教育。感恩之心是爱心的基础，有了感恩之心才有爱心。再次，要进行榜样教育，如社会上爱心人士的事例，周围老师、同伴的好人好事等。最后，要鼓励孩子积极参与一些爱心行动。

（3）行动教育。行动教育是最重要的一条途径。有人认为，爱心行动意味着付出——付出时间、精力和物质，似乎是一种“吃亏”，但是只有融入爱心行动之中，才能真正得到爱心体验，感受到心灵升华。在实际行动中培养孩子的爱心，就是让孩子去参加施爱活动，去体验爱心行为，去升华自己的心灵。比如，参加捐零花钱、种花植树等活动；又如，参加学校或街道组织的“慈善大行动”；再如，去关心家庭经济困难的同学，去看望生病的老师和同学等。

3. 爱心教育的方法

（1）树立榜样。榜样的力量是无穷的。有了榜样，孩子就有了学习的对象，容易学习和模仿。因此要树立“爱”的榜样：第一，以孩子日常生活中以及身边发生的爱心行动为榜样，开展教育。第二，以书本教学内容中的先进人物的爱心行动为榜样，开展教育。第三，以故事人物为榜样，进行教育。如“孔融让梨”的故事，让孩子学会谦让；“我们是好朋友”的故事，让孩子懂得团结友爱、互相帮助；“羊妈妈病了”的故事，让孩子学会爱他人，帮助他人。

(2) 创设“爱”的情境。情境氛围最能感染人，无论家庭还是学校教育，要想达到教育效果，就要创设“爱”的情境，营造“爱”的氛围。情境氛围包括：第一，创设活动大情境。譬如，在表彰大会上向“爱心人士”敬礼和献鲜花；帮扶伤残的同学上学；帮助学习困难的同学；接待一年级新同学；组织观看图片展览；父母与孩子一起参加捐款救灾的活动等。第二，创设小情境。譬如，老师热情地、微笑地迎接每一个同学；老师亲亲孩子的脸，摸摸孩子的头，拍拍孩子的肩膀，拉拉孩子的小手；帮孩子扣纽扣、修整衣饰、擦擦汗等，让孩子体会到老师的爱，从老师的言行中受感染，学会爱护别人。第三，创设“献爱心”情境。如带孩子参加长辈的生日祝寿活动；重阳节带孩子参加敬老院送温暖活动；教师节，送给老师一朵小红花，讲一句祝贺语；母亲节帮妈妈做一件小事等。创设“爱”的情境，是为了进行爱心教育。关键在创设情境时要注意以下三点：一是情境要自然，要符合孩子的实际，有创意，但不刻意，不能流于形式。二是以“爱”为主题内容，寓爱的教育于情境与活动之中。三是要有感受的氛围，学生是情境中的主角，能在情境中引起心理感受，引起心灵共鸣。

(3) 体验“爱”的感受。爱心教育活动的目的是让学生从中感受爱、懂得爱、学会爱。爱心活动教育和过程要达到教育效果，必须把握好以下三个环节：第一，主题内容与活动形式的结合。这一环节的重点是选材和设计。第二，情境与体验的结合。这一环节要注意：情境创设越好，爱的体验就越多。第三，内心的感受。这是关键环节，创设情境是为了体验，而体验只是表象，感受才进入心田。爱的体验越多，爱的感受才越深刻。只有感受深刻，才能养成内在的爱心品质，有了爱心品质，才会有持久的爱的行为。

五、感恩修养

(一) 关于感恩之心

1. 感恩的定义

所谓“感恩”，就是知恩图报。知恩就是感知恩情，感知一切事物的恩情；图报是报答、答谢，是答谢一切有恩之人、有恩之事，图报是一种答谢、回报的行为。因此，感恩不仅要感知一切恩情，更重要的是，还要有图报行为表现。感恩图报不只感恩对你有帮助的人，而且感恩天地万物。这是感恩的性质。

感恩是一种心态。感恩就是感恩之心，它不是人人都有，也不是天生就有，而是通过受教育、通过主观修养得来的，而且很大程度是主观修养的结果。感恩之心既是一种主观修养，也是一种心态——对自己和他人、对生活和人生的一种基本态度。感恩之心与慈祥之心、善良之心、和谐之心、宽容之心等都有着密切联系，都是修养的结果。

感恩是一种行为。感恩是回报他人、社会的行为。这也就是说，感恩不应只停留在口头上和心里面，应该付诸行动——施爱行为。

感恩是一种美德。感恩是一种行为，也是一种美德。一个人是否有感恩行为，不是取决于他多富有，而是取决于他的道德境界。或者说，一个人的感恩之心和感恩行为，虽然会受到客观因素的影响（如个体经济条件），但更主要的是受到美德修养的影响。例如，穷人的感恩行为不一定就少，富人不一定就多。

2. 感恩的境界

感恩之心是一种境界。感恩境界有高有低，大体可分为以下三种：

（1）感谢父母亲人。主要是指感恩父母，因为父母给了我们生命，哺育我们，供我们读书，有养育之恩，我们必须报恩。中国人最懂得报答父母的养育之恩。

（2）感谢有恩之人。知恩图报，谁对我有恩，就报答谁，谁曾提携和帮助过我，就有恩必报。例如，报答恩师、恩人和帮助过我的人，就属于这一境界。普通的人一般只能达到知恩图报这一境界。

（3）感谢天地万物。感谢上天造就物种，感谢大地哺育生灵，感谢万物使之生存，感谢环境提供生活，感谢生活赋予丰富多彩……这是一种“无我”、“超我”、“大爱”的境界。只有主观修养达到一定程度才能深刻理解“恩”的真实含义，才能达到“感恩天地万物”的境界。或许有人会认为，“无我”、“超我”、“大爱”是佛教徒的修养目标，是佛教所追求的境界。其实，社会学、心理学、道德学等都教人如何“修养”、“无私”、“感恩”、“大爱”和“幸福”，都旨在达到这一境界。

3. 感恩的意义

感恩，说明一个人对自己、他人和社会的关系有着正确的认知；感恩之心，则是在这种正确认知之下所产生的一种情感——责任感和知恩感，它也是一种境界。报恩行为，则是在这种高尚境界驱动下所采取的回报行为。

感恩的意义主要在于：

（1）感恩促进心理和谐。首先，一个知恩感恩的人是一个有修养的人，也是一个心理和谐的人，会感到生活舒适，人生坦然。其次，如果人人都有感恩之心，人人都心理和谐，则人与、人与自然、人与社会的关系就和谐融洽。这有利于家庭关系和睦与家庭稳定，也有利于团队的内部建设和事业发展，有利于人与人的和谐和社会稳定。

（2）感恩使人感到幸福。感恩行动不仅仅是一种知恩报答、施舍行为，而且是一种爱心奉献、慈善行为。全社会的人都有爱心，都参与感恩慈善行为，整个社会就会和谐进步，文明发展。有感恩之心和感恩行动的人会在行为之中感受到一种宽慰感和幸福感。当然，这不是说，没有感恩行动的人就感觉到痛苦，而是说，他感觉不到这种满足，这份幸福。

（二）感恩什么

想知道感恩什么，就要弄清两个问题：“恩”是什么？感恩的对象是什么？

1. “恩”是什么

“恩”是一种内心的感知和情感，明显带有感激成分，其内涵丰富，外延广泛。

首先，有生我之恩、养我之恩、育我之恩、救我之恩、为我之恩、爱我之恩、帮我之恩……这是一种与自己生存直接相关的感知和情感，带有“知恩图报”的心态，属于一种“有我”的境界。

其次，有家庭之恩、故乡之恩、母校之恩、单位之恩、社会之恩、祖国之恩……这是一种与自己成长相关的感知和情感，带有“情结”的心态，还是属于“有我”的境界。

最后，有天地之恩、文化之恩、环境之恩、山水之恩、空气之恩、生灵之恩、万物之恩……这是一种更高的感知和情感，带有“大爱大恩”的心态，属于一种“超我”的境界。

2. 感恩对象

感恩对象包括人、事、物。

（1）感恩“人”。感恩对自然、人类和社会有益的普通人，这其中包括：第一，感恩身边的人，父母、长辈、亲人、师长、朋友、同事、同学……第二，感恩帮助过你的人，如救济过你的人、提携过你的人、摔倒时扶起你的人……许多人或多或少都有这样的心理：他对我有恩，我就知恩图报，有机会就报答，该帮忙时就帮忙。这是感恩报答行为。第三，感恩从未认识和从未帮助过你的普通人。许多人这样认为，别人帮助过我，我要感恩，就要去帮助社会上需要帮助的人。例如，有的人捐资帮助山区的贫困孩子上学，从不留名。

（2）感恩“事”。感恩对自然、人类和社会有益的一切事，包括与你直接有关的事和与你无直接关系的事。许多人认为，自然为我提供资源，社会帮助过我，曾提供我事业发展的机会，所以我要感恩自然、感恩社会、回报自然、回报社会，多做善事和有益社会的事。

（3）感恩“物”。感恩天地万物，感恩一切生灵，包括社会、文化、环境等，也包括环境中有生命的、无生命的事物。

（三）学会感恩

一个人应如何学会感恩？

1. 感恩要从修养开始

从心理学的角度看，这实际上是一个认知情感过程和动机行为过程。

有感恩之心，是“心本”修养的结果。如果没有良好的修养就没有慈祥心态、平和心态和积极心态，就不可能有感恩之心。因此，修养就是解决感恩的认知情感过程。

第一，对生活、人生和事物的基本认知问题。这涉及对人生、世道的基本看法，涉及如何看待世界、看待人生、看待周围的一切人和事，涉及人生观的问题。只有看到世道、人生和生活的美好一面、和谐一面，才有感恩的心；只有对周围的人和事都看到其善良的一面、友好的一面、有意义的一面，才会激发出感恩的动机。

第二，对生活、人生和事物的情感心态问题。人究竟为了什么活着？人该如何活着？这涉及人活着的态度问题，涉及对生活和事物的情感心态问题。一个人有了积极情绪、平和心态去看待这些问题，才能理解他人、关爱他人和帮助他人，才有感恩之心。如果一个人对人生和生活充满了消极情绪和抱怨心态，对身边的人和事都只看到其恶的一面、坏的一面，好像什么人和事都对不起自己，甚至有积怨、抱恨的情绪心态，则不可能有感恩之心。

2. 感恩要落实于行动

感恩不仅是认知情感过程，而且是一种动机行为过程，最重要的是要落实在行动上，用行动来体现感恩之心。一个人的感恩，要有奉献精神和行为表现，要有为他人和社会的施爱行为和慈善行动。

因此，感恩行动，包括帮助身边有困难的人，帮助周围需要帮助的人；包括慈善行为，如帮助从未认识的人。感恩行动可以物质资助、金钱资助的方式，也可以关怀和照顾的方式；可以通过直接资助某一有困难者的方式，也可以通过捐款给慈善基金会的间接方式。

六、幸福修养

幸福之心就是幸福心态，或叫"幸福感"，俗称"知福"。它是人的"心本"修养的重要内容和最高目标。一个人若有幸福感，对生活就倍感淡定、自在、欢乐和充满希望。

关于"幸福"，我们在第三章第三节"幸福人生"中将予以专门论述。这里，仅从修养的角度，做简单的陈述。

1. 关于幸福感

2000 年 1 月，美国当代著名心理学家马丁·塞里格曼·谢尔顿（Kennon M. Sheldon）和劳拉·金（Laura King）出版的《积极心理学导论》一书，标志着积极心理学（positive psychology）的兴起。积极心理学认为：心理学不仅仅应对损伤、缺陷和伤害进行研究，而且应对力量和优秀品质进行研究；心理学不仅仅应对心理疾病进行修复和弥补，而且应对人类自身所拥有的潜能、力量进行发掘。积极心理学研究的核心内容就是研究和发掘人的幸福与幸福感[①]。幸福和幸福感的概念有所区别，幸福侧重指生活形态，幸福感指人对生活的主观体验感受。

不同文化、生活背景的人对幸福和幸福感有着不同的理解。亚里士多德认为，"幸福是人的自我实现"。伊壁鸠鲁认为，"快乐是生活的开始和目的。幸福是我们天生的善，我们的一切取舍都是从快乐出发，我们的终极目的仍是得到快乐"。中国人对其理解也不尽相同。有的人认为，"人有五福——长寿、富贵、康宁、好德、善终"。有的人认为，"人生四大幸事——久旱逢甘霖、他乡遇故知、洞房花烛夜、金榜题名时"。佛教对幸福的理解为：人只要舍得、放下、积德、行善、布施、善爱，就能体验到心中的幸福。心理学对其的理解为：幸福是人们经过社会比较之后，对生活水平和生存环境等的外界事物的主观体验和感知，也是客观事物在人们主观心理中的一种反映。因此，幸福是一种主观感受，故叫"幸福感"。

幸福心态可理解为幸福感。幸福心态由积极心理品质做支撑，如自信、宽容和善爱之

① 郑希付. 健康心理学. 上海：华东师范大学出版社，2003.

心。一个人如果没有积极心理品质则幸福感难以形成，也无法持久。因此，从主观体验的角度看，幸福心态受到积极心理品质的影响。

2. 幸福感的养成

既然幸福感是个体对客观事物的一种主观感受，那么幸福感又是如何形成、如何得来的呢?

幸福感以个体的积极心理素质为基础，而个体积极心理品质是自信、平和、善爱、宽容等素养的体现，而这些素养则是个体经过“心本”修养的体现。因此，幸福感是个体经过长期的自我修炼养成的，是个体“心本”修养的结果。

决定幸福的不是物质、财富、外表，而是心态。例如，人们往往称一些中年妇女的形象为“富态”，这不单是指她身上穿得有多华丽，更多是指她的心态、气质和精神面貌。

一个人的修养和心理素质好，具有积极的心态，凡事都往好的方面看，遇事淡定、不慌，对困难挫折看得开、舍得去，对生活知足常乐，充满信心，人生就会感到幸福。一个人如果有了幸福心态，就减少了许多生活中的烦事，一生就活得轻松，过得幸福。

第四节 “心本”修养的方式

“心本”修养的具体方法，在第六章《“心本”人生之顺应》中将有专门阐述。本节只简单阐述“心本”修养的方式和途径。

一、陶冶心灵

心灵，一般指精神、思想、内心世界。陶冶心灵可以理解为内心深处的修养。

（一）陶冶心灵

陶冶心灵就是净化心灵。净化心灵分两个层次：一是消除心中的贪念、欲念、杂念，清理心中的积怨、仇恨、纠结，排除心中的烦恼、浮躁、妒忌等。二是用静心、净心和理性、豁达的心态去对待他人、对待生活，去看待事物、看待世界，从而提升心灵的纯度和精神境界。

（二）如何陶冶心灵

1. 看书学习

看书学习是陶冶心灵的好途径、好方法。这能够增长知识、改变认知，能够改善自我、提升自我，能使人理性地看待事物、看待人生。我们可以选择关于人生哲学、社会学、伦理学、道德学、心理学、佛学、人生修养等方面的书籍，并从学习中领会人生修养的方法，悟出对待生活的态度。

2. 自我修炼

陶冶心灵重在自我修炼。首先，是自觉修炼。因为只有自愿自觉，修炼才有动力和效果。其次，是心灵的洗涤、洗礼和心品的塑造、提升。从心理学的角度看，陶冶心灵就是要自觉地调节情感，控制内心的种种贪念，自觉培养和谐心态，用平和、积极的心态去适应环境、适应生活。从佛教的角度看，陶冶心灵就是要从心灵上除欲、消愁、化仇、积善，用清净的灵魂去对待世上的人和事，用慈悲的胸怀去普施世间万物。

3. 多行善事

多行善事是陶冶心灵的有效途径。多行善事就是在日常生活中施爱行善、多做好事，从中体验感受，陶冶心灵，修炼自我，提升自我。例如，积极参与敬老爱幼、帮弱扶贫的社会服务活动、志愿者活动、义工活动等，以及参与植树造林、保护环境等爱心行动。

二、编织生活

（一）编织生活的意义

1. 修养心态

编织生活的过程，是体验人生的过程，也是修养心态的过程。能否编织生活反映了一个人的生活态度和能力，反映了一个人的内心世界，反映了一个人的人生观，也反映了一个人的“心本”修养的程度。一个不会编织自己生活的人，就难以适应社会，融入社会，就没有美好的人生；一个善于编织自己生活的人，就有热爱人生的态度和能力，就有多姿多彩的人生。因此，编织生活是“心本”修养的好方式。

2. 提升品质

生活能够修养一个人的心态，也能够提升一个人的品质。生活与品质互为影响。因而，用心编织生活很重要。

生活是要用心编织的。有些人能用心编织生活，生活就多姿多彩，富有活力，人生就充满美好；有些人不能很好地编织生活，生活就枯燥乏味。例如，有个别研究生不会管理自己的日常生活，不会编织自己的业余爱好，不懂唱歌跳舞，不爱体育活动，不看电影，很少与同学交往，也很少参与集体活动，只知一味读书，生活十分单调，结果与社会脱离，与集体格格不入，与他人相处冷淡，生活失去情调，结果文凭虽然到手，却不能胜任工作，一毕业就失业。

（二）如何编织生活

1. 知足常乐

知足常乐是编织生活的前提，也是人生修养的关键。人生修养的目的，就是修养生活态度，就是使生活过得充实、自在、安乐、平稳，从而使内心充满快乐。如果生活编织不好，或编织得贪得无厌，则没有快乐可言，更没有人生修养可言。

知足常乐既是生活理念，也是生活方式。“不求飞得多高，只求安全着陆”反映了一个人的生活理念和方式。一个人对生活条件的要求永无止境，对金钱财富的追求永不知足，对官位权势的追求贪得无厌，那他就不是在编织生活，而是在编织金钱、编织富贵、编织权势；他从生活中得到的也只会是贪婪、浮躁、争执，难以得到自在、快乐和幸福。因此，知足才有常乐，要编织美好生活就得知足常乐。

2. 培养爱好

培养爱好对人生修养具有很好的作用。良好的爱好能使人解除苦闷，放松压力，转移烦恼；良好的爱好能使人静心沉气，调整心情，修心养性。有研究表明，青少年有了爱好，能够增强自我效能感、成功感和自信心，有利于学习成长；老年人有了爱好，能够老有所好，专心养神，乐度天年，有利于健康长寿。

人要有所爱好，如唱歌、跳舞、乐器、打球、太极拳、美术、书法、剪纸、摄影、旅游、钓鱼、养鸟、种花、盆景等，而不是抽烟、酗酒、吸毒和赌博。这样，生活才会多姿多彩。诚然，爱好需要自己培养，力求有所专长；当然，爱好也要适合自己的个性特点，不能太过广泛，或朝三暮四。

3. 复制美好

复制美好是人生修养的好方式。人生会遇到喜事、乐事、开心事，也会遇到烦心事、不顺心的事，或者说一个人有些时段的生活较为幸福（叫做遇上好运），有些时段的生活比较苦恼（叫做碰到厄运），甚至有不堪回首的过去。倘若总是回想过去生活中的某些不幸，则永远活在生活的阴影之中，会造成心理负担，影响未来的生活。因此，要多回忆过去美好的生活，多复制以往美好的生活，这样能解脱烦恼，开开心心地面对未来。

有人说，青少年与老年人最大的不同是，青少年多憧憬未来，而老年人多回顾过去。的确老年人有喜欢回想往事的心态，但切不可常常沉浸在痛苦的回忆之中，而要多回想过去的美好生活，复制以往的辉煌人生，这才有益于老年人的健康长寿。

第三章 “心本”人生之智慧

智慧，是指人对事物（世事）的认识、分析、判断、应对的谋略和能力。人生智慧，就是指对人生及其所发生的事物的认识、分析、判断、应对的谋略和能力。俗话说，无智慧则烦恼，无善心则处恶。“心本”人生智慧，就是教人以良好心理品质去认识、分析、判断、应对人生的谋略和能力。

智者，如水之品格：甘居低位，填平崎岖，洗涤污浊，可柔可刚，可顺可逆，涓涓入微，滋润大地，包容万物，有容乃大，海纳百川。而世间的确有人如此：没有魅力就使用武力，没有智力就使用暴力，没有善心就起歹心，没有智慧就多烦心。

什么是人生的立命之本？不是知识，也不是金钱，而是人生智慧。天有阴晴，月有圆缺，事有成败，人有祸福，如何应对人生祸福？全凭“心的智慧”。人生的历程一页又一页地翻过，要解读它就得感悟它、认识它，要应对它就得用心智去对待它、驾驭它。否则，人生这本书永远也不能读懂，或者越读越糊涂，越读越痛苦。

人们的衣、食、住、行，全凭“心的感知”；学习、生活、工作、事业，全凭“心的悟道”；婚姻、家庭、幸福，全凭“心的理解”；对人生及其所发生事物的理解、感悟、应对，全凭“心的经营”。那么，人生智慧如何得来？第一，人生智慧来自对人生的全面认识和深刻悟道。第二，人生智慧来自“心本”素质，而“心本”素质又取决于“心本”修养。

因此，本章“心本”人生之智慧，主要从感悟人生、睿智人生和幸福人生这三方面来阐述。

第一节 感悟人生

人类征服自然、征服世界，却偏偏征服不了自己，这是因为不能感悟人生，缺乏人生智慧。

智慧不同，对人生的感悟也就不同：人生短暂或是漫长，痛苦或是幸福，无意义或是有意义，全凭自己“心”的感悟。因此，心智是开启人生的金钥匙。

感悟人生是人生智慧的重要内容，是人生谋略的重要部分，也是“心本”人生智慧的基础。

一、人生“痛苦说”

人生“痛苦说”是一种悲观的人生态度和“痛苦观”，是对人生的一种感悟和认识，也是对人生的一种智慧。例如，有的人这样看待人生：生时一团肉，活着皆是苦，糊里糊涂活，死后一抔土。

人与动物的根本区别在于人有知觉、意识和思维。但知觉、意识和思维对人来说，既是不幸，又是有幸。

为何人有了知觉、意识和思维是不幸？因为人有了知觉、意识和思维，人就懂得与他人比较、自我感受和努力追求、产生欲望。而一旦与他人比较，会感觉不如他人，努力追求又无法得到，有了欲望又不能满足，就觉得做人没意思；活着痛苦。

为何人有了知觉、意识和思维是有幸？因为人有了知觉、意识和思维，才有语言、文字、知识和文化，才有工具、劳动、创造和发展，才有人类社会，才有与动物的根本区别；才懂得分清是非、对错、爱恨，懂得活着的意义和做人的道理。

人生“痛苦说”有如下几种：

（一）道德“痛苦说”

什么是道德“痛苦说”？道德为何有“痛苦”之说？这要从道德、德育的起源、本质和作用说起。

1. 道德、德育的理论假设

（1）道德和德育的理论假设之一：人性是有许多欲望的，人性欲望是自私的，人性是恶的，而人性的这些负面的东西是需要改造的。这是道德和德育的理论假设前提。

我们是否可以这样推论：如果人性是善的，就不需要有道德和德育的存在，那么道德和德育就是多余的。

（2）道德和德育的理论假设之二：人需要社会化、需要改造。由于人性是恶的，而社会的发展需要行为准则、规范行为，所以人需要社会化、需要德育的改造。

我们是否可以这样推论：有了人类社会才有道德和德育；道德和德育是维护社会正常发展需要的产物。

2. 道德、德育的本质

道德本身是一种准则、规范、条文，其本质是为了社会需要（有的学者认为，道德的准则、规范、条文的作用都是为了统治者；也有学者认为，道德不完全是为了统治者，也是人类自身进步的需要）。道德、德育的特点是教育人、改造人、塑造人、规范人，其目的是使人性去恶从善，使“人性恶”转为“人性善”，最终使人符合社会道德规范的要求。因此可以说，道德、德育的本质是既为人类的进步，又为人类社会的需要。

我们是否可以这样结论：道德和德育是为人类进步和社会需要而存在的。如果不是这样，那么就不是道德和德育了。

然而，人本主义德育观却提倡“以人为本”，主张“个性化德育、人性化德育”。但又没有界定德育“以人的什么为本”，是以“人性善”为本，还是以“人性恶”为本，只是一味推崇“个性化德育、人性化德育”，大肆推崇“让人充分发展，个性发展，使人活得自在，活得幸福”。无疑，这种教育观在一定程度上是对“人性恶”的放纵，是对社会规范的忽视，是对德育本质的否定。到头来，社会出现的是：年轻人个性张狂、自我奋斗、自我中心、不管别人感受、行为叛逆（违背社会行为准则）。因此，要慎提“德育以人为本”。

3. 道德、德育的衡量标准

道德、德育的本质决定道德行为的衡量标准。道德和德育的理论假设是“人性恶”，人性需要教育和改造，道德、德育的本质是为社会需要服务的、为人类进步而改造人之“恶”，因此道德、德育的衡量标准是：以社会需要为出发点，以社会道德规范为准绳，要求每个个体的行为要规范，要符合社会标准。

我们是否可以反过来想一想，如果道德、德育以个体需要、个人喜好、人性自由为标准，那么地球上有多少人就有多少个标准，社会就没有公共的道德标准，道德和德育就没有存在的必要，社会行为就成了一团乱麻。

我们是否可以设想，如果社会没有道德标准，没有道德教育，如果德育完全“以人为本”，每个人都能得到个性发展、人性自由，那会得到快乐和幸福吗？人与人之间的关系、行为没有统一准则的约束，我行我素，我有自由“占你的”，你有权利“拿我的”，甚至尔虞我诈也是人性需要。要是这样，人是否幸福？

4. 道德、教育的过程

道德教育过程是教育人、改造人、塑造人和规范人的过程。具体来说是改造“人性丑陋”的一面，是约束人性某些欲望的过程，也是人性不能过分“自由”的过程。通过道德教育过程和人的社会化过程，达到改造人类、改良人性，规范社会行为、维护社会秩序的目的。例如，通过道德教育使人懂得不能随意霸占金钱、美女，懂得贪污、腐败是要受到道德谴责和法律追究的，懂得人与人之间交往的道德关系。

但是，必须承认，道德教育过程是人的痛苦的心理感受过程；必须充分认识到，道德教育过程是人性本能的“不情愿”、“有抵制”的过程。因为人性是人的最本源的东西，人性有丑陋和顽固的一面，人性是不易改良的；因为人性本能的丑陋一面，与道德的本质之间是对立的，因而道德教育过程是一个艰辛的过程；因为人性丑陋、顽固的本能会抵制道德的改造和约束；因为人是有意识、有感知的，会感受到痛苦，因而在道德教育过程中，被教育、被改造、被约束的人是会感到难受，甚至是感觉痛苦的。

要了解道德教育的过程是什么，必须充分认识道德教育过程的原理——“两极无痛”原理。该原理可用下图表示：

社会过程

原本人性——————→社本人性

“被改造”是难受的

上图说明：未经过道德教育过程（或叫社会化改造过程）的人性，是最原始、最本能的人性，故称为“原本人性”。经过道德教育过程的人性，是符合社会需要、社会规范的人性，故称为“社本人性”。

人的道德教育过程就是将“原本人性”转变为“社本人性”的过程，即随着教育程度的加强，人的“原本人性”逐渐减少，“社本人性”逐渐增多的过程。从整个过程来看，“原本人性”和“社本人性”就是转变的前后“两极”。“两极”之间的横线就是转变过程（如上图）。

可以这样说，每一个体都处在“两极”之间横线上的某一个“点”。个体由于被改造（或自我道德修养）的程度不同，有的个体所处的“点”接近“原本人性”，有的个体所处的“点”接近“社本人性”。另外，个体所处的“点”可以在横线上左右移动，即有时靠近“原本人性”，有时接近“社本人性”，反映了个体“人性”的波动。

从理论上说，“两极”上的人是没有痛苦的。只有处于“两极”之间的横线上的人，才会产生心理痛苦的感觉。因为，处于“原本人性”的极点上，人还未被改造，任由人性发挥，没有约束，就无所谓心理痛苦；而处于“社本人性”的极点上，人的道德水平极高，没有私欲、贪婪和邪念，也就没有心理痛苦；而处于“两极”之间的人，“人性”与“道德”时常在心里较量，或人性欲望无法满足，或道德抑制人性，就产生了心理痛苦①。例如，世上有三类人：一是天天与一堆金钱（如公款）打交道而自己又贫困的人；二是天天与一群美女在一起工作而自身又没妻子的人；三是天天与美食佳肴（如酒店）打交道而自己又穷得吃不起的人。这些人的道德意志必须十分坚定，否则由于内心痛苦，可能会做出违背道德的行为。

5. 道德 教育的结果

由于个体接受教育的程度不同，道德教育会产生许多不同结果。

（1）人的道德行为规范。经过长期的道德教育，人性“恶”的一面相对被抑制，“原本人性”被改良，人的行为有了一定的规范，人类文明进步；而社会较有秩序，也相对稳定——这是道德教育主流的结果。

（2）人性被压制而感痛苦。人性本能欲望被抑制、被改造，人的思想被教育、被转化，人的行为被限制、被约束，感到不自由，感到难受和痛苦。这是“原本人性”未眠，还在挣扎，在人的心中继续发挥作用。从社会现实看，没有道德感的人自然也没有来自道德约束的痛苦和纠结，而没有来自道德约束的痛苦和纠结的人，也就没有道德负担和道德行为顾忌②。

（3）人的道德行为两面性。道德行为两面性表现为：同一个人，今天他做好事（符合道德准则），明天他做坏事（人性本能）。这是因为他的道德修养程度仍处于人性“两极”之间的横线上，“原本人性”和“社本人性”两种成分支配其行为表现。

（4）人的道德行为反复性。道德行为反复性表现为：一旦受到某种思潮、理论的影响，或不良社会道德风气的影响，道德表现就反复，出现人性“回青现象”。例如，“人本主义”思想就迎合了某些人，使他们认为做什么事都是人性需要，符合人性化思想。又如，社会上个别人，道德修养和道德表现一贯良好，却因一时的贪念，败在金钱的诱惑下。

（5）人的道德表现虚伪性。道德行为虚伪性表现为：披上“善良”的外衣而做出“贪婪”的事情。因为人性中存在顽固和贪婪，而道德是一种约束，也是一种无形的压力

① 吴舒蔓，吴发科．心理问题起因与“两极无痛”原理的探讨．中小学心理健康教育，2008（4）．
② 鲍鹏山．历史，让我们看见．读者，2013（6）．

和威慑力，因而在道德的威慑下，人性的丑陋只好掩饰，不良的道德行为只好进行伪装。例如有的人伪装成慈善家和正人君子，表面上捐资做善事，而背地里却吃喝嫖赌。

（二）佛教“痛苦说”

佛教感悟人生，得出的结论是人生“痛苦”。佛教认为，应对人生痛苦的谋略就是修心养性，行善积德，除欲去苦。佛说：“东方琉璃，西方极乐。”“东方琉璃”代表通透无瑕，心无杂念，无污垢，无贪欲，活得自在；倘若活在东方，心有杂念，有污垢，有贪欲，则人生悲苦。“西方极乐”代表没有痛苦，超越生死，逍遥仙境，处于生命的最高境界；倘若要活在西方，则需行善积德，灭欲除苦根。

1. 佛教的理论假设

（1）佛教的理论假设之一：人性是趋恶的。佛教认为，人性是恶的，人性恶是“苦根”，是造成“人生痛苦”的根源。人性本能充满欲望，充满贪婪，也充满自私，充满争夺，因而造成人世间处处有险恶，也因此人生是痛苦的。故此，做人要修心养性，去恶从善，只有做到心中“净”与“空”，没有“恶”与“欲”，四海皆空，才能无痛苦。

（2）佛教的理论假设之二：人生是苦短的。佛教认为，人生苦短，才几十年，却有许多烦恼，有许多苦难和不幸，因此“做人”是很痛苦的。为了减少烦恼和痛苦，今世为人要修心养性，把想不开的事抛开，把看不惯的事看顺，对人对事要舍得、放下，才能减少今生之痛苦，来世不用再“做人”。

（3）佛教的理论假设之三：凡事有因果报应。佛教假设人死后还有灵魂，且灵魂会转世；人有来世，且人世轮回，因果报应。所谓因果报应，就是善有善报，恶有恶报：今生痛苦，只因前世作恶；今生积德，来世有福相报；今生若作恶多端，来世则当牛做马，不能为“人”。因此，今生要去掉恶念贪欲，多积德，多做善事，来世才有福泽，才少痛苦。

（4）佛教的理论假设之四：世外有一个冥冥世界。佛教假设在人世之外还有一个冥冥世界，与人类现实世界相比，这个冥冥世界是天堂，是极乐世界，有佛祖菩萨，有圣地祥光，那里无忧无虑。因此，人的今生要有爱心、多行善、多积德、不杀生、不贪淫，甚至要多磨难，死后才能升上天堂，到达极乐世界，才能变成“佛”。

总之，佛教的整个理论可以归结为四个字：一是“恶”字，即人性是恶的。二是“苦”字，即“人生烦恼多”、“人生苦短”、“人生痛苦”。三是“善”字，即劝人“以善为本”，爱心为怀，积德行善，普度众生。四是“空”字，即要施爱行善，必须“除欲”、“去贪”、“减烦”、“清怀”，使心中既“净”又“空”。归根到底，就是要“以善化苦”。

2. 佛教“痛苦说”

佛教的“人生痛苦说”，最经典的是“人生八苦论”①。佛教的人生“八苦”是指生苦、病苦、老苦、死苦、爱别离苦、怨憎会苦、求不得苦、忧悲恼苦（也有的指“五阴炽盛苦”）。

生苦：生之苦，即人之苦，人生的苦。佛教认为，人一出生时就面临着各种磨难、烦

① 星云大师．觉悟・星云大师的心灵修行课．北京：线装书局，2012.

恼、劳累、病痛和死亡。由于为人苦，故人不愿“出世做人”，人出生前是被逼、被打着来到人间的，所以每个小孩出生时，屁股上都有“一块青”。

病苦：人经常生病，疼痛难忍，时常与药物为伍；严重的还要做手术，躺在病榻上忍受病痛；更严重的还要留下终生残疾。身病煎熬心病，病痛不但给人生活上、经济上带来影响，还带给人精神上的折磨。

老苦：人随着年龄增大，生理机能衰退，气力衰减，劳苦积疾，病痛缠身；人老了吃不了、听不清、看不见、睡不着、走不动、生活不便，人生到了尾声，面临死亡，心理上有孤独感，精神上也是痛苦的。

死苦：佛教认为，死亡的痛苦是人生重大痛苦之一。这是指死亡过程中的折磨痛苦。人限将至，残烛将灭，死前呼吸困难，肌体扭曲，疾病疼痛，肉体和精神上受尽折磨。因而死亡过程对人来说是一种痛苦。

爱别离苦：生死离别，人间惨事。因为人有意识、有情感，所以会受情感的折磨。例如，青春丧偶，中年丧子，显然悲痛万分。“别离已是怅惘，永诀则成断肠”。爱不能长久，离别的忧伤实在是人生一种痛苦。

怨憎会苦：“怨憎会”是指讨厌的、怨恨的人和事偏偏和自己相会。佛教认为，人要交往交际，就会有痛苦。因为你怨憎的人、怨憎的事偏偏就在你身边，赶不走，挥不去，实在烦恼和痛苦。

求不得苦：“求不得”是指人想追求的事物却偏偏得不到。例如，求爱、求情、求健康、求平安、求升学、求升官等，别人求得你却求之不得，真是痛苦。人有所求，求而不得，岂不苦恼。

忧悲恼苦：人生会有各种各样不幸的遭遇，遭遇中就会感到忧伤、悲愤、烦恼，很是痛苦。

佛教的“人生痛苦说”归集为人生八苦。因此，人生“跑不如走，走不如站，站不如坐，坐不如躺，躺不如睡，睡不如死”。所以“人生苦楚，死而极乐”，死了，也即到了极乐世界。

3. 人生痛苦的根源

佛教认为，人生是痛苦的，而人生痛苦的根源有以下几种：

(1) 痛苦源于人性的欲望贪婪。佛教的理论假设是“人性恶”，人性本能充满了欲望，“生而有欲”，有欲则求，求而不得，于是有苦①。人生痛苦的根源全是“人性恶”的本能所引起的，全是人的欲望、贪婪、自私所引起的。如果没有了欲望、贪婪、自私，就无所求，而无所求就没痛苦。如何破解人之痛苦？佛教认为，关键是对人性的改良和修炼。故此，佛教提倡修心养性，从源头抓起；并大力提倡“舍得”，要舍得欲，舍得贪，舍得一切，只要心中“悟空”、“悟净”，就无忧无愁无苦——正所谓“两手空空见佛祖”。故此，佛教对自家弟子提出了“八戒”（一戒杀生，二戒偷盗，三戒淫欲，四戒妄语，五戒饮酒，六戒着香华，七戒坐卧高广大床，八戒非时食），就是这个道理。

---

① 张中行．顺生论．北京：中华书局，2010.

（2）痛苦产生于人的“我执”。我，是自我；执，是执着；“我执”是一种“自我”成分非常明显的心理追求。佛教认为：“我执”是“自我”的典型表现。世间所有是非、烦恼和痛苦，都是“以‘我’为本位”、“以‘我’而存在”的结果。另外，佛教认为：“我执”是一切烦恼和痛苦的根源，因为人对事物有了“我执”，就有所求，而有所求，就有烦恼，所以要消除烦恼，就要破“我执”。如何破“我执”？佛教认为，只能乞援于“万物皆空、万法皆空”的认识——佛法修养。佛教认为，佛法修养就是佛心造诣高深的境界——彻底“丧我”或彻底“我苦”。佛家认为，彻底“丧我”是破“我执”的方法。因为，“丧我”是“我”没有了，也就没有了“我执”。这是佛教的一种人生境界（包括理论、践行）。

（3）痛苦源于人的“五毒”、“五欲”。佛教认为：由于“欲望”，由于”我执“，故人无论遇到什么事，心里首先想到的都是“我”，包括我的亲人、亲戚、朋友和我的财富、名誉、地位等。因此心里就会时常产生“五毒”——贪、嗔、痴、慢、疑，即贪心、好斗心、痴愚心、傲慢和疑心；此“五毒”不断毒害自己的心灵，就产生了“人生八苦”，并且同时产生了“五欲”—财、色、名、食、睡，即贪财、贪色、贪名、贪食和贪睡，此“五欲”侵占心灵就给人带来痛苦和压力。“五毒”、“五欲”集在一起会将人心扰乱，给人生带来痛苦①。

4. 佛教下的人生

佛教企图使人在佛法的影响下变成无私的人、善良的人、慈悲的人、大爱的人、行苦的人（人生苦行僧）、无贪的人（没有贪婪）、无欲的人（戒欲的人）、无我的人（丧失自我的人）、无争的人（与世无争的人）和自福的人（自感幸福的人）。佛教理念学说所塑造的人是一个“圣人”，可称“世外圣人”。如果人人都能够成为无私、无欲、无仇、无我的人，则人是“苦行僧”，这样的人生将枯燥乏味，平淡无为，可能活得更苦。同时，人类社会将无竞争、无所求，不能进步……

佛教学说对人的要求太过完美，几乎无法做到，对人生过程的要求太过“净”、“苦”，对人生境界的设想过分“清、高”。这或许就是很多人“只信佛、不成僧”，“学佛之善爱，离佛之千里”的态度和原因。

二、人生“乐生说”

相对于人生“痛苦说”，有一种观点是人生“乐生说”。何谓“乐生说”？就是乐观主义的人生观。在“乐生说”者看来，人生是绚丽多彩的、美好的、幸福的，生活充满机遇、充满挑战、充满阳光、充满希望。“乐生说”是对人生的一种感悟和认识，也是对人生的一种智慧。

还有一种介于“痛苦说”和“乐生说”之间的观点叫“顺生观”，即人生乐也好、苦也好，既然活着，就得顺生。

---

① 释果宁．佛法即活法．北京：文化艺术出版社，2010.

（一）古人的乐生观

人们在研究古代文人思想时，往往喜欢界定“某人”为“某家”，并将其归类为某家（门派）。中国古代文人思想有儒家、释家、道家。而对于“乐生说”的论说，还没有某家某派作出全面的、系统的、专门的论述，因而，“乐生”思想较为零散。

1.“知足常乐”的乐生观

“知足常乐”是一句古训，也是一种乐生观和人生谋略。在《老子·俭欲第四十六》中有这样一段论述：“罪莫大于可欲，祸莫大于不知足，咎莫大于欲得。故知足之足，常足。”意思是说：罪恶没有大于放纵欲望的，祸患没有大于不知满足的，过失没有大过贪得无厌的。所以知道满足的人，永远觉得快乐。“知足常乐”表达了一种快乐的生活态度和观点，其义是“知满足，常快乐”。虽带有“安于现状、易于满足”的成分，但是乐生的。

孔子是“知足常乐”的典范，在医学不发达、物质极贫乏的时期，他享年73岁，可谓长寿。他的长寿之道就是豁达大度，始终保持良好的生活态度，对生活充满信心，其名言“君子坦荡荡，小人长戚戚”就是他的生活态度和人生悟道。孔子有着积极的人生态度，正确地对待生活，善待人生，不斤斤计较个人得失，做到“小利不贪，小患不避”，知足常乐。

2.“自得其乐”的乐生观

“自得其乐”是一种乐生观和人生谋略。它的意思是自己体验到其中乐趣，悠闲自得、逍遥自在、优哉游哉、乐在其中，使自己的心情愉快，善于在日常生活中自寻欢乐，做到乐而忘忧。“自得其乐”出自明代陶宗仪的《辍耕录》卷二十：“白翎雀生于乌桓朔漠之地，雌雄和鸣，自得其乐。”“自得其乐”是一种乐生观，是一种生活态度，也是一种人生境界。朱自清在《杂文遗集·蒙自杂记》中有这样一句描述：“老头儿有个老伴儿，带一个伙计，就这么活着，倒也自得其乐。”刻画了“老头儿”悠闲自得、逍遥自在、乐在其中的生活状态和人生境界。

唐代诗仙李白（701—762年）在仕途官场失意之后，选择了飘荡四方的流浪生活，选择了另一种“自得其乐”的乐生方式，与酒为伴、吟诗作乐，一生作诗近千首（被辑为《李太白集》等）。他以诗抒情，抒发爱国热忱、积极的浪漫主义精神以及对人生的悟道、生活的悟道。他开创了中国古典诗歌的黄金时代，成为伟大的浪漫主义诗人。

3.“养生修性”的乐生观

中国古代文化倡导“养生修性”。在生存物质条件极其贫乏的古代，“养生修性”是一种乐生观和人生谋略。

南宋爱国诗人陆游（1125—1210年）一生创作了九千多首诗歌，题材甚为广泛，在生活条件比较落后的古代，享年85岁，临死前身体仍然健壮。他晚年隐居老家山阴，依然“眼明身健何妨老，饭白茶甘不觉贫”；他77岁时咏诗描述自己“八十老翁顽如铁，三更风雨采云归”。为何他能如此长寿？因为他一生信奉“乐生观”，热爱人生，乐于生活，且养生修性有术，嗜食薏米与木耳，善用诗歌来抒写日常生活，抒发内心情怀。

儒家的“修齐治平”思想是一种乐生观的反映和写照。儒家人生观是“修身、齐家、治国、平天下”。《礼记·大学》原文为：“古之欲明明德于天下者，先治其国；欲治其国者，先齐其家；欲齐其家者，先修其身；欲修其身者，先正其心；欲正其心者，先诚其意；欲诚其意者，先致其知，致知在格物。格物而后知至，知至而后意诚，意诚而后心正，心正而后身修，身修而后家齐，家齐而后国治，国治而后天下平。”另外，《孟子·尽心上》也有“穷则独善其身，达则兼济天下”的名言，意思是“潦倒时就洁身自好修德养性，显达时就兼济天下”。儒家的思想“以自我修善养生为基础，通过理家治国，直到平天下”，从另一面展示了“养生修性”的人生态度。

中国道家养生功是由老子创始的，传承至今已有两千多年，历史悠久，博大精深，如“收心求静功”、“开通奇经八脉功”、“田精关门功”等，形成了道家养生文化。道家养生功以收心求静为基础——修性；以养精固本为归宿——养命。修性必须落实到养命之上，故养生功称为“性命双修”养生功。中国道家养生文化，总的看来，也是一种乐生观。

4. “难得糊涂”的乐生观

对生活中的一些事情“难得糊涂”，是一种典型的乐生观和人生谋略。“难得”是人经历沧桑世事之后才能得到的成熟；“糊涂”与不明事理的糊涂截然相反，它是大彻大悟的结果。“难得糊涂”是对生活心态从容的表现。“难得糊涂”是一种对人生的“悟”，是一种宽宏大量的气度、一种大智若愚的智慧、一种宁静致远的境界，从“精明”到“糊涂”是一种选择，一种飞跃，一种人生经历的升华。

清代的郑板桥在山东为官时，一次游览莱州的云峰山，借宿于山中一茅屋。主人是一位自称“糊涂老人”的儒雅老翁。主人家中陈列了一块方桌般大小的砚台，石质细腻、镂刻精良。郑板桥大开眼界，赞叹不已。次日晨，老人请郑板桥题字以便刻于砚背。郑板桥即兴题写了“难得糊涂”四个字，而后盖上“康熙秀才、雍正举人、乾隆进士”的方印。因砚台大，尚有余地，郑板桥就请老人写上一段跋语。老人提笔写道：“得美石难，得顽石尤难，由美石转入顽石更难。美于中，顽于外，藏野人之庐，不入富贵门也。”老人也盖上“院试第一、乡试第二、殿试第三”的方印。郑板桥见之大惊，方知老人是一位隐居于此的高人，且感慨“糊涂老人”的命名，郑板桥又提笔补写道：“聪明难，糊涂尤难，由聪明转入糊涂更难。放一著，退一步，当下心安，非图后来福报也。”两人如遇知音，从此结为挚友。

昏昏可说是一种无知，清醒有时是一种痛苦，糊涂却是一种自在。糊涂处世即对人不能苛刻，当清则清，该糊涂则糊涂；对事不能苛求，当弃则弃，该认真则认真。“难得糊涂”是乐生之道。

（二）现代的乐生观

1. 关于现代乐生观

古希腊哲学最早提倡“乐生”态度。古希腊哲学是一种充满朦胧感的，无忧无虑而又充满激情的“享受生活”的人生哲学。之后，随着社会经济的不断发展，随着哲学本身的不断进步，乐生观就不断彰显，形成现代乐生观。近代人生哲学越来越提倡“享受生活”，是一种“享受”的哲学。

现代人更尊崇乐观主义的人生观，更具顺生、乐生意识，更有快乐人生的生活态度。持悲观主义人生观的人，只看到生活痛苦的、不幸的一面，总是在“忍受生活”。而持乐观主义人生观的人，总是看到生活美好的一面，总是在“享受生活”。

现代人本主义哲学是“以人为本位”的人生观，是一种现代乐生观。现代乐生观主张“以人为本位”的人身权利，包含信仰、人权、自由、平等和个性发展、自我发展、自我实现等等，主张一切从人的生存、需要和发展出发，充分追求人生的快乐、幸福和活着的权利。现代人本主义哲学将人的权利和乐生观结合起来，并将其推崇到极点，其本质明显带有浓厚的“享受生活”、“享受幸福”的成分，是人本主义的乐生观。在人本主义哲学的推崇下，现代人认为，享受生活、享受幸福、享受人生是“人本”应有的权利，是新时代的一种恩赐。

20世纪70年代，积极心理学兴起。积极心理学的内容主要有：一是研究人们的积极心理品质、良好人格个性和积极人生观的形成与发展；二是研究个体的“主观幸福感”——对人生的幸福感受（核心内容)。积极心理学的根本宗旨是：一方面倡导“心本”修养，培植积极心理品质；另一方面，引导人们乐观生活、幸福生活、快乐人生。积极心理学极力主张个性修养、积极心理和快乐、幸福，是典型的现代乐生观。

在现代乐生观的导引下，人们不断提升乐生意识和乐生态度——热爱生命、热爱生活、积极面对生活、积极面对人生——这是好的一面。但另外一方面人们在不断地追求“乐生方式”——即在享受美好生活、享受人生乐趣的同时，却少讲奉献，少讲奋斗，只求享受，只求乐生——这给社会带来极大的压力。西方一些国家，就极力倡导和鼓励“高待遇”、“高福利”、“高享受”、“乐生活”的人生态度，并将其看成“社会制度的优越性”，甚至将其发展到了当下社会的福利所难以承受的地步。

2. 乐生有不同形式

苏联作家尼古拉·奥斯特洛夫斯基在《钢铁是怎样炼成的》一书中刻画了保尔的英雄形象，认为一个革命者只有在斗争中才能百炼成钢，一个人只有在把自己的生命、追求和祖国、人民的利益联系在一起时才会成长为钢铁战士。小说通过保尔的成长道路告诉人们，生命的价值是什么；通过保尔的生活境遇告诉人们，革命者虽然身残，但仍然热爱生活，乐于生活。小说从某一角度刻画了保尔的生活态度和乐生形式。

美国舒勒博士在他的《快乐的态度》一书中，揭开了“快乐人生”的秘诀：①承认人、人生均不是完美的——承认自己的弱点，承认人生的坎坷，抱着吸取教训的态度去面对失败或挫折。②无论在顺境或逆境之中，对生活的态度都应该是处之泰然。③诚实对待别人、宽容对待别人，富于正义感，就会换来尊重，换来快乐。④时常关心他人，热心帮助别人，与同事和朋友建立融洽的人际关系，就能感到快乐。⑤只要时常保持开朗心境、积极心态，快乐就是属于你的。《快乐的态度》表达了一种乐生形式。

吴维库博士研究并提出了“塑造阳光心态”的理论。他认为，人一旦具有知足、感恩、达观的心态，具有喜悦、乐观、向上的人生态度，就会达到内心和谐；人的内心和谐是和谐社会的基础和最高境界，通过个人内心和谐去促进社会和谐。该理论认为：①心态的力量无穷——心态好，能力会增强；心态不好，能力会减弱。②塑造阳光心态的方法是改变人生态度、享受生活过程、活在当下、情感独立、学会感恩、学会弯曲、心造幸福。③阳光心态主要内涵为不能改变环境就适应环境，不能改变事情就改变对事情的态度，不能改变别人就改变自己，不能向上比较就向下比较。④用阳光心态享受生活。一个人的幸福由思想、心态决定，心可造“天堂”，也可造“地狱”。这也是乐生的表达形式。

文玲在《乐生活》中提醒人们：活在世上几十载，你的困扰有多少？一年365天，你快乐的时间有多少？一年春夏秋冬四季，你的感受是什么？《乐生活》叮嘱人们快乐是一种心态。因此要快乐每一年，每一季：乐春——春意盎然，快乐从现在开始；乐夏——夏至已至，没事偷着乐；乐秋——丰收季节，让快乐成为收藏；乐冬——冬雪无痕，欣赏自己走过的人生。文玲认为生活处处有快乐，快乐有诸多形式。她在书中这样认识和描述快乐：①收获更多：有一种快乐叫分享；②珍视生命：有一种快乐叫健康；③激情人生：有一种快乐叫奋斗；④创造价值：有一种快乐叫自娱自乐；⑤无瑕的心：有一种快乐叫善待他人；⑥海纳百川：有一种快乐叫宽容；⑦珍惜现在：有一种快乐叫活在当下；⑧学会遗忘：有一种快乐叫忘记；⑨绝不放弃：有一种快乐叫追求；⑩色彩天堂：有一种快乐叫希望；⑪懂得付出：有一种快乐叫给予；⑫快乐起点：有一种快乐叫爱自己；⑬生命必需：有一种快乐叫悠闲；⑭绝非孤立：有一种快乐叫感激；⑮人生苦短：有一种快乐叫“饶过自己”；⑯不必苛求：有一种快乐叫平凡；⑰平心静气：有一种快乐叫等待；⑱温暖生命：有一种快乐叫感动；⑲恩情深重：有一种快乐叫感恩；⑳不可击败：有一种快乐叫坚强；㉑天堂在上：有一种快乐叫信任；㉒忘我工作：有一种快乐叫投入。这些都是乐生的表现形式。

《顺生论》是张中行先生的一本讨论人生的专著。它从另一视角去认识生命、审视人生、看待生活、面对死亡。书中从天心、社会、己身三方面讨论人生，告诉人们何谓“人生”，何谓“顺生”。张中行先生这样认为：“人生之道，用大白话说是自己觉得怎样活才好，……生有没有终极的意义和价值，不知道；但有天赋的好恶，如没理由地觉得活比死好，乐比苦好，这是命定。……顺着天命所定活下去，即本书所谓的顺生。……生，来于天命，我们抗不了，于是顺；顺之暇，我们迈出几步，反身张目，看看它的面色，总比浑浑噩噩，交臂失之，或瑟瑟缩缩，不敢仰视，好一些吧？”《顺生论》教人“顺生”的各种形式。譬如，教人贵生：爱生命、爱生活、爱人生；教人顺生：知命、知足、知止；教人自知：自知之明、自量之道、自谦之意、自励之志；教人珍重：力求活好、珍重自我、珍重人生；教人超脱：超越自我、脱俗心静、超脱生活。《顺生论》告诉我们一个道理：感悟人生是顺生的基础，认识社会是顺生的前提，知命制欲是顺生的条件，知识教养是顺生的应然，适应生活就是顺生的必然。

（三）乐生观的评说

1. 乐生观的不同境界

乐生观是一种人生态度。不同的人有着不同的生活态度和人生观。根据不同的生活态度，乐生观可分为三层境界：

（1）顺生观。顺生观也是一种乐生观，但带有“不得已而顺生”、“无奈何而顺生”的意思。持“顺生观”的人认为，人生的确有许多痛苦，但既然“生之为人”，就只能“活着”，只能“顺生”，只能去适应人生。这是“为活着而活着，不得已而活着，为适应而活着，无奈何而顺生”的人生态度。

（2）正视观。生活虽然有酸甜苦辣，但既然为人、既然活着，就得正视，就得面对，就得适应，与其日日痛苦地活着，不如天天快乐地生活。持“正视观”的人认为，生活本身就是这样，有时出现逆境，有时出现顺境，不可能一帆风顺，无论何种际遇、何种遭遇，都要愉快地活着和生活，这才对得起自己的一生。

（3）快乐观。既然为人，就要快快乐乐地活着，人生虽短，但要活得快乐，活得潇洒，活得精彩，活出质量。持“快乐观”的人认为，生活的遭遇的确可以影响心情，即“心由境造”，但既然做人，既然活着，就不仅只是适应生活、享受生活，而且还要创造好的生活环境，要用好的心情去看待生活中的一切，就要活得潇洒自在一些，活得好一些，活得快乐一些，将“心由境造”变为“境由心造”。这是最高境界的乐生观。

2. 乐生观的积极意义

乐生观是一种积极的人生信仰。有人认为迷信是一种“无知”的信仰，信仰是一种“心知”的信仰。如果说“乐生观”也是一种人生信仰，则“乐生观”是“心知”的人生信仰。既然是“心知”，就是感觉、感受，而且是积极的。

现代乐生观是对人生的一种积极的解读，具有一定的积极意义。现代乐生观告诉了人们“生活快乐”的诀窍：人活着，如果要让自己感到快乐、幸福，就要懂得热爱生活、享受生活，懂得感恩、给予，懂得欣赏、宽容，懂得放下、忘记，懂得善待自己、善待他人，懂得化解生活烦恼、工作压力，懂得人生要难得糊涂、适应顺生，懂得活在当下、乐在当下，懂得人生的智慧。

三、人生“心本说”

所谓人生“心本说”，是以心感悟人生，是一种生活观、人生观。它认为，人生是否快乐幸福，全凭心的感悟——心是生活的“感应器”，也是生活的“调节器”。而人的“心本”素质是影响生活感悟的主要因子。

（一）“心本说”的几个前提

1. 人性是影响人生态度的本源

“心本说”认为，人性是影响人生态度的本源，要改变人生态度，首先必须改造人性。如进行道德教育是有一定的必要性的。

“心本说”认为，人性有恶的一面，人性有许多欲望、贪婪和自私的特性。由于人性的这种特性，所以它影响人生感悟，使人感到人生、生活的痛苦。因此，人性改造是相当困难的，必须注意改造的方式和方法。

“心本说”认为，人性是顽固的，很难改造的。因此，德育过程是艰辛的。人是有意识的，人“被改造”是痛苦的。因此，在德育改造的过程中，人就自然会产生抵触情绪。

同时，由于人性的特性与德育的目的其本质是对立的，因此，德育改造的效果是有限的。“心本说”认为，德育改造人性的过程，是用德育准则、规范去对人性本源进行的改造，然而，德育虽然十分强调内化和修德，但德育的准则、规范毕竟是一种外力作用，借助外力作用去改造顽固的人性本源，必然受到人性的排斥和抵触。因而，这种改造是不彻底的，是易于复辟的。

“心本说”认为，人性是影响人生态度的本源，必须改造。但是，人性改造靠外力方式不是最佳方法。最佳方法是从心开始改造，从人的内心世界开始，从内在修养着手，让人性自身发生变化，让人自觉地改造。这样，人性被改造的痛苦会降低一点，改造效果也会好一些。这就是所谓的“心本”教育、“心本”人生修养。

2. 生命是人生存在的载体

“心本说”高度重视生命。对于人（包括动物）来说，生命是最贵重的东西，是人生存在的载体。生命没有了，一切均结束，什么爱心、善心、助人均成为空谈，什么生活、快乐、幸福均无法实现，什么理想、信仰、事业均付之东流，什么人生态度、人生价值均没有意义，什么人生“痛苦说”、“乐生说”、“心本说”均无以存在。从这点来看，生命是相当宝贵的，也是人生态度、人活着的载体。

3. 心态是感悟人生的关键

“心本说”高度注重心态。心灵是接触外界事物的感应器，心态是感悟人生的关键。人生要“以心为本”，感悟人生全凭心态修养，而人的心态好坏是“心本”修养的结果。人的心灵阳光了，心态正常了，人生感悟就一片光明，就充满希望，生活感悟就一片阳光，就知足常乐，否则相反。因此，心态是感悟人生幸福与否、感悟生活快乐与否的关键，也是人“乐生”的关键。

（二）“心本说”的真义

人生“心本说”的真义可概括为：第一，用健康心态去感悟人生，用积极心态去适应生活——智慧人生；第二，健康心态、积极心态靠“心本”修养得来；第三，“心本说”教我们如何修心养性，如何感悟人生，如何快乐生活。

1. 健康心态感悟人生

（1）健康心态感悟生活的苦和乐。“心本说”主张以“我宽”、“我容”的心态去感悟生活。生活中的确有不少苦与乐，如何看待苦与乐？“心本说”不主张以“丧我”、“我苦”的心态（这里仅指人生态度）去对待人生，而是主张以“我宽”、“我容”的健康心态去感悟人生。

其实，一个人要做到彻底“丧我”是极为艰难的，要用完全“无我”的境界去对待活生生的世界和面对多彩的生活几乎是不可能的。只能是用“我宽”、“我容”的心态去感悟人生，去正确理解和对待生活中的苦与乐，这样生活才能过得舒适、快乐一些。

（2）健康心态对待利益和欲望。“心本说”认为，要用健康心态对待利益和欲望。一个人（在社会道德和法律允许范围内）不懂得欲望，是一个“傻子”。一个人（违反社会道德和法律）去争得欲望，是一个“骗子”。一个人（不顾社会道德和法律）疯狂追逐欲望，是一个“疯子”。这些行为反映的都是不健康的心态，也都是不健康的人生感悟。“心本说”认为，如何对待应得利益和欲望，这有一个理性的健康心态问题。能够正确地、理性地把握应得利益和欲望的人，他是一个“君子”，是一个拥有健康心态的人——这就是智慧人生。

（3）健康心态处理“心—境”关系。“心本说”认为，“心—境”构成逻辑关系，相互影响。一个社会，指导人们生活行为表现的力量是社会理论、社会信仰和社会风气等。这其中，以社会信仰的力量最大，以社会风气的影响最大，而影响社会信仰和社会风气形成的力量，是社会心态。社会信仰、社会风气和社会心态是一种社会大环境，它能影响个体的心态，这叫“心由境生”；反过来，个体的心态也会影响社会信仰、社会风气和社会心态等社会环境，这叫“境由心造”。这样，“心—境”就构成逻辑关系，并相互影响。

现代社会存在物欲横流，残酷争夺，尔虞我诈，竞争激烈，压力加大，道德堕落，风气败坏的一面。现代社会的人用不同的心态来处理“心—境”关系和感悟人生，因而就有随波逐流的人，或是清高自在的人。

2. 积极心态适应生活

（1）积极心态认识生活。大多数人总是期望生活安稳，人生幸福。然而，生活中有衣食住行等不满意，有学习、就业、工作、晋升等不如意，有恋爱、婚姻、家庭、子女等问题，有亲戚、朋友、同僚、邻居等之间的矛盾纠纷；有生离死别、伤残病痛的痛苦；有财产纷争、利益得失的苦恼；有天灾、人祸等突发事件带来的灾难；还有学场、情场、职场、生意场上的失意……因此，我们不可能绝对地生活安稳、环境适定、人生平顺。

如何认识生活中的问题？“心本说”认为，要用积极心态来认识生活。所谓积极心态认识生活，就是用积极心态去正确对待生活中的问题：第一，它是客观存在——生活本身就存在着上述各种各样的问题，无可选择，不能回避。第二，它是主观理解——这些问题构成生活形态，是生活的坎坷和生活的残酷，也是生活的多彩和生活的魅力——只能用积极心态去看待，去适应，去解决这些问题，否则就会感觉人生很累，活得很苦。

（2）积极心态适应生活。生活中各种问题是客观存在的，只是个体碰到的概率不同。再则，由于个体“心本”素养和主观理解的不同，使生活问题变得千差万别，使生活问题的构成变得更复杂。同一客观存在的生活问题，因为个体的心理素质和感受不同，而问题大小会变得不同。例如，生活上出现的某一问题，如用积极心态去感受和应对，问题就会“变小”，相反则问题“变大”——这是心理作用。心理作用可能是唯心主义，但也是有一定益处的。因此，不能一味批判唯心主义，诸如主观幸福感，就是个体对生活的感受，带有很大的心理作用和唯心主义的成分。

一些人会有这种心态：人生在世，不要求完美，不追逐功利，不挑剔环境，不埋怨世事，不烦恼遭遇；只求健康平安，只求简单自在，只求顺利安稳。从“心本”看，或许这种心态更容易获得快乐，活得更幸福。

“心本说”认为，人生是短暂的，没有绝对的公平，也没有绝对的幸福，能够适应生活中的各种不如意的事，能够化解生活中的各种纠纷和矛盾，能够减少苦恼和烦闷，就是幸福。而如何应对生活中的各种问题，全凭心的感悟，“心健康”则生活快乐，“心快乐”

则生活美好；用积极心态适应生活，就享受人生幸福，用消极心态看待生活，就感觉人生黯淡。因此，将人生悟透了，心态就平顺了，生活就感到幸福。

关于感悟人生的问题，"心本说"强调，人生"痛苦说"也好，"乐生说"也好，"心本说"也好，所设定的人生愿景均是渺茫虚幻的，所描述的人生征途均是崎岖坎坷的，所要求的人心都必委屈自己，适应客观。这与人本主义人生观有相悖之处，值得商榷。还得强调，"心本说"也不是一帖"万灵药"，不能帮助所有人，也不能解决所有人的心病，只是告诉我们要保持积极的心态去认识生活。

第二节 睿智人生

所谓睿智人生，睿是指看得深远，睿智是指英明又有远见，睿智人生是指英明又有远见地把握人生，过好人生。简单地说，睿智人生就是用智慧来管理人生：学会管理自己的"心"，包括个性、意志、情绪、修养，以及管理好由心而起的健康、人际、学习、生活、事业和行为等。

"心本"人生追求的是感悟人生、睿智人生和幸福人生。上一节"感悟人生"侧重阐述如何看待人生的问题，本节"睿智人生"则侧重谈论如何过好人生的问题。

睿智的人生，至少应该是自信人生、和谐人生和超脱人生。

一、自信人生

自信人生既可理解为人生观念智慧，又可理解为人生过程状态。

自信人生是睿智人生的基础，是智慧人生的重要组成部分。没有自信人生，根本就无法正确地感悟人生，更无法做到智慧人生。关于自信，在第二章"'心本'人生之修养"中已经着重介绍了其特性和作用。这里仅谈自信人生的意义和自信人生的表现。

（一）自信人生的意义

1. 自信对人生的作用

（1）自信与人生的关系。众所周知，人生是由各个生活阶段组成的。一个人自信的形成，不是凭空得来的，而是在生活实践中一件事接一件事地尝试成功之后建立起来的。因此，生活是自信形成的载体，人生是自信实践的舞台。

反过来看，自信是一个人最重要的心理素质，也是一个人生存生活、事业成功的重要保障。一个人的生存生活是一件件事、一个个问题的解决过程，一个人的事业是由一个个成功构筑起来的，自信为生活中的每件事的完成过程提供心理基础，是每件事成功的心理保障。因此，自信与人生相辅相成，相互促进，相得益彰。

（2）自信对人生的作用。自信影响人生作为，也会改变人生。一个人如果没有自信，往往会怀疑自己的能力，什么事情都不敢去尝试，结果影响人生的作为。相反，一个人自信心强，无论做什么事都认为有能力完成，能够预期成功；当遇到困难，勇于尝试，结果就有获得成功的可能，从而改变人生。例如，有的人缺乏自信，不敢参加高考，而有的人敢于尝试，勇于拼搏，结果考上大学，从此改写了人生。

2. 自信人生的意义

自信人生既是人生观念智慧，又是人生过程状态。

从人生观念智慧的角度看，自信人生是一种乐生观。自信人生能使人充满信心，提升自我价值，能使人从容、勇敢、镇定地看待生活，有助于增强生活的信心，减轻人生的“痛苦”与“险恶”，有助于提高生活质量，有助于提高人生事业成功的概率，使人生过得更快乐。

从人生过程状态的角度看，自信人生是人生的过程状态。自信人生能使人的生活过程呈现安然自若的状态，能助人排除“人情冷暖”、“世态炎凉”对生活过程的干扰，能助人克服生活过程中的各种困难，能使人生过程更具实践性和挑战性，使人生过程更加平稳，更加美好，更加充实。

（二）自信人生的表现

自信心有个体差异，它不同程度地影响个体的学习、生活、就业、工作和成就等方面的心态和行为，也影响个体一生的表现。

1. 自信人生：对待事物的智慧

自信人生是一种对待事物的心态和智慧。人的一生不可避免地要遇到许多不顺心的事，但自信的人能够积极地看待生活中的每件事，并相信自己能够做好每件事。自信的人会对自己这样说：我有信心完成这项工作任务；我有能力做好这份工作；我有能力驾驭生活；世上失恋者多，不只我一个，屋前无花屋后采；期中考试考不好，相信期末能考好；这事有一定难度，但我能克服，相信能办好；竞争虽激烈，但我能顶住；市场不振，经营亏损，生意失败，从头再来……

2. 自信人生：对待生命的智慧

自信人生是一种对待生命的态度和智慧，它热爱生命，不悲观厌世。自信人生既承认生活苦、人情薄的一面，又看到人间好、人生幸福的一面。认为生活虽然苦楚，人生虽有险恶，但不能回避人生，悲观人生，也不能敷衍人生，放弃人生。现在，有一些青少年不够自信，经不起生活的挫折，甚至听到一句不顺心的话就想自杀。

案例一：某大学一位男生与同班女生恋爱一年多，因性格不合而分手，他为此痛不欲生，认为女友看不起他，人生没有希望，于是精神不振，不与同学往来，整天喝酒、睡觉，无心学习。结果几门课考试成绩不及格，从此个性怪异，行为孤僻。

案例二：广州某大学一名女生，入学时高考成绩位居全校前列、全院第一。但在一年级结束时的暑假，她却跑到海丰县的海边去跳海（后被渔民救起）。二年级开学第5周，她突然离校出走两天（后被找回，据说要到丹霞山削发为尼）；学期末在宿舍内大量服用安眠药自杀（被老师发现，及时抢救）。三年级的上学期末，她失踪了8天，跑到厦门市的鼓浪屿去跳海（被当地保安救起）。她为何如此悲观厌世？原因是：高考成绩公布后，她无意中听到妈妈与邻居阿姨的一句私话：“怀她时，吃了几次打胎药，想把她打掉。可她命大，还是生了下来。原以为会弱智残疾，没想到老大保佑，竟没有半点后遗症，读书好，高考分数这么高。”她听后就以为父母是不要她的，她活在世上是多余的，没有意义的，因此丧失了自信，产生了自杀的念头。经过学校多次的心理辅导，她逐渐消除了悲观厌世的念头，后来学业、婚姻、生活都很正常。

3. 自信人生：对待困难的智慧

自信是一种对待困难的智慧，并充满尝试的勇气。生活中有许多困难，人生路上有许多波折。自信人生就必须勇于藐视生活中的种种困难，勇于面对人生中的种种挫折，敢于挑战，相信经过自己的努力会获得成功，相信未来会更好。

二、和谐人生

和谐是一种人生心态，和谐人生既是一种生活状态，又是一种睿智人生的方略。如果说自信人生是睿智人生的基础，那么和谐人生就是体现睿智人生的方略，超脱人生则是睿智人生的最高境界。

（一）和谐人生状态

和谐人生状态可分为以下三种：

1. 平安人生

平安人生是一种人生睿智：只求身体健康强壮，平平安安过生活，快快乐乐度一生，但愿结几个好友，喝几杯小酒，唱几首小曲，过几十年安稳、幸福人生。

2. 平稳人生

平稳人生是一种人生睿智：经营自己的小家庭，认真生活，踏踏实实过日子，不求活得显赫、腾达、富贵，只求祥和、平稳、安乐，欣赏平静生活，追求平稳人生，享受上苍赋予的天伦之乐。

3. 和睦人生

和睦人生也是一种人生睿智：与人为善——与人不积怨、不结恨、不树敌、不生仇；与事结缘——处事真诚、平和、踏实、守信；与世相容——处世谦卑，不争权，不夺利，不奢望，不求富贵荣华；与环境相宜——与周围融洽相处，与环境彼此相依，不求尽善尽美，只求顺其自然，自得其乐。

（二）和谐人生方略

1. 与自己和谐相处

营造和谐人生，首先是自己要与自己和谐相处，不要跟自己过不去，不要自找麻烦，自寻苦恼。与自己和谐相处，就要具有平和心态、广阔胸怀，遇到不幸的事不自暴自弃，遇到不开心的事不要烦恼生气，遇到不顺心的事要换个角度看问题。

心理学中有一个经典故事：一位老婆婆有两个儿子，大儿子卖雨伞，小儿子卖西瓜。每次当太阳出来，天气炎热时，她就担心大儿子的雨伞卖不出去，影响他的生活；当阴天下大雨，她又担心小儿子的西瓜卖不出去。这样她终日闷闷不乐。后来一位智叟告诉她，应该换一个角度看问题：天气炎热时，小儿子的西瓜生意会好；阴天下大雨时，大儿子的雨伞生意好。从此以后，老婆婆天天都很开心。这个故事告诉我们：遇到不顺心的事要换个角度看问题，让自己开开心心地过好每一天。

与自己和谐相处，还要做到“八戒”：

一戒疑。疑者，一般心地狡诈。多疑者，总以为别人在算计自己，损害自己，总要提防别人的一言一行，因此心情忐忑，坐立不安，烦恼失眠。多疑者，易与别人生怨、结仇。多疑者，往往易得疑心病，影响身体健康和生活质量。

二戒妒。妒者，一般心胸狭窄。妒忌别人取得成绩、荣誉，妒忌别人升迁、晋级，只看别人的短处，不看别人的长处，总拿自己的长处与他人相比，自己从不努力，却巴不得别人栽跟头。妒者，人际关系紧张，自己也得不到快乐。

三戒卑。卑者，看不到自己的优点，缺乏自信，总觉得自己样样不及旁人，在人前仿佛矮三分；不敢与别人共事，自己也不敢尝试新鲜事，遇到一点问题就退缩。长期自卑的人，性格越来越孤僻，行为越来越畏缩。

四戒躁。躁者，性格暴躁。碰到一点不合意的事就大发脾气，或吵闹，或骂人、打人，甚至毁坏物件；无名火喷发后，心理上会得到一种莫名的满足。躁者，常让人惧怕，自己也损神伤心。

五戒傲。傲者，自以为是，总认为比别人高明。傲者总觉得自己是天下第一，其他人都不行，讲话语气高傲，目中无人。周围的人对他敬而远之，他却自鸣得意。傲者，缺少沟通，缺少学习，缺少进步，缺少乐趣。

六戒慎。慎者，为人小气慎重。慎者，小心做人，小心处事，生怕出错，时时提心吊胆，怕说错话，做错事，怕得罪人。慎者，胆小慎微，天天生活在谨慎、担忧之中，前怕狼后怕虎，干不成大事。

七戒愁。愁者，性格忧郁。无论生活中发生什么事，都往坏处想，整天愁容满面，忧心忡忡。愁者，生活在忧愁之中，一生都过得很不开心。

八戒悲。悲者，个性压抑。悲者，对人生中的不幸之事，总是挥之不去，无法解脱，时常沉浸在悲伤之中。悲者，心中无快乐，悲观人生。

2. 与工作和谐相处

这是一种容易被人忽略的和谐关系。工作是生活的一部分，人的一生，大量时间、精力都在工作和劳动，因而与工作和谐相处非常重要。如果一个人不能与工作和谐相处，则活得没有价值和意义。与工作和谐相处，涉及一个人的价值观、劳动观、事业观和责任观，甚至是权力观、金钱观的问题。有的人认为工作（劳动）光荣，工作就是事业，就是贡献，认为做好本职工作，就是为自己累积事业，也就是在为行业谱写历史。有的人对待工作（如焦裕禄式的官员），一身正气，两袖清风，心中装着百姓，为人民做实事、做好事。有的人认为有了一份工作，才能赚钱养家，才能过好生活，因此很珍惜工作。有的人工作责任心强，勤勤恳恳工作，认认真真做事。

然而，社会上与工作不和谐相处的现象也不少。有的人工作倦怠，或迟到缺勤，或马虎应对，时常出现差错，或得过且过，不求业绩。有的人将工作当成“休假”或“养老”，上班时基本处于休闲状态。有的人没有事业心，对待工作完全用“工钱”来衡量，奖金多则卖力，奖金少就怠工，因而时常换岗位，或时常跳槽。有的人缺少工作责任心，将工作看成升官的途径，因而就搞政绩工程、形式主义。有的人将职务变成权力，将工作看成捞钱的渠道，因而就有不正之风，就有权钱交易，利用工作贪污受贿，甚至走上犯罪道路。

3. 与他人和谐相处

和谐人生的方略的重要一环是与他人和谐相处。与他人和谐相处是指与他人关系融洽，双方和睦共事，和睦生活（与亲人）。与他人和谐相处是一个人际关系问题，如何和谐相处，能否和谐相处，反映一个人的人生睿智。

与他人和谐相处可分为：亲子、夫妻、亲友等的和谐相处——这种人际相处形成了诸如父子情、手足情、爱情和亲情；与同事、同学、战友、邻居等的和谐相处——这种人际相处形成了诸如友情、学友情、战友情等；也可分为亲缘、学缘、兵缘、乡缘等的和谐相处；官场、职场、商场（生意场）等的和谐相处。

在中国，人与人之间的和谐相处，往往演变为关系文化、官场文化、商场文化、潜规则文化，甚至演变为权钱交易。人际关系变得错综复杂，十分微妙，有时叫人难以应对，故有“人情险恶”之说。在中国，有几种比较典型的人际相处关系。

（1）亲缘关系。它包括父母、夫妻、兄弟姐妹、亲子、婆媳等关系。这些关系既有血缘关系、亲缘关系，又有情缘关系，既有生活、起居、爱好等的关系，又有祖业、财物、遗产等的关系。在中国，如要入职就业，或者办小贩经营执照等，往往靠亲缘关系就容易得多。这是中国几千年封建文化所遗留下来的不正常的人际关系。

亲缘关系有相处很好的，也有相处起来比较难的。例如，婆媳相处是天底下最难说得清、理得顺的复杂关系。又如，夫妻相处关系就很微妙，关系和谐的，相敬如宾，恩恩爱爱相处一辈子；关系不和谐的，天天吵闹、打架，甚至离婚。再如，兄弟中既有“打虎亲兄弟”，又有上法院、争祖业和夺财产的仇人。

（2）学缘关系。学缘关系是同学关系、校友关系和情感关系。学缘关系是一种超性别、超姓氏、超年龄、超亲缘、超阶级、超政党、超民族、超国界的特殊关系。如黄埔军校同学之间的关系就是这样一种典型的同学关系。

同学间的学缘关系引申出许多工作上、生活上的关系，甚至是官场、情场、商场上的关系。正所谓同学多，关系好，办事方便。学缘关系现象在我国处处可见并且相当微妙：同学关系好的，一辈子和谐相处，胜似兄弟姐妹；而同学关系不好的，一辈子都不相往来。

以上两种关系，是“缘”在起作用，叫“缘分”、“缘由”。关系和谐者，靠“缘”起作用，即血缘或情缘在相互间起作用。关系紧张者，或变为陌生人、仇人者，也是“缘”在起作用。因为，关系的甲方认为，我与你有“缘”，故我“话可以直说、不讲究方式”，“要求可更多、更高”，“而你当然应该……”，“你当然必须……”，“你一定要……”，但关系的乙方则认为，我俩有“缘”，你却对我如此苛刻、无礼、蛮横和刁难。所以，“缘”的关系相当微妙，以致夫妻间吵架、兄弟打架与别人相比反而更多。同学之间一旦产生争执，绝交如陌生人。

(3) 官（职）场关系。官场关系是一种特殊的人际关系。有史以来，官场关系极其复杂，争权夺利，明争暗斗，尔虞我诈，刀光剑影，帮派林立，盘根错节，相互勾结，官官相护，腐败丛生。有的官员在官场中碰得头破血流，甚至性命不保；有的官员为了升官，向上司送礼跪拜，甚至从“奴才”做起；也有许多官员无法适应，只得弃官归田。现代社会，表面看来官场关系相对循规，相对透明，相对民主，相对文明，但也存在“潜规则”、“站错队”、“官场腐败”、“暗箱操作”、“用人唯亲”和“进不了小圈子”等恶习现象。正所谓“官高境险，权重惧多”。官场的这些丑陋现象，跟文化背景、社会文明、社会风气、规章制度、官员道德品质、心理素质等有关。

职场上的人际关系甚为微妙。有的单位职员之间和谐相处，团结协作，彼此配合，风气良好，形成团队。有的单位内部，职员之间竞争激烈，往往相互猜疑，相互妒忌，相互争斗，相互防范，有抱成小帮派的，有暗中争斗的，有相互拆台的，也有井水不犯河水的。因此，出现“机关作风”、“办公室故事”、“办公楼轶事”等现象，甚至出现“门难登、脸难看、事难办”的现象。

(4) 商场关系。商场历来是“为生之意，谋钱之术”。由于生意场是“逐利”的地方，因而人际关系就更为复杂：生意人为了竞争，或抱成一团，或钩心斗角，总是分分合合；为了市场，或互利合作，或互探情报，总是为了占有；为了垄断，或作假欺骗，或大鱼吃小鱼，总是为了盈利赚钱；为了利润，或朋友反目，或父子兄弟成仇，或夫妻离散，总是“利益”第一。

以上两种关系，是“利”在起作用，叫“权利”、“利益”。为了“利”而争“权”。官场、职场是权力的象征，不论官职大小都有一定权力，有权就有利。商场是“利”的象征，是“利”集中的地方，没有利益，谁也不会去做生意。由于“利”的存在，官场、职场和商场成了争夺的地方。围绕着“利”的争夺，官场、职场、商场从来是明争暗斗，明枪暗器，玩弄权术，你死我活，不择手段，并形成了独特的官场现象、职场现象和商场现象。

以上陈述的是中国社会里比较特殊的人际关系的阴暗一面。

随着社会的进步，亲缘、学缘、官场、职场、商场等关系逐步趋向正态，人与人的关系逐渐趋向和谐。诸如“政府服务职能”、“办事公开透明”、“竞争伙伴”、“互利双赢”、“生意不成人情在”的提法，就是和谐相处的意识和做法，诸如“朋友多、人缘好、好办事”，“和谐共事，有利于工作、有利于发展”逐步成为共识。与他人和谐相处，才有和谐心情，和谐生活，这已成为人们追求的生活目标；与他人和谐相处，已成为人生的一种智慧。

那么，如何与他人和谐相处呢？总的原则是要相互真诚、尊重、关心、体谅和包容。只有真诚待人、尊重他人、关心他人、体谅他人和包容他人，才能实现与他人和谐相处，才能让自己的心理、生活更加和谐。

与他人和谐相处还要遵循以下几个基本原则：

原则一：无欲无争。无欲便无私，无私便无求，无求便无争，无争便无烦，无烦便和谐。与他人和谐相处应该保持无欲、无私、无求和无争的心态，不能因一己私事、小事就争吵，与他人和谐相处最好是无目的、无所求的真诚相处。有的人与领导、同事、朋友平时"无事不登门"，一旦拜访则频频送礼请客，接着请求办事，目的性相当明显。这是有私有求的交往，这种人一般不能与他人和谐相处。

原则二：结缘不结怨。全社会这么多人，能在一起学习、工作、任职和共事是一种缘分，能成为父子、夫妻或同学、战友更是缘分，要珍惜缘分。同事之间一起工作出现矛盾是正常现象，要有坦荡胸襟，善于谅解、包容和化解，不能争斗积怨，要懂得"结怨不如结缘，结仇不如解仇"的道理，否则双方在一起都不愉快，甚至造成两败俱伤。

原则三：善待对手。老旧观念认为，商场如战场，竞争对手是争夺宿敌，为了升职、生意而相互对抗、互相抢夺、你死我活。现代观念认为，竞争对手也是竞争伙伴，要善于对待竞争对手，争夺不如合作，对抗不如双赢。做生意有亏有赢，有合作有分离，生意不成情谊在，不能因合作不成、生意不成而记恨，要永远与对手和谐相处。

4. 与社会和谐相处

社会是一个共同体，由千千万万个成员、群体和组织所构成。成员有年龄、性别和文化差别，人群有不同职业、岗位和工作，个体有不同个性、风格、需求和价值观。因而社会不可能绝对合理、高度均匀地对待每个成员，只能提供相对公平的环境；社会不可能为每个个体提供日益增长的需求和满足资源，只能尽可能地为每个成员提供发展的优质平台；社会资源也不可能让每个成员人人满足，只能靠每个成员来充分体谅。这是社会对每个成员生活发展的一种客观条件限制。

社会政治、文化和经济的运作要靠社会公德、规则、法律和制度来维护，社会成员只能在一定范围内自由行为，不可能完全让成员满足个性需要、自由发挥，否则社会将乱成一团麻。这也是社会对它的成员行为自由的一种约束和限制。

也就是说，人与社会之间要和谐相处。社会不能尽善尽美，而社会成员多，口味各异，众口难调。人与社会和谐相处，共同发展，这是一个永久存在的矛盾。解决这一矛盾的关键是人——矛盾的主要方面是人——依赖人的素质。因此，与社会和谐共处，人要有大爱之心、回报社会意识和无私奉献精神。

(1) 适应社会。与社会和谐共处，最重要的一环是适应社会。要辩证看待"适应社会"的问题：一方面，社会像一个大家庭，它的改变、进步与发展要靠全体公民共同努力，因为"社会是我家"；另一方面，当社会暂时落后，且难以马上改变时，或暂时无法满足每个成员的需要时，每个个体就得负起社会责任，自觉地维护它、建设它，同时每个成员还要自觉地适应社会，包括改变自己的心态、生活态度和生活方式以适应社会。因为不能改变事情，就改变对事情的态度，不能改变环境，就适应环境。这样，与社会的共处会更和谐一些。

(2) 奉献社会。人与社会和谐相处，首先要想到为社会做什么，而不只是向社会要求和索取，这是与社会和谐共处的前提。要为社会做贡献，每个社会成员就得有大爱之心、回报社会意识和无私奉献精神，即每个人都要努力为社会政治、经济、文化、文明的建设和进步做贡献，而不只是一味要求社会提供良好的福利、秩序、安全和优质服务，或是对社会进行抱怨、报复。这样，才能与社会和谐共处。

(3) 改良社会。当社会存在某些不足和不如意之处，每个社会成员都有义务和责任去改良它，每个社会成员要以积极爱护的态度、合理的方法去改良和建设它，而不是采取消极的方法去糟蹋它，或是损坏它。只有这样，人与社会才能和谐相处。

5. 与环境和谐相处

人类要永久生存就要与环境和谐相处。环境包括社会环境、人文环境和自然环境。这里只谈人与自然环境的和谐相处。人与自然环境和谐相处，说到底有利于人类自身的生存：大自然为人类提供生存条件，如地质、气候、水源、生物等。

人与环境和谐相处的关键是人。对自然环境是爱护、保护还是糟蹋、破坏，决定因素也是人——人的生存、环保、生态意识和相处方式起着关键作用。人类与环境和谐相处的方式为：人类保护自然环境，而大自然就回报人类良好的生存环境。但改革开放以来，一些地区在经济建设发展的过程中，大肆摧山毁林，污染空气，污染水源，捕杀生物，以破坏自然环境为代价。人类为了生存和发展，往往只顾眼前利益而破坏大自然的生态平衡，与自然未能和谐相处。结果大自然就对人类进行报复：气候变化、天气异常、水土流失、旱灾水灾、水质变差、空气变坏、农作物受污染、生存环境日益恶劣。

三、超脱人生

(一) 超脱人生的理解

超脱，是超出、脱离，指不拘泥于成规、传统、习俗和形式，超出和脱离旧文化、旧传统的束缚。这里所说的超脱人生，不是佛教意义上的悲观人生、逃避人生；而是特指对生活中的琐事、烦心事看得开、放得下，不受烦恼扰心，不受某些旧传统的束缚，不受外界事物所诱惑，不受太多人情世故所困扰，生活过得平和、安详和自在，活得率性、洒脱和愉快。超脱人生是一种大度、宽容、无为和潇洒的人生态度和行为方式。

1. 超脱人生是一种心态

超脱人生是一种心态，也是一种处世方略。人要达到超脱状态，必须将心理修炼到一定程度。对一般人来说，诱惑事物──→产生贪念欲念──→引起争夺行为或情绪（得到了满足，得不到烦恼）。这是由人的本能欲望引起的，似乎是“合理”的。而对超脱者来说，诱惑事物──→不被诱惑──→无争夺行为或无情绪。这无疑是大度。

有一句表达心态的名言：“怒如猛虎、欲似深渊。”意思是说，愤怒和欲望像猛虎和深渊一样，缠绕在人的心里，影响着人生的快乐。另一意思是说，劝导人们要用超脱心态来对待周围的事物。而生活中确有许多使人发怒、引人贪欲的诱惑。人要超脱人生实属不易，因为必须克服这两个心理问题：一是无贪心态。在诱惑面前不起贪念欲念，克制本能欲望，即便有一些诱惑，也能抑制自己的情绪和烦恼。二是无为心态。对待世事看得开、放得下，不让烦事缠人。

究竟什么力量可以使诱惑不起作用呢？什么力量使之如此超脱呢？归根到底是人的心态在起决定性作用，心知、心志、心力等因素在发挥作用，即人的心态是一种能量，由“心本”修养得来。是否可以这样推论，超脱人生是一种心态，而本质却是一种心理能量。

如果不是，那它如何抵御诱惑，如何超脱？

2. 超脱人生是一种睿智

超脱人生是一种睿智。人的贪欲和发怒是本能，由心引起，人的超脱大智，也是由心引起，本能与超脱大智是对立矛盾，能够在烦恼和诱惑面前不发怒，在诱惑面前无贪欲，是一种超脱，一种睿智。

众所周知，本能欲望是一种需要，需要产生动机，动机引起行为，这是一种看不见的心力能量。它驱使人去生存，去奋斗，去发展，同时也驱使人去冒险，去争抢，甚至去摧毁同类，去灭绝生灵。诚然，对本能欲望不能任意放纵，也不能彻底抑制，只能是适当抑制。诚然，要抑制本能欲望，要靠"心本"力量来抗衡。败了，则成世俗"俘虏"；胜了，则人生"超脱"。

本能欲望是一股强大的能量心力，如何对其进行抑制和抗衡？"心本"观认为，人的"心本"修养如果达到超脱人生的境界，那就形成一股非常巨大的心力，让"修养心力"去抵制"本能心力"，以心制心，以心治心，未尝不是一种智慧和策略。

3. 超脱人生是一种境界

超脱是一种对生活烦恼的彻底抛弃，对贪婪欲望的彻底解脱。人如果能做到在名誉和利益面前不动心，在金钱和美女面前无邪念，对生活琐事不烦恼，就能达到超脱人生的境界。超脱人生是睿智人生的最高境界，是一种人生智慧。

社会上有许多人一生都在为名利、为地位而争斗，甚至为之付诸生命；有的人为了年终"评优"争得面红耳赤，有的人为了当上主管、科长不惜弄虚作假，或诽谤他人；有的人为了职称而抄袭别人的论文，甚至因提不了职称就跳楼自杀。如果能看淡名利，不被诱惑，在名利地位面前不争抢，就能达到超脱人生的境界。

社会上有许多人一生都在追求金钱和美女，认为金钱和美女是人生成功和幸福的象征。有的人为了多争一点奖金而吵吵闹闹，有的人为了多赚一点钱而偷税漏税，有的人为了博得美女欢心而贪污腐化，最后进入牢房，甚至为得美女而抛妻弃子。因此如果能视金钱富贵如粪土，在美色面前不动心，就能达到超脱人生的境界。

（二）如何超脱人生

世间许多事都与"心"有关，要超脱人生，关键是"心"。

人为何不能超脱？人为何会感觉人生痛苦，烦恼的事太多？原因有：第一，虚荣心强，好胜心强，重名利，计得失。第二，人有太多欲望、追求。第三，喜欢与高于自己的人相比。它像绳子一样绑住自己，是自找麻烦。可以说，苦由心生，烦由心起。

佛教总结出人生"八苦"，有一定的现实道理。但问题的关键，不是人生有没有苦，有多少苦，而是如何对待和处理生活中的"八苦"。佛教面对人生"八苦"，教人采取的方式是：行善——为他人，逃避——出家，制欲——空无，念经——无争。这明显有消极的意味。本来人生就苦，还要"出家、苦行僧、空无和无争"，岂不更苦？

一地落花，两样心情。这个世界怎么样并不重要，重要的是我们的内心世界，不要迷糊，平添烦恼，而要超脱人生。

——找回自己内心的宁静。内心宁静是超脱人生的基础，若内心烦躁，则无超脱可言。一个洒脱的人，无论遇到好事或烦心事，遇到顺境或逆境，都会抱着无所谓的心态，都会保持宁静心态、平和心态，这样才能有超脱人生。

——看淡人生的功名利禄。有欲就有烦，有贪就有躁。功名利禄是烦恼的根源，一个人拥有的东西愈多，其烦恼也就愈多，这是因为他的欲望太多。要超脱人生，就要舍弃欲念、贪念，淡泊人生的功名利禄。一个人如果想追求真正的超脱的生活，就一定要把欲望降到最低点。一个人对工作要尽量做好，对生活要热爱，但这种效果如何，要顺其自然，不能刻意寻求，这样才会洒脱。

——看开世间一切的烦心事。快乐不是别人给的，而是自己修养得来的；烦恼也不是别人给的，而是自己产生的。世上只有想不通的人，没有走不通的路。做人要学会抛弃世间一切烦恼，学会解脱烦心，学会调节自己的心境，学会开心生活。当烦心事和逆境来临时，要用积极的心态去平息和化解，从而轻松地生活。

——潇洒生活而不放荡。潇洒生活是一种生活态度和方式，潇洒生活不能理解为随心所欲、为所欲为地生活，更不能理解为任意放荡地生活。它既是理性地、认真地、积极地对待生活，又是不强求地、淡然地、自由自在地生活。

第三节　幸福人生

幸福是人生追求的最高目标，幸福人生是智慧人生的最高境界。人活在世上，本然地渴望幸福，但如何理解幸福，如何追求幸福，如何创造幸福，如何享受幸福，却往往不得而知。

一、幸福及其构成要素

（一）幸福的释义与理解

1. 幸福的含义

幸福的含义极其丰富。哲学家、社会学家和心理学家均从各自学科研究领域的角度对幸福予以理解和定义，可谓五花八门。我们认为，幸福感是人们经过社会比较之后，对生活水平和生存环境等外界事物的体验、理解和感知，也是客观事物在人们主观心理上产生的一种反映。幸福感是客观外部事物与主观内部心理的“刺激—反应”互为作用之后，所产生的一种心理过程和心理效应现象。幸福带有很强的主观感知性，故也称“主观幸福感”。

2. 幸福的理解

幸福包括幸福感和幸福指数。幸福感是个体对生活的感受，可分为社会幸福感和主观幸福感；幸福指数是客观生存条件和主观对生活体验的综合的指标。幸福社会有物质维度、精神维度、价值维度和现实目标维度[①]。主观幸福感也有若干维度，不同研究方向所采用的维度有所不同。如苗元江在《综合幸福问卷》中就采用"生活满意、正性情感、负性情感、生命活力、健康关注、利他行为、自我价值、友好关系和人格成长"9个维度。

华南师范大学郑雪教授研究得出，我国有"三大幸福观"，即儒家幸福观、道家幸福观和佛家幸福观。儒家幸福观提倡积极进取、奋发有为的人生，对内要修心养性，养成仁义礼智信的道德品质，对外要"齐家、治国、平天下"，行中庸之道，这样才是幸福的人生。道家幸福观主张清静无为，顺其自然，崇尚回归自然，逃避尘世，过原始质朴和自由自在的幸福的田园生活。佛家幸福观奉行"四圣谛"——苦、集、灭、道。人生无幸福只有痛苦，而痛苦来源于"爱"、"痴"和贪婪欲望，要摆脱痛苦，只有除爱、去贪和念佛，才能到达佛教的幸福彼岸——"涅槃"。

郑雪教授研究得出，西方也有"三大幸福观"，即感性主义幸福观、理性主义幸福观和基督教神学幸福观。感性主义幸福观认为幸福在于感性生活，性欲满足，代表人物有阿里斯提的肉体享乐主义（提倡"及时行乐"，"吃吧、喝吧、快乐吧，因为你将来要死"），伊壁鸠鲁的快乐主义（"我们所谓的快乐，是指身体的无痛苦和灵魂的无纷扰"），还有爱尔维修的"利己与利人"的幸福观和边沁的功利主义幸福观等。理性主义幸福观强调理性作用，贬低感性与情感的作用，主张抑制欲望，追求道德和精神上的幸福，代表人物有苏格拉底的禁欲主义（主张"抛弃物质和感官享受，克制欲望来求得善和成为道德完人"），柏拉图的享福公式（幸福 = 蜜泉 + 清凉剂）。基督教神学幸福观认为尘世生活只是趋向上帝天国的旅途，德行才是通向幸福的手段；人要达到幸福的境界，不是非要拥有财富、荣誉、权利和肉欲的享受，而是在宗教德行中，对上帝充满热爱、追求和崇拜，才能返回天国，获得真正幸福[②]。

由此看来，幸福历来是人们所追求的终极目标，而对幸福的理解、认识和追求、享用的方式，却有着千差万别。

（二）幸福的构成要素

所谓幸福的构成要素就是影响幸福的因素。影响"幸福"的要素总的来说有客观要素和主观要素两种。

1. 客观要素

（1）社会文化经济环境。社会文化经济环境包括社会政治、文化、经济和社会文明、科技、治安等，它是人生存的大环境，也是影响人的幸福感的重要因素。一般来说，社会环境好、文化经济水平高、社会文明程度高，人们的幸福指数就高，相反幸福指数就低。但也有一些特殊的。例如吉普赛人，他们的社会经济水平不高，生活水平也较低，且到处漂泊，但由于文化环境背景等原因，却活得很开心。

① 洪向华．幸福社会的四个维度．光明网，2012-02-22.

② 郑雪等．幸福心理学．广州：暨南大学出版社，2004.

(2) 生存生活环境。生存生活环境是指个体的生存生活环境，包括自然环境和生活条件。自然环境包括空气、气温、水源、噪音、植被、地势和自然灾害等环境因素；生活条件包括衣、食、住、行和学习、工作、生活等因素。这些因素综合影响着个体的生活质量，从而影响个体的幸福指数。

2. 主观要素

(1) 个体经济收入。从“幸福曲线”可以看出，个体经济收入增长，幸福指数就增高。个体经济收入是生活质量的基本保证，它是影响个体幸福感的重要因素。但个体经济收入高低，并不完全是主观能力的原因，还有社会经济水平的原因。

(2) 个体健康状况。个体健康状况包括个体的身体健康状况和心理健康状况。身体健康状况直接影响个体的生活质量和幸福感，个体的心理健康状况影响其对生活及事物的心态和幸福感。个体健康状况影响个体的幸福人生。

(3) 个体修养程度。同一事物，不同的人有不同的感觉。这与个体的心态有关，也与个体的修养程度有关。个体的修养程度影响其对生活际遇的感受，从而影响其幸福感。

二、幸福曲线

幸福的心理效应现象实际上是人对外界事物的心理表征的结果，可描绘成一条“幸福曲线”（如下图所示）。“幸福曲线”是统计意义上的表达，曲线上每一点都是幸福指数，每个个体都处在曲线的某一点上，所处的位置不同，幸福指数就不同。从幸福曲线看，当个体处于接近坐标的原点 O 时，基本需要得不到满足，几乎没有幸福感可言；当个体处于基本需要得到满足的 L 点之前，生存条件每改善一点，幸福效应就会增大，幸福指数就会快速提高；当个体处于 L 点之后，生活达到富裕水平，经济收入的再增加对幸福的刺激效应极小，幸福指数上升缓慢；当个体处于曲线峰顶 G 点时，幸福指数达到最高峰，随后收入对幸福的效应呈递减态势，几乎可以忽略不计。与此同时，幸福感会因财富、安全、个体自身等多元诱因，开始出现幸福“分化效应”。

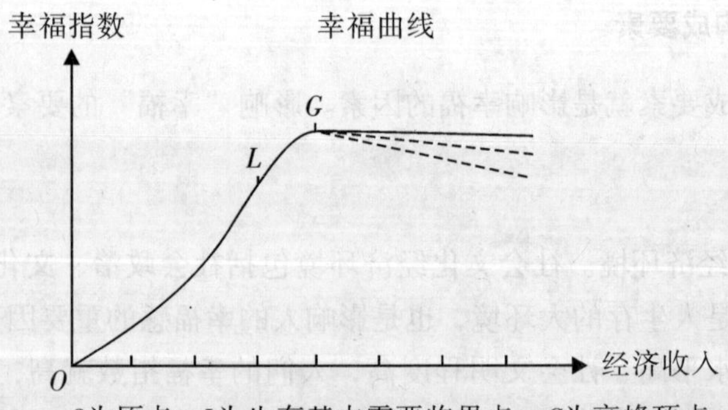

O为原点，L为生存基本需要临界点，G为高峰顶点

幸福曲线图

“幸福曲线”揭示了幸福的一般规律。各个国家由于客观外部条件不同，各国人民的

幸福感也就不同；由于每个人的生存环境和心理素质不同，幸福感也不相同。美国著名的政治学教授罗伯特·莱恩认为：“当人们连衣食住行这样的基本需求都得不到满足时，他们不会感到幸福。因此，在基本需求得到满足之前，收入每提高一点，就会使人感到更幸福一些。但是，在基本需求得到满足之后，收入带动幸福的效应就开始呈递减态势，并且收入水平越高，这种效应越小，以致达到可以忽略不计的地步。”

三、幸福的心理效应与特性

（一）幸福的心理效应

幸福感是客观事物与主观心理之间“刺激—反应”的一种心理过程和心理现象。这种心理现象叫“幸福心理效应”。它可分解为：

1. 幸福“需求效应”

有研究认为，人的生存有一个“基本需求条件”，叫“基本需求值”。“基本需求条件”本身没有幸福感，人对“基本需求条件”的主观感受才是幸福感。对“基本需求”满意度越高，幸福感就越大，反之就越小。这种人与“基本需求条件”之间的心理过程，叫幸福“需求效应”。

“需求效应”处于幸福曲线的 L 点之前，其特点是：它主要看经济收入，很少考虑其他因素，即经济收入影响其幸福感。这样，就出现了值得研究的问题：第一，影响幸福感的“基本需求值”是多少？第二，“基本需求值”实现之后，影响幸福感的因素又是什么？

有研究认为，目前世界上以“GDP人均3 000美元”作为幸福的“基本需求值”，人均收入在3 000美元之前，经济收入越高，“需求效应”越大，即国民幸福感越大；过了人均3 000美元，经济收入对人们的需求效应影响不大，即GDP的作用不大。

为此，西方的一些国家采用GDP和GNH（国民幸福总值）的“双重导向”去促进国民的幸福“需求效应”。也就是说，除了“基本需求值”外，还在自尊自由、社会福利、社会服务、社会公平、贫富差距等方面采取措施去促进国民的幸福效应。

2. 幸福“对比效应”

主观幸福感是个体经过社会对比（与他人对比）之后所产生的一种心理现象。这种心理现象，叫幸福“对比效应”。人们对生活的对比方式有自己经济发展的纵向比较，也有与周围人群的横向比较；有与生活水平高的人群作比较，也有与生活水平低的人群作比较。而影响对比方式的因素主要有个体的价值取向、期望值、心态品质等。

因此，对比方式不同，“对比效应”就不同；心态和价值取向不同，“对比效应”也不同。例如，一个世代生活在偏僻山区的青年，有妻子、孩子，与周围邻居相比，生活自给自足，无忧无虑，甚感幸福；他来到大都市打工后，刚开始收入提高，生活水平改善，幸福感倍增（与自己进行纵向比较）。但一段时间后，参照系发生变化，他开始与城里的富人相比较（与他人进行横向比较），发现工作、经济收入、生活待遇等都不如他人，就觉得自己辛苦、贫穷，认为社会贫富差距大、不公平，幸福感骤减。这是“对比效应”的结果。

如何看待幸福？如何比较？华南师范大学心理学教授郑希付在回答凤凰网记者采访时说："要接受自己所拥有的，对工作、对生活的现状不要抱怨，抱怨不能解决问题，接受现状并努力让自己以更积极的心态去对待，可以让我们生活得更幸福……心理学的社会比较模型说明，不幸的人总是向上比，而幸福的人总是向下比。"如何感受"基本需求值"幸福？要做到"四不要"：不要抱怨生活现状，不要抱怨不幸，不要向上比，不要自寻不幸。

3. 幸福"边际效应"

当人们的生存的基本需要得到满足，"基本需求值"实现时，经济收入就不再是影响幸福感的指标，而新的影响幸福的指标又找不到。这时，人们的幸福感就会出现一些微妙的变化，这种心理变化过程，叫幸福"边际效应"。它出现在幸福曲线的 L 点附近。

"边际效应"的特点是：第一，生存的基本需求得到满足，经济收入对幸福的刺激作用减弱，幸福感不强，即使增加收入，幸福指数的上升也仍然缓慢。第二，对幸福感有新的要求和指标（新的刺激物），处于经济收入刺激和新的刺激物的边际。

幸福"边际效应"，一方面会影响人们的幸福感，另一方面也会影响人们对幸福的对比方式的选择。

4. 幸福"高原效应"

当人们经济收入超过了生活的"基本需求"，物质生活极其富裕，对金钱和物质生活的幸福体验就会变得极不敏感，这种心理现象叫做幸福"高原效应"。它出现在幸福曲线峰顶的 G 点附近。

幸福"高原效应"现象的特点是：第一，金钱财富对幸福感完全不起作用，只将金钱看成"数字"，心里茫然，处于高原反应状态。第二，对幸福感觉迟钝，幸福感出现降低的态势。第三，刺激幸福的客观指标呈现"多元化"，即幸福出现多元诱因。例如，一些生活富裕的人，感觉不到生活幸福，就因为其处在"高原效应"期。

5. 幸福"分化效应"

幸福"分化效应"是指由于"高原效应"，导致幸福客观指标出现"多元分化"的心理现象。它出现在幸福曲线峰顶的 G 点之后，是幸福"高原效应"的结果。其特点是：幸福感出现"分化效应"，呈现多种心理现象。

分化结果可能出现的效应现象有：一种是"自我实现"。追寻幸福感新的生活方式——如追求事业成功、社会服务、社会公益、社会义工，或运动、书法、旅游等活动。另一种是（异化的）"自我实现"。寻求刺激幸福感的替代物——如追求自我刺激、追求奢靡生活、追求美食美色、追求豪赌刺激等。再一种是"自我沉迷"。只求幸福，贪图享乐，生活堕落——如缺失生活的目标和动力，沉迷于安逸、满足之中。例如"富二代现象"和"啃老族现象"。

马斯洛的"需要层次论"认为，人的最高需要是自我实现。自我实现是在生存需要、社会需要、自尊需要等得到满足之后的人的最高需要。但是，自我实现的目标选择，"分化"之后的趋向，是一种心理效应，受人的主观因素所支配。因此，影响"分化效应"

和幸福感的因素，是人的主观因素。

影响幸福"分化效应"的主观因素是人的价值观和心理品质。例如，积极心理品质可导致良好的"分化效应"趋向，相反，消极心理品质可诱发不良的"分化效应"趋向。因此，心理品质对幸福感形成具有相当重要的意义。

6. 幸福"潮涨效应"

随着社会进步，人们的基本需求普遍提高，由于基本需求提高而引起幸福感变化的心理现象，叫幸福"潮涨效应"。经济学研究认为，"人民群众的生活需要是日益增长的"。也就是说，人们的基本需求不断提高（即 L 点是动态的）会导致幸福感发生变化——出现"潮涨效应"。例如，20 世纪 50 年代，人们对幸福的理解和要求只是"楼上楼下、电灯电话"，而现在则是"洋楼加汽车、美酒加咖啡"。又如，当别人有自行车而你是步行时，一旦有了自行车你会感到幸福；当别人有摩托车而你只有自行车时，你会觉得有摩托车真幸福；而当你有了摩托车时又觉得有汽车更幸福。

幸福"潮涨效应"反映出了"三个不断提高"：人们的"基本需求值"不断提高，幸福感的社会比较模式不断提高，人们的幸福感也不断提高。

综上所述，幸福是外部事物对主观内部的"刺激—反应"的心理过程和心理现象，由此产生各种"幸福效应"现象。影响幸福的因素不只是人的基本需求，还有其他诱因，而其中，人的心理品质因素非常重要①。

（二）幸福的特质

幸福具有什么特性？幸福感的产生是一个相当复杂的心理过程和心理现象。这一心理过程的表现就反映出幸福感的某些特性。探讨幸福感的某些特性有助于对幸福的认识和理解，有助于幸福感的形成，也有助于获得幸福人生。

1. 客观诱导特性

幸福的客观诱导特性是指幸福感的产生须依赖客观事物诱导的特性。客观事物，也叫客观诱导因素，主要指生活外部条件——它本身没有幸福感知功能，只是对个体的幸福感受起着诱导作用。

幸福的客观诱导因素包括社会经济、生态文明、民主自由、公平合理和生存环境状况；提供衣食住行、安全健康、接受教育和工作就业的环境状况；同事、朋友、家庭等的各种人际关系，以及社会地位等因素。这些客观因素是人们生活的基本需要、生存的基础条件，是诱发幸福感的重要外部因素。

诚然，如果生活的基本条件很恶劣，就很难有幸福感。例如，非洲某些国家的国民，温饱无法解决、战事连连发生、社会治安混乱、瘟疫疾病常发、生存条件无保证，就难有幸福可言。又如，校园秩序乱、安全没保证、学习压力大、饭菜质量差、师生关系紧张，学生就很难有校园安全感、归宿感和幸福感。

2. 主观感知特性

幸福是个体的主观感受，故称"主观幸福感"，它带有很强的主观性——这就是幸福

① 吴发科，任旭明．"幸福心理效应"现象探析．中小学心理健康教育，2011（9）．

的主观感知特性。幸福感是人对客观诱导性因素的主观感知的结果。

有学者认为，影响幸福感受的主观因素是：个体对生活环境条件的认识方式和个体幸福感的“社会类比”方法。这种观点只看到感受的方式方法，只看到幸福感受的表象。其实，从本质上看，影响幸福感受的因素是个体的心品素质。它直接影响个体对外界事物、生活条件的认知、体验、感知过程，直接影响幸福感知的结果。

3. 社会类比特性

人的幸福感是经过社会类比之后产生的，这就是社会类比特性。当然，类比过程是感知过程，受个体心理素质的影响。

没有比较就没有烦恼，没有比较就没有幸福。“社会类比”受三个因素影响：参照物因素、类比方式因素和心理品质因素。参照物、类比方式不同，则感受就不同；心理品质不同，类比后的感受也不同。这就涉及“比什么、跟谁比、怎么比、如何感受”的问题。首先，是“比什么”，如果只是比金钱、富裕、名誉和地位，永远都会感到不满足，幸福感较低。其次，是“跟谁比”，向生活水平低的人群作比较，就觉得自己很幸福。再次，是“怎么比”，不要拿自己的短处、不幸与他人的长处、快乐相比较。最后，是“如何感受”，类比之后如何感受，取决于个体的心理修养素质。

还有一种特殊的社会类比——公平类比。如社会福利、就业机遇、待遇分配、教育机会等的公平性比较。认为公平合理，幸福感就强，否则幸福感就低。近年来，一些国家在关注人的幸福感的生活外部条件的同时，也非常注重社会公平性建设，就是这个道理。

4. 相对需求特性

人们的生活基本需求不是绝对不变的，而是随着时间、外界变化而变化的——这就是幸福的相对需求特性。例如，20 年前，人们普遍的生活基本需求是有份工作、有饭吃、有衣穿、有一个“不需要多大地方”的家，只要满足这些需求，就觉得很幸福；而现在，很多城市居民和乡村农民都因衣食无忧而追求小汽车、大别墅，如未能实现就觉得不那么幸福①。

四、“心本”素质与幸福人生

“心本”观认为，幸福人生必须包含两个基本条件：生活条件和主观体验。单从主观幸福感的角度看，幸福人生是主观体验，因此人的“心本”素质影响幸福人生。

（一）心品支撑幸福

主观幸福感既然是人对外界事物的主观体验和感受，那么，主观幸福感就受人的心理品质支撑。有积极心理品质的人，遇到生活中的困境或不幸，能够自控心态和调节情绪，对外界事物的主观感受结果总是趋于正向，总觉得生活快乐，人生幸福。有消极心理品质的人，对任何事物都是消极认知、灰色感知，都觉得不顺心、不愉快、不幸福。

华南师范大学郑雪教授研究认为，幸福心理的结构包括情感、需要、认知和行为。首

---

① 吴舒蔓，吴发科．“幸福的特性”探析——对幸福的认识和理解．中小学心理健康教育，2011（12）．

先，幸福是一种情感：有积极的，如舒适、满意、愉快、高兴、欣喜等；有消极的，如烦恼、伤心、焦虑、失望、抑郁、愤怒等。如果一个人感受到的积极快乐情绪较多，而感受到的消极情绪较少，那他获得的幸福感就较多。其次，幸福是一种需要。情绪产生有赖于需要满足与否。一个人的需要得到满足，就会产生积极肯定的情绪体验，反之会产生消极否定的情绪体验。再次，幸福的产生需要认知过程的参与——个体的体验和感知。最后，幸福感通过生活行为才能表现出来。其研究说明一个人的心品素质如何，直接支配其情绪体验，并支配着其幸福感的产生①。

幸福感与积极心理品质的关系是金字塔建构式的关系，两者构成“幸福金字塔”结构：顶层是目标——幸福感；底层是基础——积极心理品质。积极心理品质的构成要素包含个性、自信、情绪、意志、乐群等（如下图）。这些要素是积极心理品质和幸福感的有力支撑。只有底层积极心理品质的坚实，才有主观幸福感的永恒。因此，要对青少年加强积极心理品质的教育。

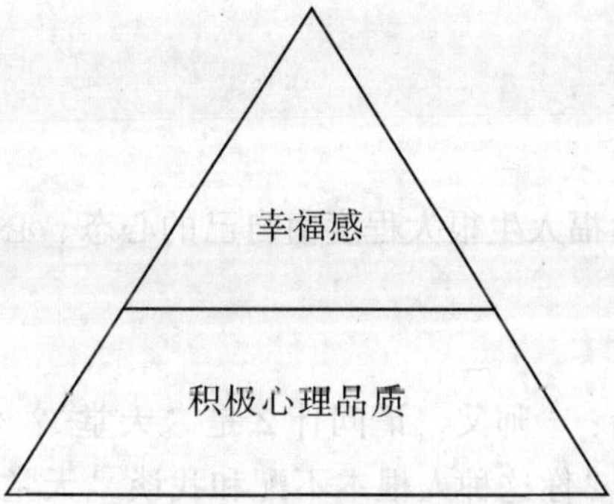

幸福金字塔结构图

（二）心智营造幸福

1. 心智营造幸福生活

上面所陈述的“幸福的释义与理解、幸福的构成要素、幸福的心理效应与特性”都是对幸福的理性认识，这里着重讨论如何营造幸福生活，如何营造幸福人生。

幸福生活绝非只是生活条件的优越，金钱财产的富有，更多的是对生活的心理体验和心理感受。有人这样定义幸福小日子：一个自己喜欢的工作，一份满足日常生计的工资，一间住得下三五个人的房子，一位自己喜爱的伴侣，一个聪明健康的孩子，一家和睦共处，一生平安地生活。

幸福生活要靠心智来营造。幸福生活不是空洞的，也不是靠金钱来营造的，而是要用心智去耕耘生活，去实实在在地编织生活。如何用心智营造幸福生活？首先，要以家庭为载体。幸福生活和幸福人生要围绕家庭来营造，离开家庭这一基本单位，就难有幸福可

① 郑雪等．幸福心理学．广州：暨南大学出版社，2004.

言。故要用心营造家庭环境和生活气氛。例如，家庭环境要布置得美观舒适，温馨优雅，要有一些合适的点缀，要有一点音乐情调，使家庭成为幸福生活的小天地。又如，可利用“生日晚会”等机会营造家庭生活气氛。其次，要营造家庭情感。夫妻情感是幸福生活的基本保障，夫妻之间要多交流，要互敬互爱，互谅互让，和睦相处，这样就会感到生活幸福。最后，要用心关注家庭支出。例如，要学会计划用钱，量入为出，不能整天花天酒地，吃喝玩乐，不能月月入不敷出。

2. 心智化解生活波折

生活中可能有各种波折，例如，病痛、天灾、生离死别等。化解生活中的波折或不幸遭遇要靠心智。这不是说将波折和不幸遭遇变成好事或幸福际遇，这是无法做到的，只是将波折或遭遇所带来的烦恼、痛苦降到最低点。

那么如何用心智化解波折和不幸？一是用心念化解。既然事实无法改变，烦闷痛苦亦无意义，且影响身体、影响生活，何不顺其自然？二是理智面对。不幸终将过去，生活还得继续。例如面对中年丧偶，与其长时间沉浸在痛苦之中，不如尽快走出来，面对未来，继续生活。

（三）心态影响幸福

一个人的幸福生活和幸福人生很大程度由自己的心态、心境所决定。心可造“天堂”，也可造“地狱”。

曾有这样一个故事：

一个武士问一个老和尚：“师父，请问什么是‘天堂’？什么是‘地狱’？”老和尚轻蔑地看了他一眼，大声说：“你这种人根本不配和我谈‘天堂’。”武士被激怒了，拔出刀来，架在老和尚的脖子上说：“你这秃驴，我要杀了你！”老和尚平静地说：“这就是‘地狱’。”武士明白了，原来愤怒的情绪就是“地狱”。于是他把刀子收了回去。老和尚又平静地说：“这就是‘天堂’。”武士明白了，原来心情好就是“天堂”①。这个故事说明：“天堂”或“地狱”由心所造。心态、心境好，生活的一切就是“天堂”；心态、心境差，生活的一切都是“地狱”。

心态影响幸福生活。生活里的一切事物都由心感受：当感受到舒服、快乐、愉悦，就会觉得生活幸福；当感受到郁闷、烦恼、愤怒或痛苦，就会觉得生活不幸福。这都是客观事物在主观心理上的反映。但在感受的过程中，会受到“心本”影响：个体的修养好，心态好，会得到正面的感受，往往看到生活和事物的好的一面，觉得生活是“天堂”。相反，则觉得生活似“地狱”。

人人都追求幸福生活。有的人片面地追求幸福，将幸福建筑在金钱和物质生活之上，但人是贪婪的，对物质的要求永无止境，结果幸福也就难以寻到——这是一条“追求物质幸福”的路径。有的人全面地看待幸福，将幸福建筑在生活状态上，更多地看重精神层面，用良好的心态去体验生活和感受幸福，结果觉得生活无比幸福——这是一条“心态感

---

① 释果宁．佛法即活法．北京：文化艺术出版社，2010.

受幸福”的路径。两条不同的路径，就有两种不同的生活感受，也就有不同的幸福生活。这就是智慧人生。

幸福人生是智慧人生的最高境界。“心本”人生观给人指出一条寻求幸福、感受幸福、通往幸福的路径，让良好的心态、心境永远伴随人们的生活。“心本”幸福观，将生活的一切看成美好，看成“天堂”，给人以智慧。

第四章 “心本”人生之策略

所谓策略，策，古代赶马用的棍子，一端尖锐，用它刺击马的身体，使马向前奔跑，所以叫策马。略，是计谋、方略和方案。策略是对事物的一种思考、计谋、策划和选择行动方案，即做某件事要注意方式方法，讲究过程艺术。

所谓人生策略，一是指对人生中各种事物过程的思考、计谋、策划；二是指对人生中各种事物过程的应对方式、应对方法和应对艺术。所谓“心本”人生策略，就是指以良好心态、积极品性对人生中各种事物的思考、计谋和策划，以及处理人生问题的应对方式、应对方法和应对艺术。

通俗地说，人生策略就是处世策略，人生活法。人的一生中会遇到许多事：高兴的，忧愁的；工作上的，生活中的；孝敬父母，养育子女……人生中的诸多事情，如果我们不去理会，那么我们就可能会成为一个不负责任、糊里糊涂的人；但如果我们去理会，我们又会成为一个忙忙碌碌、自寻苦恼的人。所以在人的一生中，如何把握自由自在与自寻苦恼之间的关系，不仅需要应对方式、方法和艺术——人生策略，还需要人的心理素质——“心本”人生策略。

“心本”人生策略，使人顺利走过人生之路。

第一节 人生策略

人活着究竟靠什么？人活着到底要什么？人究竟应如何活着？这是许多人关心的问题。

人活着，靠两样东西：一是物质生活，二是精神生活。物质生活在很大程度上取决于社会物质丰富的程度，即取决于社会经济发展的水平（还有靠个体的劳动所得到的物质份额），称为“物质人生”。精神生活在很大程度上靠“心的体验”和“心的生活”，称为“精神人生”。所以我们可以理解为：人生靠“物质人生”和“精神人生”两方面，二者缺一不可。

人对物质生活的要求不断增长，虽然物质生活日益丰富，但人的“心的生活”不一定就快乐。“物质人生”不能满足和替代“精神人生”。

这就引出第二个问题，人活着到底要什么？人活着要幸福。“物质人生”是幸福的基础，“精神人生”是幸福的感受。倘若“物质人生”要求过高，“精神人生”就不好受，也就得不到幸福。因此，幸福人生是“物质人生”和“精神人生”的和谐。

这又引出第三个问题，人究竟应怎样活着？也就是“物质人生”和“精神人生”如何协调的问题，这就是人生策略的问题。本节就试图阐述这个方面的问题。

一、人生策略论说

许多门派、学说都在谈论人生活法、人生策略。

（一）佛教的人生策略

佛教所推崇的人生活法、人生策略，总的来说是“忍苦容世、因果人生”。

佛教人生策略学说的前提是人性恶、人生苦、世间险，其内容概要是“三世因果、六道轮回、生死解脱”。由于人性恶有“五毒”、“五欲”，因而，要求佛教徒要有适应“人性恶、人生苦、世间险”的活法；要忍耐人生之苦涩，宽容世间之邪恶，容下世间难容之事，放下人间苦恼之情，要过着“行僧纳苦，灭爱除恶”的生活；要奉行苦、集、灭、道“四圣谛”的活法，才有轮回来世，或才能升天成佛，到达“西方乐土”。

佛教认为，人之所以“生苦”，一是人性的恶念、贪念、邪念所带来的——奢望“物质人生”；二是前生因缘所带来的。人之所以有“苦—福”之多少的差别，是因为前世“恶—善”之因果报应。因而佛教要求佛教徒选择人生的这样一种活法：拜佛念经，慈悲为怀，施爱于人，崇善于世，行善积德，戒贪去邪，尚“苦行僧”，以图来世“苦”之降低，“福”之增多——追求“精神人生”。但是，依照佛教的活法，这又有点与世隔绝，而且“苦行僧”生活实在太过煎熬。故有人认为，学佛太苦，不如学点心理学。

总之，佛教学说有其好的一面：劝人要慈悲、宽容、施爱、行善、积德、制欲、止贪、祛念，有利于人与人之间的和谐相处和社会和谐。但它也有不足之处：将人生描述得苦、空、幻；将人生之外（天堂与地狱）描述得玄、虚、恐。总而言之，佛教的人生活法是：苦行与避世、善行与无争。

（二）道教的人生策略

道教的人生活法、人生策略，总的来说是“顺其自然、质朴人生”。

道教主张“活必自然，生应质朴”。它认为人之为人，要一切顺其自然，不强求，不争利，不贪欲，崇尚质朴人生。

道教奉行“清静无为，平和处世”。即人之为人，心要清静，没有杂念、欲念、邪念（这样心才轻松）；不能有追求、向往和执念（这样才能清静）；处世要平和，与己、与人、与事、与世相合。

道教主张“逃避尘世，返归自然”。因为尘世太多执念、太多污浊、太多诱惑，人间诸多情苦、争执、险恶，因而要逃离世间、回避社会，要做到隐居山林，心态清静无为，生活返归自然。

道教推崇“淡然悠闲，自由自在”。它认为原始最为质朴，现代甚多诱惑，社会使人劳累，淡然才能悠闲。因而我们需要返归自然，这才有益于身心健康，才是人生最大的幸福。

总的来说，道教学说主张淡泊“物质人生”，信奉“精神人生”。道教强调人生活法必须是：隐居与脱离、清静与自得、自然与无为、质朴与无争。道教学说明显带有劝人避世隐居、清闲无争的成分，是一种绝对精神主义的人生观，是一种消极的应世策略。

（三）儒家的人生策略

儒家学说所奉承的人生活法、人生策略，总体来说是“修身养性、以德应生；克己奉公、中庸之道”。

儒家的人生策略与儒家的道德观一脉相承。儒家在人生策略的大前提下，提倡“仁义礼智信，温良恭俭让”和“爱人修己、明辨义利、分清理欲”的道德观①。儒家道德代表着我国的传统道德。

儒家道德奉行“修身养性、以德应生”的活法。儒家道德以“人性恶”为理论前提，以社会需要为出发点，以社会公德——社会规范、行为准则为标准，要求每个公民（旧社会叫子民、臣民）去修心（改“性恶”之心）和养性（养“公德”之性），去抑欲克性，“以德应生”；要求每个公民以“仁义礼智信”为道德标准，循规蹈矩地活着。

儒家道德奉行“克己复礼、中庸之道”的规范。儒家道德要求对自己要“制私克利”（不谋私利），对他人要“克己复礼”（服从礼德），对社会要“克己奉公”（社会公德），对行事处世要循“中庸之道”（中庸圆滑）；要求每个公民都要奉行“君子”的活法。这就是儒家的人生策略。

不可否认，儒家学说轻视“物质人生”，注重“精神人生”。儒家道德提倡的人生活法，对规范人的行为，维护社会的平稳发展，起到一定的积极作用。但是这种“活法”，很大程度上抑制了人的本能、压制了人的生存自由，甚至是违背人道。例如，旧社会妇女，为了遵循社会道德，遵守“三纲”、“五常”，只能恪守妇道，不能自由恋爱（必须由父母主婚）、不能改嫁（必须守寡从夫），如若跨越雷池半步，则会遭到“浸猪笼”、“点天灯”等惩罚。

（四）“人本”的人生策略

“人本”学派所倡导的人生活法、人生策略，总的来说是“个性发展、自我实现”。

人本主义学派的核心思想是“以人为本”，大力倡导“以人为中心”，一切从个体需要出发，较少考虑社会需要，大力推崇“个性发展、自我实现”。“人本”学派认为，人只要达到“个性解放、个性自由、个性发展和自我实现”这一思想境界，就能最大限度地发挥潜能和创造力，发挥自己巨大的作用。“人本”学派还认为，要达到这一人生的思想境界，就得奉行“自我中心、自由发展”的人生活法，这样人才能够获得快乐。

“人本”学派倡导的人生活法，的确颠覆了某些思想观念对人的禁锢，也打破了社会的僵化道德对人的束缚，解放了人自身，使一些人得以实现“自由发展”。但是，在“个性发展、自我实现”思想的纵容下，许多人变成一切从自己的需求出发，“自我中心、自由发展”和我行我素、不考虑他人感受的“自私鬼”。在提倡团队精神、协作配合和人与自然、社会和谐相处的当今社会中，不考虑社会需要、不考虑他人感受的活法，也使一些

① 姜国柱. 中国儒家的伦理道德观. 中国文化研究，1996（4）.

人变得个性张狂、行为自我，惹得身边人很不愉快。

总而言之，“人本”主义推崇人的需要和人的发展，纵容“物质人生”和“精神人生”。虽然“人本”学说在一定程度上解放了人的个性，激发了人的潜能，发挥了人的作用，但“人本”主义却又迎合了人性的某些低劣需要，放纵了人性本能，限制了道德对“人性恶”的约束，导致一些人将“以人为本”变成了“以我为本”的活法。

（五）“心本”的人生策略

“心本”所主张的人生活法、人生策略是“以心应世、积极顺生”。

“心本”人生观主张“以心应对世界，积极顺应生活”。这里，“心”指健全人格、和谐心态、平和心境等；“世”指世界、人世、世间；“顺”指顺应、顺世、顺生；“生”指人生、生存、生活。“心本”的人生活法告诉人们：无论生活境况、人生际遇如何，都要以良好的心态、平和的心境去看待人世、适应人世，都要积极而不是被动地生活。

1. 幸福为本

幸福是人生的根本，“幸福为本”是一种人生策略。本来“幸福”是人生追求的最终目标，读书、升学、就业、赚钱、晋升等只是最终达到人生“幸福”的一种手段。但许多人为了读书、升学而充满压力；为了就业、赚钱而天天烦恼；为了晋升、事业而疲累不堪。人变成了工具和金钱的奴隶，追求“幸福”变成了感受痛苦。这是本末倒置，是人生策略的失误。然而，没有一定的努力和必要的过程手段，“幸福”也不会凭空而来。

为何“过程手段”会引起压力、烦恼和痛苦感受？这与人的心态、品性有关。如何处理“目标与过程手段”之间的关系？这与人生智慧、人生策略有关。以“幸福为本”去适当运用“过程手段”，不失为一种人生策略。

2. 以心应世

首先是“用心做人”。也就是要认认真真地做人和生活：用善良之心做人做事；用好心情去过好每一天；用阳光心态去看待“物质人生”和“精神人生”。

其次是“以心应世”。也就是以良好的心境去适应外界环境和生活，以良好心境去应对生活中的各种境遇，从而使人生顺利而又舒适地度过，这未免不是一种人生策略。

生活有时是幸福光景，有时会碰到厄运。当人碰到厄运时，倒霉事就一个接着一个，“刚死爹娘又死孩，转身妻子却变呆，岂料病魔来缠身，一年四季遇华盖”。厄运面前采取何种生活方式全凭人生策略。我们采取“以心应世”的方式，坚强活下去，创造新生活，是一种活法；采取“不管冬夏与春秋”的方式，从此潦倒下去，是一种活法；采取了却生命的方式，逃避人生，也是一种活法。

3. 积极顺生

首先是积极顺生。面对纷繁杂乱的生活，我们必须积极地、主动地、顺势地面对生活；面对不幸的遭遇，也要积极地、勇敢地顺应生活，努力过好人生。

其次是生涯规划。积极顺生的最好方式就是做好生涯规划。生涯规划反映人生的活法和策略，其内容包含：第一，目标设计。包括人生长远的目标设计、人生近期的生活目标设定。第二，过程设计。什么阶段应做什么事，应达到什么样的效果，采取什么方式去实现。第三，风险评估。包括主观客观条件评估、目标过程风险预测评估和目标实现的可能性评估。第四，当遇到困难和遭遇不幸时，应采取何种应急措施去化解，或如何积极顺生。

二、人生策略

人生策略就是人生活法的选择和应对方式。每个人都会自觉或不自觉地遇到人生活法的选择和应对方式问题，这就是人生策略。

（一）“裸生”与“秃死”

《圣经》里有一句话：“我们从尘土中来，也都归于尘土……”它道出了人生的本质，即人的一生赤裸裸而来——“裸生”，光秃秃而去——“秃死”。人生就活在“裸生”与“秃死”之间，如何悟出人生的“裸生”和“秃死”，这是人生最大的策略。

佛经里有一个故事：一天，一只狐狸走到葡萄园边，看到园里结满了果实，口水直流，它想进入园中美餐一顿。可是它太胖了，怎么钻也钻不过园边的栅栏，进不了园里。于是，狐狸三天三夜不饮不食不睡，终于让身体消瘦下来，并顺利钻进了葡萄园里，美美地饱餐一顿！可是，当它吃饱后要离开葡萄园时，又因肚子太大钻不出来了！狐狸无可奈何，只能故伎重演，又三天三夜不饮不食不睡。最后，狐狸从园里出来的时候，肚子还是跟进去时一模一样，于是它感觉生活又回到了原状。①

这个故事告诉人们一个事实：我们都是赤裸裸地来，光秃秃地走。人生何尝不是如此？无论一生有多少财富，无论一生有多显赫，到最后谁也不能带走自己一生苦心经营的财富与盛名，这些最终都会归于尘土，谁都免不了“裸生”与“秃死”。

这个故事告诉人们一个真理：人生时一无所有，死时两手空空，何必为了荣华富贵而苦苦追寻，为了出人头地而苦苦挣扎呢？金钱财富和荣誉盛名都是身外之物，都是虚无缥缈的东西，人生再多金钱财富和荣誉盛名在死亡面前都没有任何意义。

这个故事告诉人们一种态度：正确看待人生，正确看待“物质人生”和“精神人生”，正确看待财富和荣誉，正确看待“裸生”与“秃死”。

（二）“换鞋”与“换路”

一位哲学家与他的几位弟子雨后走在一条泥泞的小路上，他的新布鞋被泥土弄得脏兮兮的。一位穿了雨鞋的弟子问他：“师父，出来时为何不换一双雨鞋呢？”哲学家望了望连着村子与外界的这条泥泞小路，深有感触地说：“换鞋不如换路呀！”众徒弟听后，茅塞顿开。天晴后，哲学家带领众徒弟，一起用砂石和沙子铺好整条路，虽然辛苦，但从此人们不必再受“换鞋”之苦了。②

“换鞋”与“换路”是一个辩证问题，涉及人生活法和人生策略。“换鞋”是主观上

---

① 佛恩居士．走进佛教．（闽）新出（2010）内字第19号（宗）．

② 释果宁．佛法即活法．北京：文化艺术出版社，2010．

主动去适应外界环境的一种活法，而“换路”则是以主观努力去改变外界环境的一种活法。人生活法，有时要适应环境（换鞋），有时要改变环境（换路），这就是应对策略。

“换路”与“换鞋”相比，明显就困难得多。“换路”要靠主观的勇气、毅力、实践能力去改变外界环境。“换路”是一种思考、要求和活着的选择，生活中常常要选择“换路”策略。例如，就个体而言，参加高考、任职换岗、工作调动等都是选择“换路”方式；就集体而言，改变自然环境（修桥、筑道、建水库），企业转型升级，经营方式的转变都是选择“换路”策略。古代“愚公移山”的故事就是“换路”策略。

“换鞋”与“换路”相比，要容易得多。于是，人们往往在遇到困难时，总是避难就易，总是采用“换鞋”的方式来应对，就出现了“改变世界不如改变自己”、“改变不了环境就适应环境”的想法。不得不承认，“换鞋”是一种适应外界要求、适应环境的活法——得付出“鞋钱”的代价。但同时“换鞋”是一种被动的活法，它有可能使我们磨去个性、磨平棱角，也有可能得付出个性被压抑的代价。

人生活法，就在“换路”与“换鞋”之间。或“换路”，或“换鞋”，全凭自己的活法和人生策略。人生有时要采取“换鞋”策略，而有时又要采取“换路”策略。

（三）“重负”与“轻行”

有个故事：一位男士觉得自己过得很不顺心，生活压力太大，想要寻求解脱的方法。因此，他便去向一位禅师求教。禅师给了男士一个篓子，要他背在肩上，并指着前方一条坎坷的大路说：“每当你向前走一步，就弯腰捡起一颗小石头放在篓子里，然后看看有何感觉。”

于是男士按照禅师的指示去做，不久，背上篓子里便装满了石头。之后，他回来见禅师。禅师问他一路走来，有何感受。男士说：“越走越沉重。”禅师笑着说：“每个人来到世上，都背着一个空篓子。我们每走一步，就会从这个世界上捡一件东西放进去，因此人们才会有越来越累的感受。”男士听了问：“那怎样才能减轻人生的重负呢?”禅师反问道：“那么，你是否愿意将拥有的财富、名声和事业统统舍弃，简装轻行呢?”男士无法回答。于是，禅师便告诉他：“每个人的篓子里所装的，都是自己从这个世上寻求来的东西，一旦拥有它，就对它负有责任，而且责任很重。”①

这个故事说明，人生每寻求到一件东西，其实就增加了一份责任；寻求的过程是努力和压力，寻求后的责任必须去承担；人生寻求的东西越多，就越感到沉重。人一旦有了名声、财富、事业，就感到责任沉重，但又必须去承担，岂不是重负？相反，没有多少名声、财富、事业，就没有太多责任和压力，也就才能轻行。

但是，人总是为了满足自己的虚荣，为了满足生活的物质享受，为了追求所谓的高人一等，而苦苦地去寻求名声、财富、事业、前途，所以就活得很累、很辛苦。

其实，做人不要寻求太多东西，不要有太多的功名利禄心，不要有太多“重负”，就会活得很潇洒，很自在。人生追求太多东西，也是一种贪婪，而贪婪必定造成“重负”，

① 释果宁．佛法即活法．北京：文化艺术出版社，2010.

勇于舍得才能够“轻行”。人总是在“贪婪”与“舍得”之间活着，人总是在“重负”与“轻行”之间选择。如何取舍，就是人生的活法和策略，就看你的智慧。

（四）“辉煌”与“平凡”

有的人，追求人生的“辉煌”（如财富、事业成功等），这是一种选择。有的人，一生只希望平安健康，这也是一种选择。有的人，对人生顺其自然，主观上对“辉煌”或“平凡”无所谓，不刻意追求，只愿开开心心地活着。人生“辉煌”当然要付出极大的努力、辛劳，甚至是磨炼和痛苦。人生“平凡”或许可以活得更潇洒、更自在、更少烦恼、更加快乐。

说到底，“辉煌”是一种活法，“平凡”也是一种活法，只要自己适应和快乐就行。从人生的终极意义来看，“辉煌”与“平凡”，它们没有多大的区别，关键是要活得开心。

然而，世俗眼光，传统习俗，往往重视“辉煌”者而轻视“平凡”者。我们的教育，包括学校教育和家庭教育，都在要求孩子从小树立人生目标并鼓励孩子要有事业心、使命感，都希望孩子一生要“辉煌”。因此，才有“不能让孩子输在起跑线上”之说，“早期教育”之举，以及“狼爸”的出现。生怕孩子一生过得“平凡”，却极少关心孩子是否开心和幸福。

其实，许多人都未能实现和达到人生的“辉煌”这一目标，许多人都过着极其“平凡”的生活。但是由于受到“辉煌”教育的影响，许多人到了40出头，随着人生目标破灭就会产生失落感；许多人看到同学“辉煌”而自己“平凡”，就内心自卑，痛苦不已。于是，许多家长就将自己的失落感，生硬地转嫁给自己的孩子，逼孩子从小学这个，学那个，还美其名曰：这是社会激烈竞争的需要，是为了孩子的“辉煌”未来。

现今还有一种观点认为，人生过程要感受快乐和幸福，人生终极目标是幸福。恐怕这个观点许多人都赞同，因为谁也不愿意自己一生活得痛苦，过得艰难。故此，人人都在追求快乐和幸福。但问题是，究竟如何活法才是快乐和幸福？究竟“辉煌”与“平凡”所付出的代价差有多大？恐怕没有人去认真考虑和计量。因此，追求幸福就异化为追求“辉煌”，结果又落入传统观念的怪圈之中。

表面看，人生无法选择“辉煌”或是“平凡”，但在潜意识里，你的人生目标，你的行为方式，就已经在选择了。这种过程方式的选择，就是人生策略。

（五）“理想”与“现实”

人生活法，有一个问题值得认真思考：“理想”与“现实”究竟如何平衡？如何选择？尤其对青年人来说，这是一个看起来很简单，选择（行动）起来却又十分纠结的问题。似乎这是个伪命题，但它的确存在，而且关系到生存方式的选择和人生活法。

1. 关于“理想”与“现实”

“理想”与“现实”是辩证的关系。人生活法，是一个最实际且又最艰难、最纠结的问题。纠结之处在于“理想”究竟是什么？它离“现实”有多远？人生活法，主要靠“理想”还是靠“现实”？人生活法，究竟选择“理想”还是选择“现实”？人的一生难道只是为了“理想”而活着？

我们从小受到的教育，就是教我们要树立人生崇高理想和伟大抱负。我们的教育，似乎有一个共识：“有理想”的孩子才是好孩子。但是仔细想起来，“理想”究竟是什么？第一，“理想”是人生的信仰和抱负，但“理想”意味着艰辛奋斗，意味着拼搏进取。第二，“理想”较为虚幻，较为远大（不远大，就可能会被大人认为没有志向）。第三，“理想”是青年人的“被专利”（被教育要求的），但绝大多数的人，40岁以后，往往都因“理想”一个个破灭，而最终不得不回到“现实”中来。第四，“理想”是力量，它可以成为人生助推器，可以激励青年人，但“理想”又是一把双刃剑，它也可以让人负荷超重，活得很累，甚至因“理想”破灭而活得很痛苦——最后“理想”和痛苦一并深深埋在心里，一旦时机成熟，就毫不吝啬地转嫁给下一代。

“理想”不是与生俱来的，而是被教育出来的。“理想”不是越远大越好，它越远大离“现实”就越远。一个人“理想”的确立，要切合自己的知识文化水平、能力和爱好，要符合自己生活的“现实”。但是，我们的学校教育（包括家庭教育）已有了这样一种定式，不管学生的知识、能力和个性特点，总是引导学生树立高尚远大的理想。这样的教育，必定会影响学生的人生活法，也必定会扰乱学生的人生策略。

“理想”与“现实”如何平衡？如何切合自己的实际？如何树立理想？这就是人生活法的选择，而选择本身，就是人生策略。

2. 人生活法选择“现实”

“现实”是什么？“现实”是实实在在的生活，生活选择不能超出自己的实际，也不能超越社会的实际。不管你信与不信，许多人到了中年，都被生活逼迫得更加“现实”！因为只有回归到了“现实”，生活才可能过得自然、顺利一些。

古今许多学者，在论述人生策略和活法时，都趋向“现实”。

例如，道家荀子在《礼论》中说：“人生而有欲，欲而不得，则不能无求；求而不度量分界，则不能不争，争则乱，乱则穷。”荀子认为，人生就伴随有欲，有欲则有所求，包括求生、求乐、求寿、求财、求性等，即“饮食男女，人之大欲存焉”。[①] 求食为了生存，求性为了生命延续，求财为了活得快乐，但人之求如无节制、不分度量，则会出现争夺，争夺则混乱，混乱则贫穷。荀子对人生活法的论述趋向“现实”。有欲而求，“饮食男女”，本是人之常情，无可非议，但求之无度，或超过社会的承受能力，或超过自然资源的承受限度，或侵夺他人，就超出了活法的“现实”。

西方悲观主义思想家叔本华的“盲目意志”论认为，生命来源于自然的演化，生命本无活着的目的，既然成为生命，只能是“活”。然而“活”则伴随着心理的感受和生理的“欲”。欲而有求，即人的一生活着为“欲”而求索，而求索得到的是“苦”多于“乐”。“欲”是自然天命强加于人的一种胁迫、威胁，人只能听从于天命，奔波于“欲”之中。这样活着的“欲”和“苦”是天命赋予的，强加的，人本身无能为力——这就是叔本华所表述的“活法”。叔本华的悲观哲学观认为，活法不过是“盲目意志”的驱动，没有任何目的和意义，故他写文章鼓动自杀，以此向自然挑战[②]。不管叔本华的观点对与错，但

① 荀子．礼记·礼运．

② 张中行．顺生论．北京：中华书局，2010.

他主张人的活法要趋向“现实”，这一点则是应肯定的。

张中行先生在《顺生论》中主张，人生活法要顺世而生，顺势而活，即“自己觉得怎样活得好就怎样活着”，主张要活得自在、自得。他认为，广泛地观察人世，可以看到自己想要的人生活法。常道是不得不走的路，疑也罢，“顺帝之则”也罢，既然已经在路上，唯一的也是最为可行的办法是“顺路”“走”下去……我们由自然接受“生”，应该顺而受之；“欲”是“生”的一种集中的最活跃的表现，欲的满足，是“利生”的不可避免的需要；乐的感受，是“得遂其生”的一种符号、一种报酬、一种动力……我们把“生”（包括“欲”）当作根本的东西，“乐”不过是连带而有的事物，如果说人生有目的，这目的是“生”而不是“乐”（“生”是根本，“乐”是附带物）。张中行还认为，欲是生命之所以成为生命的决定性因素（欲的本质）……欲在人生中常常表现为强烈的渴求的力量（欲是生命的动力）……求而得，感到满足，求而不得，感到苦恼……欲的结果未必就是快乐，也许多半是苦恼。张中行先生不但将人生活法描述得淋漓尽致——“人生有欲，欲而有求，欲得而乐，欲失而苦”，而且提出了“生—欲—顺”的观点，道明了人生活法的策略——选择“现实”①。

潘志华对人生的活法则另有其独到的看法：“人生一世，草木一秋。”他认为，人的一生有长有短，人生财富有多有少，生命质量有高有低，然而，时间对于每个人都是公平的。因此，每一个活着的人都应弄明白自己人生中的十个问题：①自己是社会财富的创造者，还是社会垃圾的制造者；②自己是家庭和睦的维护者，还是家庭和睦的破坏者；③自己是事业进步的奋斗者，还是安于现状的享乐者；④自己的人生理想究竟是什么，是否为理想而努力奋斗；⑤自己是理想主义的倡导者，还是现实主义的实践者；⑥自己是毫不利己的无私者，还是专门利己的自私者；⑦自己是存留爱心的善良者，还是不择手段的阴谋家；⑧自己是忠实爱情的坚守者，还是朝三暮四的玩乐者；⑨自己对朋友是诚实守信，还是谎话连篇；⑩自己是积极参加公益活动，还是事不关己高高挂起。这十个问题，既是为人处世的问题，也是人生活法的选择问题。但不管怎么说，这十个问题相当现实。

无论如何，人活着就会遇到人生活法的选择和应对方式的问题，就要面对“裸生”与“秃死”、“换鞋”与“换路”、“重负”与“轻行”、“辉煌”与“平凡”以及“理想”与“现实”等人生选择的问题。如何对待这些问题，全凭你的人生策略。

第二节　生活策略

什么是生活？由于认识的差别，回答可能各式各样。归根到底，生活就是为了生，为了活——生存和活着。生存和活着就力求活得顺、活得好、活得快乐，这就存在着如何生、如何活的活法问题——生活策略，或叫生活应对策略。

人世间，有的人虽然活着，却不知该如何活，因而活得稀里糊涂、很不顺心或相当痛苦。但有的人却可以活得明明白白，潇潇洒洒。例如，有些人就认为，做人的生活之道在于甘做小草，接纳自己，摒弃虚荣，自我谦卑；与人为善，不与他人计较，不与他人争

① 张中行．顺生论．北京：中华书局，2010.

夺，得不到的不勉强；老实做人，诚实做事，规矩生活，不在花红酒绿之中虚度光阴。

生活策略就是人生活法，就是对待生活的方式方法。应对生活有许多策略，下面介绍几个主要的应对策略。

一、把脉度量：正确认知自我

把脉度量，这里是指“把脉”自己，“度量”自己，正确认识自己。人们对自己的身体，懂得要经常体检和保健，但人们在自我的认识中，却常常忽略对自己的把脉度量。如近几年，许多中学指导学生开展“生涯规划”，却常常忽略了关键前提——自我认知，由于学生不能把脉自我、度量自我和认识自我，结果“生涯规划”很不切合自身实际，变得千篇一律。

把脉度量，似乎与生活策略无关。但你细细思忖，好像又是有关的：你连自己都不了解，连自己是什么都不知道，谈何生活策略。把脉度量是对生活主体——自我的认识、把脉和度量，这是生活策略的关键，它本身就是策略，而且是主策略。

（一）正确认知自我

一个人能否正确自如地应对人生，最重要的前提是把握自我，也即自我认知、自我意识。如果将自己看得过高，自我感觉过于良好，就容易产生自以为是的高傲心态，就容易出现自恃自大、自鸣得意的态度，就容易在待人接物的过程中出现目中无人、目空一切的态度。这种人由于过分自傲，自我感觉过于良好，往往在生活应对上会碰得头破血流。相反，如果将自己看得太低，自我感觉无能，就常常会产生自卑心理，出现心中无策、无可适从的心理状态。这种人由于缺乏自信、缺乏自我而显得无主见、无能，故在生活应对上往往是一塌糊涂。

过高或过低地看待自己，都会影响自己生活的应对策略。正确认知自我，就是要正确地评价自己，所以，就要正确地弄清这些问题：我是谁？我的个性怎样？我合群吗？我讨人喜欢吗？我的爱好、特长、优点是什么？我能做什么？人们对我的评价怎样？……

因此，在生活应对策略问题上，首先要把握自我。反过来说，如果把握不好，则生活应对策略就无从谈起。

（二）了解自己的个性

通俗地说，个性就是个别性，就是一个人在思想、性格、品质、意志、情感、态度等方面不同于他人的特质。个性往往以言语方式、行为方式和情感方式为表征。个性特质可分为：个性倾向性——指人对社会环境的态度和行为的积极特征，包括需要、动机、理想、信念和世界观等；个性心理特征——指人的多种心理特征，如性格、兴趣、气质和能力等。

任何人都是有个性的。在“生活应对策略”这一独特方式上，“个性”是一把双刃剑。一个人有了个性，才能发挥其潜能和创造力，才能适应生活，更好地应对人生挑战，否则就会对生活挑战束手无策。从某一角度看，“个性”是个人魅力的重要成分，有魅力必定有个性，但有个性不一定有魅力。一个人如果个性过分张扬或达到“个性化”行为倾向，可能在“生活应对策略”上由于个性过强、容易走极端而难以适应生活，难以应对人生。因此，对于人，尤其是青少年来说，要慎提“个性化”教育、注意“泛个性化”倾向。

二、适者生存：演绎生活之道

适者生存既是生命进化的规律，也是演绎生活的策略。人生、生命和生活是一个共同体，人生是生命和生活的总和，生命是人生和生活的载体，生活是人生和生命存在的具体表现。演绎生活之道也是适者生存之道。

（一）演绎生活之道

适者生存也好，演绎生活也好，首先是要珍惜和爱护生命。生命是生活的载体，可描述为一条“生命—生活”曲线：生—升—降—灭。生命诞生就面临生活，曲线初始；随着生命增长，生活（包括逐步独立、事业发展）曲线不断上升；生命到了一定年龄，生活曲线到了顶点（事业发展到高峰）；而后生活质量走下坡，曲线开始下降；一直到了生命死亡，生活结束，曲线就降到低点结束。这也是正常的人生之路（生命中途不幸者除外），因此珍惜和爱护生命是演绎生活的重要前提。

其次，演绎生活之道就要懂得适者生存的道理。所谓适者，就是适应、顺生者。所谓适者生存，从小的方面说，就是要适应自己的学习和工作，适应自己的家庭生活，适应周边的人际关系。从大的方面说，就是要适应自然，适应社会，适应环境，适应生活，从而顺势生存。适应，不仅“物质生活”上要适应，而且“精神生活”上也要适应，从“心”体验，从“心”适应，而后从生活、行为上适应，只有这样才能适者生存。

最后，演绎生活之道就是演绎生活的策略。生活是演绎的过程，生活是要用“心”演绎的。适应生活不是消极地适应，不是糊里糊涂地活着，而是积极地活着，主动地适应。主动适应的过程就是演绎。例如，学习知识、修养身心、家庭理财、人生规划和人际交往等都是主动适应，演绎生活。所以说，生活是演绎的，适者生存就是要好好地演绎生活。演绎生活之道是一种应世策略。

（二）走好人生之路

上面侧重讨论“适者”，接着我们来讨论“生存”，即如何生存，如何演绎生活，如何走好平生之路。生存是生活环境条件与人的关系，两者处理得好，生存就适应，相反就难以生存。不得不承认，西藏地区与江浙地区的生活环境条件有着天壤之别，然而，有的人在西藏地区生活得很好，很开心，到了江浙地区却生活得很辛苦，很不开心。原因当然是复杂的，它跟人的素质、适应能力和生活能力有关，但不可否认，生活得不开心的人没有处理好生活环境条件与人的关系，存在生存能力策略的问题。

人生的路，有许多道“坎”，例如，安全、健康，甚至升学、就业、结婚等等。一般来说，一个人过了“升学、就业”这道坎，共人生的路就会不一样。有的人不注意劳动安全，结果残废了，给人生带来不幸；有的人不注意劳逸结合，身体出了毛病，给生活留下负担；有的人生活作风不检点，家庭破裂，给生活留下阴影；有的人在"坎"的面前跳不过去，结果路就走得很艰难。所有这些，都是生存路上的演绎问题。

那么，如何走好人生之路？那就是：用"心"去适应生活，用"心"去演绎生活，认真走好生活的每一步，积极应对生活中的每一道"坎"。再者，生活路上，尽量不要向上比（与生活好的人相比），而是多向下比。另外，不能改变环境就适应环境，不能改变别人就改变自己，不能改变事情就改变对事情的态度。也许这样，你会活得更开心一些，你的人生之路也会走得更顺利一些。

三、以静制动：学会适当忍耐

以静制动是应对生活的基本策略。这里的"静"是指"心静"，"静"以气量为前提，没有气量就不能静，就会发怒。"静"是理智，是宽容，是有容乃大，是化解烦躁、怒气的方法。"动"是躁动，是冲动，是动怒，是无气量的表现——因"动"而将事情办糟。生活中我们会碰到许多不顺心的事情，我们要以静制动，就要学会适当忍耐——忍得住，耐得下。其实，适当忍耐也是一种生活策略。

以静制动包含两个意思：一是对自己而言，要学会控制情绪，学会克制，保持清静心态去对待自己的生活。一个人倘若自己心不静，就容易对周围的事情感到烦闷。二是对外部而言，要学会适当忍耐，要以"静态"去应对和制止他人的冲动或外界发生的事情。一个人倘若事事都忍不住，都要弄个明白，都要争个理，都要与人较劲到底，那他一定活得很不开心。

忍耐不是件容易之事，因此要修养"有容乃大"之怀。如何理解"有容乃大"？从顺应生活策略的角度看，就是适当忍耐，容下难耐之事。为了生存，为了生活，每个人都得学会忍耐。忍耐不是目的，而是应对策略，是"有容"的表现。有人会觉得，忍耐会忍出病来。事实上，遇到委屈或不顺心的事，发火也会气出病来。是否得病，问题不在忍耐或不忍耐，而在气量的大小。狭隘小气的人，忍与不忍都可能会得病；宽容大气的人，容忍不但不得病，相反，"容忍积累能量"，积累做人的能量。

忍耐不是懦弱无能，而是策略退让，坚强应对。俗话说："忍一时风平浪静，退一步海阔天空"，"小不忍则乱大谋"。这是大谋大略，大志在胸，修心大气，有容乃大。学会忍耐就是学会管理自己的情绪。

学会忍耐，学会宽容，要把握：

（一）学会忍受刺激

学会忍耐，就要学会忍受刺激。有的人刚听到一句不顺耳的话，就随性撒野、暴跳如雷，还自以为有血性；有的人遇到一件不顺心的事，就忍不住犟到底，还自以为英雄；有的人气量太小，遇到有伤自己大雅时，就感到自尊心被伤害，就大肆发作，无法忍受。《三国演义》里有诸葛亮三气周瑜的故事。诸葛亮区区几句话，就能把周瑜活活气死。照理说，周瑜是堂堂都督，统领三军，文韬武略，可怎奈他年轻气盛，气量太小，无法忍耐，结果最后吐血毙命。

忍字当头一把刀。“忍”字是上下结构，一把刀捅在心上，多么痛苦。对于一般人来说，有时候不顺耳的话，不顺心的事，的确是叫人愤懑难忍。可见，“忍耐”不是一件轻易之事，只有达到一定的修养境界，一定的胸怀气质，一定的心境素质之人，才能够到达“忍耐”境界。邓小平同志“三起三落”，受尽苦楚侮辱，但从不气馁，韬光养晦，活得自由自在。曾有一位非洲总统问小平同志有什么好经验，他只轻轻说了两个字：“忍耐”。可见其胸怀豁达，拥有宰相肚量和伟人气质。

欧洲有句名言：“难能之理宜停，难处之人宜厚，难处之事宜缓，难成之功宜智。”意思是说，难弄清的道理先不要讲，难相处的人应先感化，难处理的事情且先缓办，难成功的事应用智谋。这就是所谓的处世哲理和生活策略。

（二）学会控制自己的情绪

学会忍耐，就要学会控制自己的情绪，遇到不开心的事不要生气。生气对身体危害极大。因为人一旦生气，血液流动快，血压升高，呼吸加快，呼出过多的二氧化碳，可能引起体内环境出现呼吸性碱中毒，继而会出现四肢麻木和抽筋等症状。

人一旦生气，体内会产生一种有毒气体。美国生理学家爱尔玛曾经做了一个有趣的实验。他将人在不同情绪状态下呼出的气体分别收集在不同的玻璃试管里，冷却后变成水发现：

在平和的状态下，呼出的气体冷却后，水是透明清澈的；

在悲伤的状态下，呼出的气体冷却后，水中有白色沉淀物；

在悔恨的状态下，呼出的气体冷却后，水中有乳白色沉淀；

在愤怒的状态下，呼出的气体冷却后，水中的沉淀物呈现紫色。再将其注射到小白鼠身上，几分钟后小白鼠就死亡了。

可见，人生气时会出现剧烈的生理反应，并会分泌出许多有毒物质。人不会忍耐就会产生消极情绪，就会引起不良生理反应，从而影响身体健康。

会忍耐才会宽容。忍耐与个性情绪有关，与人生悟道有关，与“心本”修养有关，与生活策略有关。因此，要学会忍耐，学会管理、控制自己的情绪，尤其是年纪大的人更应该学会自我控制。

（三）学会把握“忍耐”的方法

对于一般人来说，“忍耐”的确很难受，弄得不好，会憋出病来。因此要学会“忍耐”的方法。

第一，自我修养。平时要自觉修养，要保持平和、冷静和理智的心态去对待事物，要学会“制怒”，学会息事宁人。平时的自我修养很重要，否则一旦遇到不顺心的事，就无法忍耐。

第二，以“忍”为前提。遇事要冷静、克制。若遇到不顺心的事，听到生气的话，要深呼吸，面带笑容，要内心暗示“冲动是魔鬼，不能急躁，不能生气”，尽最大努力

"忍"下去。

第三，学会逃离。遇到烦心事、急事、冤枉事，能忍则忍，倘若实在忍不住，要尽快离开引发不良情绪的地方。

第四，自我宣泄。找一个安静的地方，让"憋气"发出来，即该喊就喊，该哭就哭，该宣泄就适当宣泄，目的是让心中的烦闷之气释放出来，将情绪发泄出来。

如何学会"忍耐"？这是一个难以说清楚、难以教会别人的问题。应该说学会"忍耐"，全靠自己的个性修行的程度，全靠自己平时"心本"修养的程度。大爱之心、平和之心、宽容之心是"忍耐"的最好容器。

四、逃避烦恼：生活中的诀窍

（一）逃避烦恼是一种生活策略

烦恼是生活中常有的元素。逃避烦恼是生活中常用的一种方法，是一种生活策略。

人之烦恼来自于：求不得，看不惯，谈不合，想不开，抛不去。生活中有的人，不但不会逃避烦恼，有时还自寻烦恼。

有一个"半杯水"的故事：一个高中生从运动场打完球回到宿舍，又累又渴，看到桌上剩下半杯开水，很高兴地说："哈哈！幸亏还有半杯水解渴，要不然，渴死了。"这就是生活诀窍。而另一个高中生也从运动场打完球回到宿舍，又累又渴，看到桌上剩下半杯开水，很不愉快地说："哎呀！真倒霉，怎么只剩半杯水，渴死我了，气死我了。"这就是自寻烦恼。

求快乐，难似登天；求烦恼，易如反掌。人若自寻烦恼，必能如愿以偿。

当然，生活中有些烦恼是很难逃避的，如天灾人祸、亲人遇难等，故只能说尽量避免。若避免不了，就应这样看：烦恼是生活中常有的事，是生活中的特有元素，给生活添加了躁、愁、哀等味道，而有了烦恼元素，方知生活中有喜、乐、甜等味道。此种心理逃避，亦为生活诀窍。

（二）学会逃避烦恼

如何逃避烦恼？一是远离是非之地，躲开是非之人，逃避是非之事。二是学会摆脱烦恼。心理学、宗教学等提出了许多消解怒气、逃避烦恼的方法和技巧，综合概括起来，有以下五种方法：

1. 躲避

躲避躲避，保护自己，别人骂你，你听不及，视他奇异，视他怪癖，当他白痴，当他自欺，不可理喻，不要在意，不要动气，学会丢弃，学会远离，学会逃避；躲避躲避，保护自己，别人骂你，不可互激，不要相讥，不去回忆，自我消气，化解危机，你看电视，你走亲戚，你去听歌，你去看戏，你去吹笛，你去弹曲。

2. 转移

遇到烦闷，深深呼吸，切勿生气，学会不理，学会释疑，学会忘记，学会转移；遇到压力，懂得调剂，懂得松弛，懂得放弃，懂得转移，你去逛街，你去购衣，你去打牌，你去游戏，你去下棋，你去钓鱼；遇到分歧，暂时分离，海阔天空，你去旅行，你去度假，你游圣地，你看古迹……

3. 释放

遇到怄气，释放为宜，找个知己，倾诉心声，找个地方，大喊哭泣，心灵洗涤；遇到生气，释怀抒肌，练练太极，打场篮球，解闷消气，找个沙包，宣泄打击；遇到憋气，搁在心里，实在压抑，愚蠢之举，得病容易，此乃大忌；但要注意，人家骂你，你骂回去，不叫释放，而是斗气，自寻苦凄，自找没趣。

4. 控制

面对遭遇，面对委屈，面对失利，面对危机，没有关系，控制自己，控制心理，不要生气，不慌不急，无惊无惧，心态平和，大度应急，化险为夷，争取转机，养成大气——有效方法，控制前提。

5. 升华

遇事总往好处想，从高处看，从长计议；把坏事变成好事，让危机化解为良机，将生气换成好心情，将逆境转化为机遇；碰到生气，放宽心态，提升自我，寻找端倪；宰相肚里能撑船，胸怀广阔判机宜。若有事让你生气，你将它远远抛弃；别人说你不可理喻，你也不要生气，而是成竹在胸办事周密；与人意见有分歧，你越干越积极，干出成绩让人惊喜；面对挫折不慌不急，碰到失败没有关系，为人处世大度得体。

五、化险为夷：笑脸对待挫折

人生是一个个挫折串联起来的。面对挫折，先以笑脸应对，而后想方设法使挫折化险为夷，把挫折变成机遇，这也是一种生活策略。

（一）关于挫折

1. 对挫折的认识

挫折主要指生活、工作中的某一个事件或某一个任务，使人感到困难，或无法完成，或达不到目的，或失利。挫折至少包含三个要素：一是事物要素——挫折的主体（一般指要做的事或任务）；二是困难要素——主体的困难程度（个体主观认识）；三是感受要素——结果的自我感受（失败的感受）。

当然，挫折本身有大有小，大挫折对人的心理打击极大，故一些人误以为碰到挫折就是不幸。“挫折”与“不幸”存在着本质差别，我们要将其区分开来，不能混为一谈。如何理解“挫折”和“不幸”的区别：一般来说，可以“尝试”的事件或遭遇，叫“挫折”；不可“尝试”的事件或遭遇，叫“不幸”。引起“挫折”的事件本身，人们往往能够化解它或抵御它（如恋爱失败等）；而“不幸”的事件本身，人们无法化解和抵御它（如天灾罹难、亲人去世等）。所以，有的学者主张对青少年开展挫折教育，让青少年接受挫折和磨炼。如果一个青少年连一般挫折都承受不了，那么遇到不幸时他肯定无法承受。例如，有一个小学生，一次考试成绩下降，分数排在全班后段（这是挫折），结果她想不开，就上吊自杀了（变成不幸）。

生活中的挫折大体有：学业失败（如总是考不上好学校）、事业失望（如做一件事总是失败）、生意失利（如做生意屡屡亏损）、情场失意（如谈恋爱老是不成功）、官场失势（如仕途暗淡，晋升无望）。另外，生活当中遇到较大的困难，有时也可认为是挫折。

每个人遭受的挫折多少、大小都不同，这就是经历。一个人的人生挫折经历，往往刻在心里，写在表面，表现在他的神态和气质上。

2. 对挫折的看法

一般来说，挫折是不好的东西，生活中若挫折过多，人们就会对生活失去信心，当然心里也会留下阴影，让人自认为“命苦”。但挫折有时又是一剂良药，它能给人经历，让人磨炼，让人积累，教人长知识，教人长志气，正所谓“吃一堑长一智”，“失败是成功之母”。因此，让青少年经历一些挫折，未必是坏事。从“心本”角度看，挫折是一个心坎，跨过了这个心坎，人就会变得坚强；过不了这个心坎，就会陷入心理困境或危机。

笑脸应对挫折是一个人对待挫折的一种心态和素质。一个人要做到笑脸对待挫折，除需具备良好的心理素质外，还与个人的生活经历和其他能力有关。在实际生活中，遇到较大挫折要做到笑脸对待，实在不易。

（二）用“心”战胜挫折

不同心理素质的人，对生活中挫折的理解也不同。同样的生活挫折，一个经历过风雨磨炼的人与在温室里成长的人，理解就会不一样，心理感受也会不一样——完全是“心”的能量的作用。所以才有“用心战胜挫折”一说。

那么，如何用“心”战胜挫折，化解危机？

第一靠的是心怀——这是对待挫折的态度，心胸坦荡，就不畏惧挫折。有了广阔胸怀，遇到挫折心不慌，能把想不开的事（挫折）想开，能把挫折的不良心理感受降低，这样困难和挫折就可能会变小。有人碰到挫折，总埋怨自己命不好，而不是想办法克服，首先就在心理上失败了。

第二靠的是心力——这是应对“挫折”的力量，有了战胜挫折的力量，就不会妥协。心力包括自信力、意志力和耐挫力等。一个人有了自信心和意志力，自然而然就有战胜挫折的勇气和力量，就能笑脸面对挫折，坦然对待挫折。相反，一个人没有心力，挫折降临时就会泄气——心理已先失败，行为哪来勇气。

第三靠的是心智——这是化解挫折的智慧，有了智慧和策略，就不回避挫折。在挫折面前，只靠心怀的不畏惧，心志的不妥协还不够，还得有心智去千方百计地化解和战胜它，才能化险为夷——这才是人生策略。当然，心智往往与人的经历和积累有关，所以从某一角度看，挫折经历是一种自我锻炼和心智积累的过程。

六、宽容处世：快快乐乐生活

《周易》曰：“天行健，君子以自强不息；地势坤，君子以厚德载物。”就是说君子要像天地一样宽厚，既能刚毅强健，运行不息，又能宽容处世，承载万物。用现代的话来说，就是：人之为人，既要以刚强的心志、强健的体魄去奋斗不止和处世行事，又要以深厚的德惠、宽容的胸怀去承载万物和面对生活。这既是为人之道，又不失为生活策略。

宽容处世是为了快乐地生活，而要快乐地生活就更应该学会宽容处世。宽容处世和快乐生活，其实是做人的福气。但人，由于本能的局限，心胸的狭隘，时常会贪富、崇富、比富、仇富，也时常会嫌贫、怨贫、轻贫、笑贫。故要宽容处世，谈何容易。要快乐生活，讲起来容易，行起来则是极难。

因此，要宽容处世，快乐生活，就必须努力做到：

（一）谅解人，宽容事

有些人，个性较强，自尊心较强，只要别人尊重，只能听进奉承的话，稍微逆耳的话就受不了，半点委屈也忍不住，非得争个彻底，弄个明白，似乎只有这样，面子上才过得去。其实这是心胸狭隘的体现，自卑心态的反映，缺乏修养的表现，离宽容甚远，也没有快乐可言。

一个人要做到宽容处世，快乐生活，就要学会“谅解人，宽容事”。工作和生活中，人与人之间对事有不同理解认识，有不同思维方式，有不同能力水平，有不同行为方式，甚至有不同利益关系，因此不可能事事步调一致，不可能事事顺眼合心，也不可能从不被误解，更不可能从不被批评。

一个人要做到宽容处世，快乐生活，还要学会认输、认败。认输、认败是一种勇气、一种胆识、一种宽容、一种素质，有时甚至是一种生活策略。

美国总统竞选的落败者，都有认输的勇气和认败的胆识，一旦竞选失败，马上向选民承认失败，并呼吁自己的支持者要全力支持新总统的施政——有宽容胆识和民主素质。西方人常说，民主素质是在学校的球赛场上训练出来的。第一条就是具备认输的能力——脸皮拉得下，有胆量承认失败，要输得起，输得漂亮——这是一种胸襟宽宏的体现①。人如果有认输的勇气，有承认失败的胆量，那么一句逆耳话、一点委屈、一次批评，又算得了什么。

总之，为人之道，要学会谅解人，学会宽容事，学会认输，学会认败，这样才能快快乐乐地生活和待人处世。

（二）容误解，忍冤枉

有些人被人误解或冤枉，能够容忍一段时间，然后找适当机会解释澄清，消除误解和冤枉。有些人被误解或稍微被冤枉，就立刻暴跳如雷，非得闹个天翻地覆，以显示自己不好惹，以保持自己的威风，哪怕是人家向你解释和道歉，也得理不饶人，非得让人家“难堪”、“下不了台”。其实这是一种无能、无量、无素质的表现，也是一种不良个性支配下的行为方式。其实，这都是“心”在起作用。

在人际交往中，有时难免被他人误会或冤枉。其实，被误解、受冤枉后采取适当时

---

① 林达．学会认输．读者，2013（1）．

机、适当方式进行解释，或采取包容的心态、宽忍的方式去息事宁人，让别人有一个反思机会，未免不是一种较好的处理方式。既显得你大度，也可使你快快乐乐地生活。

真正有涵养、大气的人，办事顾大局，处事讲宽容，能承受被他人误解，能忍耐被他人冤枉。宽容处世、息事宁人是一种为人方式和生活策略。

（三）不记恨，不结仇

本来，在生活和工作中，人与人相处难免会因观念不同而产生意见分歧，产生碰撞，发生矛盾。矛盾有的出于理解差异，有的出于误会，有的出于成见，有的出于不服，有的出于嫉妒——全因人的复杂心理状态所引起，或是不同心理素质所造成。本来，工作中有矛盾是正常现象，但矛盾如发生在个性犟强的人身上，可能会不断升级，直到不可收拾。若矛盾不及时化解，可能导致情感上先冷漠，再隔阂，继记恨，后积怨，终成仇。

不同个性素养的人对矛盾有着不同的处理方式：有些人，今天与同事或朋友争吵，明天相见就不打招呼，或远远就择路避开，或不好意思，或记恨结仇——浅薄小气的表现。有些人，今天与同事或朋友争吵，明天相见就会主动与其打招呼，笑脸相迎——有涵养的表现。其实，人与人之间如果总是记恨或结仇，双方心里都不舒服，也活得很累；如果有了矛盾、冲突之后，能够不记恨，不结仇，则心里就会舒畅很多，生活才会过得舒适。因此要学会“饶人”，学会“宽恕”，学会“忘记”。

生活策略：在工作或生活中，与同伴、朋友、亲人之间无论发生什么矛盾、冲突和纠纷，都要采取“得饶人处且饶人”的策略，非得辩解时要就事论事，摆事实讲道理，尽量不牵涉情感纠葛和人身攻击，争论时不讲过头话，过后不记恨，不结仇。

（四）释恩怨，解心结

人与人之间常常存在恩怨，其大小、深浅受客观事件和主观个性等因素所支配。恩怨本指恩惠和仇恨，后多指仇恨相报。恩怨，其实就是解不开的心结。恩怨，古今中外均有，少数是情情爱爱之争，多数是利益权势之斗。如兄弟之间争夺财产，情侣之间的恩怨情仇，家族之间的豪门恩怨，甚至官场间的争权夺势，部落民族间的利益恩怨等等。恩怨，构成世间人文关系活动的一个缩影，成为文学电影脚本的一种题材。

恩怨的特点：一是恩怨的本质是情、利、权和资源的纠纷和争斗；二是恩怨持续的时间相当长，可延续几代人；三是相互残酷争夺，你死我活，冤冤相报，没完没了；四是错综复杂，难理清，难调解；五是两虎相争，两败俱伤，双方怨气，影响发展。

化解恩怨，化解心结，对生活、心情均有益。恩怨，的确很难化解，许多恩怨往往要用很长时间来慢慢缓和，要等下一代人来化解。化解恩怨至少要有胸怀、气魄和智慧。

胸怀：化解恩怨，要宽怀大度，气度过人，自信豁达，把控情绪，不计较小事。而这些素质都基于良好的心理修养。

气魄：化解恩怨，除了宽容大度外，还要有惊人胆识，超人气势，过人韬略，坚韧意志，强大魄力。这都有赖于良好的心理素养。

智慧：化解恩怨，还需双方的智慧。即冷静对待，理智反思，认识恩怨特点，思忖争斗成本，寻找化解方式，各自让步，双方妥协，求长远利益，以达双赢。

七、进退有度，灵活做人处事

进退有度，灵活做人处事是生活策略。无论对待亲人朋友，还是对待同事，都要谨记这一点。

所谓进退有度，是指生活、做人、处事要有一定的灵活度，不能死板，不能一味坚持原则，也不能一味退让，没有原则，要该进则进，该退则退，进退灵活。

生活与做人、处事密不可分。做人要进退有度，处事要灵活多变，不能“一根筋”，不能“碰壁了还不会转弯”。当然，做人不能没有个性，但也不能太多棱角；处事不能没有原则，但也不能硬邦邦，要有灵活性。做人处事要知进退，讲分寸，进退有度，准确把握。做人处事要有人情味，要理解人，不能耍个性，耍脾气，给人脸色看。做人处事有时不能太直接，太冲撞，要有一点圆滑，圆滑是为了缓和气氛，缓解冲突，为了更好地处事。也许这样，生活才会过得更和谐、更舒适、更自如、更开心一些。

日常生活和工作中，经常会遇到棘手的问题，经常要运用到进退策略，这里仅介绍几种生活策略。

（一）换肩策略

挑夫挑重担时懂得“换肩”：左肩挑一段时间后累了，就换成右肩挑，让左肩休息；右肩挑一段时间后，又换成左肩挑，让右肩休息。这样轮换，肩膀会觉得省力，觉得不那么累，千万不能“一肩到底”。挑夫还懂得另一个道理：纵使担子很轻，也要时常换肩。俗话说“灯芯挑久重如铁”，再轻的担子，挑的时间长了，也会觉得很重、很累。

不懂得“换肩”的人是不懂得进退的人。换肩策略说明做人处事遇到困难或压力时，要灵活转变，要进退有度，要变换方式。有的人对待生活中的一些事，往往不懂得“换肩”，因而活得很累。例如，有的家长一味要求孩子读重点高中，考名牌大学，可孩子本身不是“读书郎”，学习很吃力，知识消化不良，成绩不理想，但家长就是不让孩子“换肩”，不愿孩子读职业学校，甚至还做出高价去读名牌高中的行为，结果许多是成绩、升学两失望，结果孩子和家长终日都在“气”和“累”中活着。

（二）沉默策略

沉默策略也称潜水策略。沉默是沉得住气，守得住口，这是一种心理涵养，也是做人处事的方法。做人有时要保持沉默，不能老是滔滔不绝，表现无节制的“直率”；处事有时要保持潜水姿态，不能老是“露出水面”，大打水花。

俗话说“沉默是金”，沉默不是无能，不是不管事，也不是冷漠，更不是“老奸巨猾”，而是冷静理智和尊重人，识大体，顾大局——不是原则问题，不是大事，该糊涂就糊涂，该沉默就沉默。例如，夫妻生活中，有时难免因小事发生口角，此时如果一方保持沉默，这样既能使双方冷静、缓和矛盾，又能更好地化解分歧、维护夫妻感情。又如，工作单位颁布《奖金分发条例》——单位领导的一个决策方案——不可能绝对公平，只能是相对合理；虽然你觉得有一点吃亏，付出劳动与所得奖金不成正比，但你顾全大局，不吵不闹，保持沉默，既显得大度，又支持领导决策，结果领导对你印象好，可能很快得到晋升，获得奖金更多——沉默是金，吃小亏占大便宜。

有些人喜欢出风头，问题未考虑清楚就滔滔不绝地发表意见、横加议论，结果往往是将问题复杂化，变成了搬弄是非；有些人看到不合心意的事就不加分析、不看场合地发牢骚、抱怨，还自认为"打抱不平"，结果往往将事情弄得更糟；而有些人，带着成见对待事物，只要是不喜欢的人，无论事情对错，无论事情大小，无论说什么和做什么，都一直反对，总是"扳手腕"，老是充当"意见派"、"反对派"、"刺猬"。实际上，这些是缺乏谦卑宽宏的胸怀，缺乏沉默修养和生活策略的表现。

俗话说："枪打出头鸟。""出头鸟"的个性特征，不只是缺乏沉默、藏不住、爱出风头，而且好强、好胜和极端傲慢。喜欢做"出头鸟"者，往往吃亏，也往往活得很不开心。

（三）退缩策略

退缩是一种策略，是进退有度的表现。无论打仗还是生活，都需要退缩策略。退缩不是畏缩，不是放弃，不是无能，退缩是能伸能屈，是战略后退，是为了留有空间、留有余地，是为了更好地周旋，此乃雄才大略的表现。学武术的人都知道：出拳之前，手臂不能伸得太直，要回收弯曲，这样打出的拳头才迅速有力；有时退一步是为了避开对方的攻势，也是为了更快更猛地前进攻击。

退缩策略的另一表现形式是"该低头时且低头"。"低头"是"退"的策略而不是"败"的表现。退缩不是软弱的表现，而是策略需要，"低头"取决于心理认知和心理素养。"不能改变别人，就主动改变自己"也是"低头"策略。"低头"是主动认错、道歉或认输、认败。有时生活中许多事情，"低头"之后，就会柳暗花明，倘若死撑硬顶，也许事情的后果不堪设想。

战国时期，赵国有一个"负荆请罪"的故事。赵王的文武两位大臣蔺相如和廉颇相互"低头"（蔺相如主动让路回避，不与廉颇将军顶撞；廉颇自觉向蔺相如负荆请罪），相互"认输"，相互谦卑，结果双方互相尊重，互相敬仰，成了好朋友，齐心协力，共同保卫赵国，成为传世佳话。

八、顺水行舟：主宰自己命运

顺水行舟，就能渡过生活险滩，就能主宰自己的命运。顺水行舟与主宰命运也是生活策略。

（一）如何理解命运

命运，一指人的贫富、生死和一切生活遭遇；一指生来注定的运数（迷信者认为）；又一指人生的发展变化趋势。"命"和"运"的不同在于，运是一个人在某一时期的遭遇，命是一个人在一生中的遭遇[①]。的确，命运对人的生活影响极大。

老船工懂得把舵：顺水行舟，船驶江心，依着主流顺行；逆水行舟，船近岸边，借助回流而行；顺风行舟，帆张半幅，借风顺势，乘风破浪；逆风行舟，满帆翻转，之字行驶，顶风前进。有时遇到浅滩、礁石，还得撑杆护航，以免搁浅或触礁。老船工就是这样自如把握"命运"的。

人的生活如行舟，有顺风顺水时，有逆风逆水时，有风平浪静时，有暗流激荡时，有浅滩暗礁时——这就是生活。生活的起伏、顺逆就构成命运。对待生活，要学船工，顺流行舟，自如应对命运。

1. 命运的特性

命运的特性：一是命运不可测。个体的觉知，不能够预测命运，甚至不能直接把握命运，所以就认为生来注定、命中注定。二是命运不可逆。从"自我为本位"的角度来看待神秘的"命运"，已然的不可改，未然的不可知。这就是命运对人、对生活的戏弄，也是命运自身的魅力。三是命运与机遇连在一起。人生命运由无数个大大小小的、各式各样的机遇所组成。一般来说，好事的机遇多，则谓之命运好，坏事的机遇多，就谓之命运不好。命运也有很特殊的，例如，有人一生很穷，但突然中了彩票，一夜之间成为千万富翁，这是命运。又如，坐飞机从天上掉下来，是坏机遇、不幸命运，但有人"掉而不死"，幸存下来，这又是幸运。再如，闭门家中坐，祸从天上来，突然间被天上掉下的陨石砸死，这也是不幸命运。

2. 如何认识命运

许多人碰到生活中的挫折和不幸，就归因于命运，就埋怨自己的命运，这是习惯性思维方式。其实，生活中的困难和挫折，不能完全看作"命运"。"命运"对人是好是坏，关键是人们怎么看它——心理作用。

例如，一个人坐在竹排上垂钓。当鱼饵放下后，水下部分，很大程度取决于命运：鱼是否上钩，什么鱼上钩，多大的鱼上钩，就看命运。水面部分，很大程度取决于垂钓者的心态：如是否有耐心、有信心，是否专注、认真和享受。还有，钓不到鱼时的沮丧和无奈，将钓鱼的快乐变成了烦恼。这就是心态与命运的关系了。

命运，强者将它看成历练，用它激励自己，弱者将它看成倒霉，对它无可奈何。只要你是强者，命运就一定会为你带来机遇。例如，高考时，你的作文被一个教师少评了3分，结果没有考上大学，但若从此放弃，则注定你永远也上不了大学。若你是强者，用它激励自己明年再考，命运可能会就此改写。

（二）把握自己的命运

命运对人是不公平的，命运对人又是公平的。无论公平抑或不公平，顺流行舟就是生活策略，就有可能活得好一些。

1. 命运的公平问题

命运对人是不公平的。以出生的问题为例：一是出生时代的不公平。如出生于中国

---

① 冯友兰．论命运．读者，2013（6）．

1942 年的与出生于 2012 年的，命运就完全不一样。二是出生地域的不公平。同一天出生，若出生在美国纽约，较之出生在非洲中部的，其生活和受教育情况就截然不同，命运也就完全两个样。三是出生家庭的不公平。若出生于贵族、高官家庭，可能一生就享尽荣华富贵；若出生于穷村僻壤的贫苦人家，可能一生就注定要过着饥寒交迫的生活，命运也会完全不同。四是出生的性别、排行大小的不公平。在旧社会，若是男孩、排行老大，则家族对你的待遇、照顾、宠爱程度和其他孩子就完全不同，亲朋好友对你也会“刮目相看”，命运也许亦不同了。

命运是无法自己确定和选择的，命运对人是不公平的——感到自己命运不好的人，总是这样认为。

其实，命运对人是相对公平的。这一点必须看到，否则就没有人生策略可谈。例如，古代的科举考试，现代的高考，命运对每个学子是相对公平的。又如，命运对人的生老病死和健康长寿是相对公平的：疾病不因你是城市人或乡村人而选择性光顾；死亡也不因你是富贵者或贫穷者就选择性避免，这些命运都是基本一样的。

2. 命运要由自己主宰

问题的关键是，怎样主宰自己的命运?

首先，命运由谁主宰？社会上的确存在多种说法：命运由上帝主宰；命运由统治者主宰；命运由时代主宰；命运由自己主宰。这无疑是一个复杂的问题。消极一点说，听天命，尽人事，顺其生；积极一点说，命运由自己来主宰。

经常有人说，命运要由自己来主宰，命运掌握在自己的手中。这话对但又不对，要辩证地看待命运：对于某些天灾人祸、重症疾病的不幸命运，人根本无法主宰，而对于生活中的挫折困难，人完全能够主宰它。这需要以良好的心理素质为基础，因此命运掌握在心理素质好的人手中。

其次，如何主宰命运？这涉及生活策略问题。人生必须有两张文凭，一张“学科专业”文凭，它是每个人的文化知识和能力技能的文凭。另一张是“个性心态”文凭，它是每个人的个性修养达到一定程度的“文凭”。这两张文凭，好比飞机的双翼、铁路的双轨、人的双腿，二者缺一不可。人在社会中谋生，两张文凭同等重要。也可以这样理解，有了这两张文凭，我们才能主宰自己的命运。但人们往往很不重视“个性心态”这张文凭。

“性格决定命运”，这是很多人都承认且达成共识的道理。人的性格与人的个性、心态、情绪、意志等都属于人的心理素质，它影响和支配着人的行为表现，即人的性格通过人的行为表现，最终决定人的命运。人的良好性格是靠“心本”修养得来的。因此，必须加强“心本”修养，必须有良好性格，否则将无法主宰自己的命运。

（三）顺应不幸

1. 人生中的不幸

所谓不幸，是指人生中遇到突如其来的、几乎无法抗拒的使人失望、伤心、痛苦的灾祸和遭遇。如生离死别、意外伤残、身患重症等。

讨论顺应生活、主宰命运必须讨论顺应不幸命运。不好的命运常常与不幸事件连在一起。有的人在生活中会遭遇一些不幸的事件，可谓是命运不幸，其中最为不幸的，莫过于幼年丧父（母）、中年丧偶、老年丧子。

（1）幼年丧父（母）。幼儿本来是无忧无虑，最为幸福的。他们有父母的生活照顾、精神抚养和感情呵护。但若由于丧失父（母）而变成了单亲孩子或孤儿，失去了生活来源，失去了依靠和呵护，变成了无根的草，实在可怜和不幸。就像歌里唱的，“没妈的孩子像根草”。

（2）中年丧偶。人到中年，上有老下有小，是家庭的支柱，本来应是家庭美满、夫妻恩爱、生活幸福、享受天伦的时候，但若遭遇中年丧偶，家庭破裂，失去自己最爱和最爱自己的人，甚至还失去经济支柱，留下幼儿无人照料，真是不幸。

（3）老年丧子。老年人丧失劳力（甚至丧失经济来源），体弱多病，行动不便，丧失生活自理能力，需要儿女的照顾，正所谓“养儿防老”。如若老年丧子，“白发人送黑发人”，孤苦伶仃，生活无靠，实在不幸。

此外，有的人还会遭遇一些常人遇不到的不幸，如养育残障孩子，得了不治重症，遭遇意外事故，遭受人身伤残等。

2. 顺应不幸

所有的不幸，必然引起两个问题：一是精神上的痛苦；二是生活上的经济问题。精神上的问题，当事人要从心理层面去化解和应对；经济上的问题，当事人有时不能靠自己的能力去解决。

顺应不幸，不是说当事人要想出什么好办法去解决不幸事件，而是说当事人对不幸事件要在精神和心理上化解它，对不幸事件要想得开，看得远，顶得住，出得来，顺应它，并开始新的生活。有这样一个故事：一对恩爱的年轻夫妻，丈夫出国办事，飞机坠毁，不幸死于国外。接到噩耗，妻子立即昏倒，身体虚弱且早产，故没法亲自到国外参加丈夫的葬礼，从此她痛不欲生，茶饭不思，不顾生活，夜夜想着丈夫，天天以泪洗面，时常与丈夫“对话”，精神恍惚，沉浸在极度痛苦中两年之久。心理学家分析认为，其实她心底从来没有承认自己丈夫已经死亡的事实，究其原因，是因为她“没有参加丈夫的葬礼”，没有切身痛哭一场，没有亲身经历丈夫遮盖白布、下葬入土或火化的过程事实，故精神上没有从不幸中解脱出来。后经父母安排，妻子终于到国外重新为丈夫举行葬礼，烧纸跪拜，痛哭一场，此后她便逐渐从痛苦中走出，开始了新的生活。

顺应不幸，就要做到：

遇到不幸，要“节哀顺变”，要顺应而为，不能老想着不幸事故，不能总沉浸在痛苦中走不出来。

遇到不幸，要积极面对，要相信自己有能力度过不幸，要想到不幸之外还有许多事情可以做，“生活还是要过的”，千万不能就此萎靡不振，痛不欲生。

遇到不幸，要理智对待，要懂得不幸已经存在，想不开也无济于事，再痛苦也改变不了事实。痛哭只能增加痛苦，不能减少不幸，因此我们不如找些事做，转移情绪。

遇到不幸，有时要迷信，要“认命”，要这样想：既然命中注定，那就只能承受，痛苦也没有用。不要老是与别人比，不要老是悲叹自己的命为何这么苦。

遇到不幸，有时要这样想：命运虽对我不公，但我不屈服，我要掌握自己的命运，要想办法，相信“天无绝人之路”，重新开始生活，从头再来。如四川灾区的不幸家庭重新组合，过上新日子；孤儿被认领，重新过上幸福的生活。

遇到不幸，要懂得找亲戚朋友帮助。一是向亲朋倾诉遭遇和不幸，释放内心痛苦；二是听听亲朋好友的劝说和开导，并共同想办法应对不幸，寻找出路；三是向亲朋寻求可能的经济帮助。千万不能独自闭门家中，不然，不幸将被“放大”，痛苦会更加膨胀。

遇到不幸，要懂得向社会机构或政府部门寻求帮助。的确，有的不幸灾难，超过了人的情感、理智和经济能力所能承受的范围，如老年丧子成为孤寡老人，父母一起出车祸使孩子成为孤儿，这是个人很难应对的，因为它涉及经济问题，因此必须寻求社会和政府的帮助。

总之，顺应生活、顺应不幸、顺应命运，这也是生活策略。

生活中还有许多的生活策略，这里只是略举一些进行讨论，目的是增强人们的生活策略意识，提高人们的生活质量。生活的最高目标是活得自在、活得舒适、活得愉快。分析和讨论生活策略，其目的是为了应对生活、顺势生活、开心生活、幸福生活。

第五章 "心本"人生之际遇

什么是际遇?《现代汉语词典》中解释为:"机遇,时运。"人生是一个"如何生活"的过程,人生也是人"活得怎样"的感受。因此,人生际遇是指人一生过程的全部际会和遭遇,包括衣食住行、饮食男女和生老病死等的遭遇,以及酸甜苦辣的感受。

人生有各种各样、大大小小的际遇。不同的人有不同的际遇。从人生的角度看,有的遭遇是必然的,如生老病死;有的遭遇是偶然的,如天灾;有的遭遇是在必然与偶然之间的,如与谁结婚。从生活的角度看,有的遭遇是人共同的,如读书升学、就业工作、恋爱结婚、朋友来往等;有的遭遇是个别人才有的,如当总统、当大官、当兵、经商、务农、得癌症或伤残等。从遭遇的时间看,有儿童少年遭遇、青年遭遇、中年遭遇和老年遭遇。从遭遇的事态性质看,有幸运的际遇和不幸的遭遇。从遭遇事情的程度看,有一般遭遇——日常生活琐事,也有重大遭遇——终生难忘的事。本章只讨论人生中带有普遍性的较大的人生际遇。

人生是连贯的,人生是由一个个独立的际遇串成的。本来不可将人生"际遇链"分割,但人们为了研究和讨论的需要,通常将人生划分为:儿童时期、青少年时期、中年时期和老年时期。这样,就有了各时期的人生际遇。

人是有意识、思维和感知的,人对生活际遇、人生际遇是有体验和感受的——或快乐,或痛苦,或有时快乐,有时痛苦。这就是说,人生际遇伴随着一条感受的"心路"——"心理际遇"。应强调的是,"心理际遇"受到个体心理因素的影响,即个体心理素质不同,人生际遇的感受就不同。因此,人生际遇实际上是"心本"人生际遇。

讨论"心本"人生际遇的重点,一是心品素质对人生际遇的影响作用,二是人生际遇的顺应方法。本章主要讨论第一个问题。

第一节 人生际遇

一、人生际遇的基础

人生历程和人生际遇,是有基础条件作保证的,否则人生历程可能较短,或人生际遇可能较为糟糕。人生际遇的基础是生命、健康、安全、素养和人的生活环境等基础条件。但必须强调的是,由于个体"心本"素质的不同,我们对基础条件的利用和把握就会不同,因而对人生际遇的感受和应对也就不同,最终生活的幸福感也就会不同。

(一)生命

生命是人生的载体,是人生际遇的最重要的基础条件。没有生命作基础保证,人生际遇就无从谈起。生命作为人生际遇的基础条件，有两个重要前提：一是生命的长短问题，二是生命的质量问题。

首先是生命的长短问题。生命倘若长久（寿命长），人生必然经历多，则人生际遇就较丰富。相反，则人生际遇就少。例如，一个活了108岁的老人，其人生就经历了清末、民国、新中国，看到了封建王朝的衰落、外国列强的侵略、民国的腐败无能、抗日战争和解放战争的波澜壮阔、新中国的成立、文化大革命的动荡、改革开放的振兴、中华民族的崛起……可谓阅历无数，际遇丰富。

其次是生命的质量问题。生命倘若存在严重缺失，如严重残疾、重度弱智等，则人生际遇一定非常坎坷。生命倘若不幸，如惨遇伤害，或遭遇车祸等，则人生际遇就可能灰暗，或是一场悲剧。因此，珍惜生命、保护生命相当重要，它不仅关系到生活质量的好与差，也关系到人生际遇的乐与悲①。

（二）健康

健康是人生际遇的必要的前提，健康状况影响人生际遇。健康的概念包含生理（身体）健康和心理健康。

健康是福，健康是生命之财富，健康是生活之基础，健康是幸福之源泉。对人生际遇来说，健康影响人生的长短、际遇的多少和生活质量的优劣。因此，健康对生命质量、生活质量和人生际遇的影响极大。

身体健康是适应学习、适应劳动、适应生活的保障，也就容易获得较正常的生活际遇。相反，如果身体不健康，三天两头生病卧床，天天吃药，成为"药罐子"，体弱多病不能劳动，经济生活负担重，心情不好，则生活际遇必定多与"病、药、闷"打交道。如果身体残疾，丧失适当的劳动能力，丧失正常的行走能力，丧失日常的生活能力，则人生际遇可能一片灰暗。因此，身体健康状况对人生际遇的影响极大。

心理健康越来越受到人们的关注，因为它影响到人生际遇，影响到人的生活质量。一个心理健康、心理素质好的人，对工作充满信心，对人际交往充满活力，对生活充满幸福感，则其人生际遇定然充满阳光。但一个人倘若有自闭、抑郁、焦虑和精神分裂等心理疾病；倘若有厌世心理、自杀念头，抑或有报复、报仇和伤害他人心理；倘若有严重心理障碍、心理与行为问题，则他的人生际遇可能会一塌糊涂，甚至相当恶劣。再者，一个人倘若个性孤僻、冲动、张狂、高傲；倘若时常心情烦闷、苦恼、抑郁；倘若缺乏自信心、缺乏意志力，则他的学习、工作、生活和交际可能都不会很顺利，人生际遇可能会很不顺畅。因此，心理健康素质的优劣，决定人生际遇质量的好坏。

（三）安全

安全为一个人的生活际遇提供基础条件。安全影响生命质量、生活质量，影响自己生活和家庭的安定，也影响人生际遇。广东民间一直有这样的风俗：出海捕鱼、出海远行之

---

① 吴发科．心本教育．广州：暨南大学出版社，2011.

前，要拜“妈祖”、求“南海菩萨”，以保出海安全；盖楼房，开土动工时，要拜“土地神”，以求开工顺利，人身安全；办工厂、开酒店要拜祭“关帝爷”，祈求生意兴隆、安全平安。这些当然带有迷信色彩，但它对人们安全意识的强化、安全心理的暗示和安全心愿的承载是显而易见的。

因此，人身安全与否，直接影响生活际遇，一旦安全出现问题，人生际遇就会马上改写。例如，珠江三角洲某城市，有一个三口之家，爸爸是企业老板，妈妈是国家公务员，男孩是独生子，既聪明又帅气，既懂事又孝顺，且刚刚从北京某大学研究生毕业回来并获得了一份十分理想的工作，可谓是人人羡慕的美满家庭。可惜一场车祸，让孩子失去了双脚，脸上留下严重的疤痕，思维也变得有点迟钝，不能正常生活和工作。安全给这个家庭带来严重不幸。可见，安全对人生际遇的意义重大。又如，我国南方某省，每年中小学生因溺水、车祸和自杀等不正常死亡的人数都在1 500人左右；因爬树、攀崖、翻墙和车祸等损伤身体的人数更多。这给自身和家庭生活带来了不幸。

安稳生活也是人生际遇的影响条件。生活安稳与否，直接影响人生际遇。社会上一些人，工作不固定，终日东奔西走，忙忙碌碌，或三天打鱼两天晒网，收入不稳定，生活就不安定，生活际遇也就多变坎坷。例如，湘西贫穷山村的一个10岁小孩，父母长期外出到广东、福建一带打工，孩子从小就跟着父母到处漂泊，生活极不安稳，因而学习、生活上的际遇就比较艰难。

（四）素养

人的素养是人生际遇的重要基础条件。人区别于动物最根本的标志就是人有诸多素养，包括“一般素养”和“核心素养”。华南师范大学莫雷教授最近就着力研究了人的“核心素养”问题。人的“核心素养”是指人的诸多素养中对人的生存和发展起着主导和决定性作用的最重要的基本素养。人的“核心素养”包括文化素养、道德素养、心理素养、身体素养和能力素养等。人的“核心素养”相当重要，它决定和影响着人的生存和发展前途，也影响着人生际遇。一个素养好的人与一个素养差的人，其生活圈子、生活质量和发展前途完全不同，其人生际遇也就会完全不同。

由于人的素养千差万别，这就导致了人生际遇上的不同。一般来说，素养高的人，属于社会精英群体，他们大都生活在社会的高层，所接触的工种和生活的层面较好，接触的人际交往的圈子较广、人群素养较好，因而，其人生际遇都在社会的较高层面，而且有其独特的生活际遇。例如，大学教授的人生际遇，除了柴米油盐等一般生活际遇外，更多的是在文化知识、科学研究、科技攻关和人才培养的层面——独特的际遇。而素养较低的人，其人生际遇大多仅局限于一般生活际遇的层面。

（五）环境

环境为人生际遇提供基础条件保障。环境包括自然环境、社会环境、经济环境、工作环境、人际环境等等。一般来说，自然环境的优劣对人们的生活际遇产生不同的影响。如自然环境较差的西藏高原、偏僻山村，交通和人际交往不便，生活较简单，交往圈子较小，人生际遇就较简单；大城市社会经济条件、人际环境较好，人生际遇就较丰富。社会安定或动荡，对人们的生活际遇影响极大。倘若社会长期动荡或战乱，人民流离失所，生活十分贫穷，生命受到威胁，甚至家破人亡，人生际遇就多会是不幸遭遇。如巴勒斯坦地区长期战乱，人们的际遇就与动荡、战争和贫穷有关。因此，环境与人生际遇有着密切关系。

总之，生命、健康、安全、素养和环境等仅是为人生际遇提供了基础条件。从人的心路历程和心理素质来说，同样的基础条件，却有着不同的生活际遇感受，即有着不同的心理际遇——人生际遇的心理感受就是"心本"际遇。

二、人生的"心本"际遇

（一）人生际遇的适应

人生际遇，实际上就是一个不断适应社会的心理际遇感受过程，首要是人的心理际遇的感受和适应过程。这其中，感受是一个过程，反映个体的心品素质；适应是一种行为，体现个体的素质能力。

1. 人生际遇的感受与适应

感受适应问题无处不在，不可避免地存在于每个人的生活际遇之中。生活不可能静如止水，它总是会发生各种冲突变化。例如，我们到国外求学，就会遇到语言、生活习惯和学习方式的适应问题。工作时不可能总是一帆风顺，也会遭遇困难和挫折。例如，由于国内外形势变化，产品出口受阻，工厂经营困难，老板裁员，我们就会面临失业等问题。人生不可能总是甜如蜜，我们总是会碰到各式各样的厄运和灾祸。例如，母亲得了重病离去，父亲另娶他人，生活发生变化。

面对生活中出现的各种问题（际遇），首先是心里感受，而后需要调适心理，最后才能凭借人的素质去适应，去生活。否则，我们就会生活得很不顺心、很艰难。

2. 际遇的适应是一种心理抉择

适应是一种心理抉择。适应新环境、新事物、新生活、新工作、新变化是一种心理际遇和心理抉择。例如，就业应聘，实际上是一个心理适应和心理抉择过程。又如，到一个新单位接纳新工作，心理上就要琢磨：如何开展工作，工作方式方法该怎样，如何适应等。适应了新环境、新工作，说明心理抉择就已确定，工作起来可能就会较为顺心，较为适应，较为出色；适应不了新环境、新工作，说明心理抉择还未确定，则工作可能就会没有起色。

适应和抉择过程是一个心理过程，是一个"心理际遇"过程。有时抉择是相当艰难的，而"心理际遇"又是相当痛苦的，但很多时候，我们也只能去适应。

3. 际遇的适应是一种心理接受

适应是一种心理接受，直面客观现实存在。适应和接受新环境、新事物、新生活、新工作、新变化，是一个心理际遇过程，有时接受是一种痛苦的适应，是一种直面现实的无奈。有的人认为，适应和接受是一种心理屈服，是一种个性压抑，因而不愿意承认现实和接纳现实。例如，有的孩子与后妈斗得不可开交，结果学习、生活和家庭都不平静。有的人认为，适应和接受是一种生活现实的必然，适应了就有了一种心理战胜感，就有新生活的良好开端。例如，新生入学，就要适应学校的新环境、新生活，适应得如何，直接影响学习效果。有的人对新环境、新事物适应得很慢很差，而有的人对新环境、新事物适应得很快很好，其发展和结果就不一样。这都是人的心理认知和心理素质在起作用。

4. 际遇的适应是一种心理挑战

人生要面临许多际遇，要面对许多次适应，每一次适应都是一种心理挑战。有时，面临的际遇以及适应，是一种严峻的自我考验和自我挑战，甚至是一种撕心裂肺的心理整合，一种脱胎换骨的心理磨砺。例如，大学毕业后，有的人创业，自己办个小公司，当了小老板；有的人放弃大城市的优越生活和工作，到了边远山区支教、支农，去实现自我价值。这就意味着，其人生面临的创业和适应，是一种自我挑战。

人生际遇能否适应，要靠心理调适，适应得如何，要靠人的核心素养，尤其是心理素养。因此，适应生活中的各种际遇，实际上是“心本”人生际遇。

（二）人生际遇的磨炼

1. 人生际遇是一种心理磨炼

人生际遇是一种心理经历，也是一种心理磨炼。人生会有许多甜蜜的、顺利的、幸福的际遇，也会遇到困难、挫折、压力、贫困、病痛、衰老、死亡等际遇。每一次际遇都是一次心理体验、心理积累——经历的价值。每一次际遇都是一次心灵上的自我挑战、自我磨炼——际遇的价值。所以说，每一次经历、磨炼的际遇，都具有一定的人生价值。例如，一个来自偏僻山村的小伙子，到部队去当兵，接受了部队的教育和磨炼，际遇多了，见识多了，视野广了，三年后退伍归来，各方面素质都有所提高。

2. 心理磨炼具有人生价值

有际遇，就有经历、磨炼、积累和价值。一个人，当遇到困难、挫折时，低头放弃了，则磨炼机会也就失去了；当遇到困难、挫折时，敢于接受挑战，即使失败了，也是一次积累和磨炼；当遇到困难、挫折时，勇于尝试，尝试成功了，就有一种自信感、自豪感、成功感。这都是人生际遇的经历和磨炼，具有人生价值。因此，许多人很重视磨炼机会，很重视在经历的过程中进行心理磨炼。

现在有些独生子女，从小都是在“宠”中长大，“哄”中成人的。从小就贪图物质生活享受，追求某些网络文化的刺激，缺少独立生活的经历，缺少人际交往的锻炼，缺乏“心本”际遇的磨炼。由于娇生惯养，导致个性内向，性格娇纵，意志脆弱，心理耐挫力不强，遇到情感问题不会调适，遇到困难没有应对方法，遇到挫折缺乏毅力，生活自理能力较差等各种问题。

有识人士认为，要对青少年开展磨炼教育。现在的中小学普遍对学生开展军训活动，就是进行磨炼教育，这对学生成长来说很有必要。军训，表面来看是体力、动作、纪律、行为训练，其实是国防意识、集体意识、生活作风、适应能力、独立能力、意志毅力、心理品质等综合素质的磨炼教育。对孩子过于溺爱的家长对此不理解，看到孩子流汗吃苦就心疼，就责怪学校军训“残酷”，希望不要军训。这对孩子来说是一种宠和惯，也是一种损失。

美国的西点军校享誉世界。一是西点军校的军事训练相当严格、残酷，甚至可以说是魔鬼训练、非人道的训练。二是西点军校凝练出了“西点精神”，培养学员的人格品质、磨炼学员的坚硬作风。三是西点军校200多年来培养了一大批素质优秀的军官，其中有3 800多位将军；而且它还培养了一大批商界精英，在世界500强企业里，西点军校培养出来的董事长就有1 000多名，副董事长2 000多名，总经理、董事级别的高级管理人才5 000多名。美国西点军校成功的秘诀就是：素质教育与磨炼教育。

西点军校之所以成功，与其教育理念、教育方法有关。西点军校的22条军规有利于培养学员的人格品质和磨炼学员的坚硬作风。

首先，西点军校重视品格素质的塑造。西点军校认为：品格就是力量，就是忠诚、责任的基石。西点军校的人格品质要求：忠诚感、责任感、荣誉感。

——忠诚感：忠诚是一种优秀品质、一种美德；“如果你是忠诚的，那么你就一定成功”；忠诚于国家；精诚团结，忠诚于团队，具有团队精神。

——责任感：责任感是无价之宝，责任重于一切，责任比能力更重要；把工作当作使命，把敬业当成一种习惯。

——荣誉感：西点军校的基本教育方针明确指出，“责任和荣誉是军事职业伦理观的基本要素”；荣誉无价，荣誉即吾命；为了集体荣誉，必须牺牲个人利益。

其次，西点军校重视坚硬作风的磨炼。西点军校认为：作风就是力量，就是执行力、战斗力和事业成功的保障力，因此必须对学员进行坚硬作风的磨炼。并且提出：服从命令听指挥，无条件执行上级命令；不找任何借口，服从就是提高执行力的保障；将服从命令当成一种习惯，把遵守纪律当成一种自觉行为。

西点军校培养军队人才的独特方式，可以概括为“磨炼”二字。经过磨炼，形成优秀的“品格和作风”，并在今后实践中变成力量和能力①。西点军校的成功，告诉人们：磨炼教育有利于人生际遇，有利于人生事业。

人生不可能一帆风顺，人生际遇不可能都是顺畅的或幸运的，许多际遇是具有挑战性的。这些挑战性际遇是一种心理磨炼，而心理磨炼对人生具有重要意义。人生际遇的心理磨炼对人生有着积极的影响。

（三）人生际遇的激励

人生际遇各式各样，际遇的程度有大有小，际遇的性质也有好有坏——每个人的际遇不同，所以“命运”不同——这是客观存在。但是，从积极心理的角度看，无论何种性质的人生际遇，它不仅是一种心理经历、一种心理磨炼，而且也是一种心理激励（主要是自我激励）。电视剧《木鱼石的传说》就讲述了一个心理激励、人生磨炼的故事。故事的主人公经历人生际遇，得到心理激励，正如主题歌所唱“给勇敢者以智慧”，“给懦弱者以坚强”。

---

① 唐华山．向西点军校学执行力．北京：人民邮电出版社，2010.

人生际遇对人有何激励作用?

1. 心理顿悟作用

人生中的某些重大际遇，往往能触动人的心灵，并使人心理顿悟。如有的男孩子，父亲在世时，常常长不大，娇生惯养，家里什么事都不管，对父母依赖性极强，终日无所事事，甚至吊儿郎当，心理很不成熟。但当父亲突然去世，孩子心灵顿悟，马上变成另一个人，并挑起家庭生活的重担。

2. 心理暗示作用

生活中的际遇，常常以“事件”形态出现，并起到心理暗示作用。当一个人遇到某一事件时，他会衡量它的重要性、困难度以及可行性。如果事件重大，他会暗示自己要重视，非做好不可，并发散思维，发挥潜能，想尽办法，克服一切困难，努力将“事件”做得完美。如高考关系到前途和命运，许多学生十分重视，经常暗示自己一定要考出好成绩，考上名牌大学，于是就刻苦学习，努力应考。

3. 心理励志作用

人生际遇的事件，对人能否起励志作用，这要因人而论，取决于个体的心理素质。首先，同样的事件，心理素质好的人可能以此励志，更加奋发；心理素质差的人可能就此丧失意志，从此消沉下去。其次，人生际遇的事件，有性质好坏之分。不只是好的人生际遇，才能够发挥激励作用（如先进榜样的力量），有时不好的人生际遇，往往更能够激励人。例如，英国著名物理学家史蒂芬·霍金患有严重的肌肉萎缩性侧索硬化症，行动不便，长期坐在轮椅上，他于1985年做了一次穿气管手术，从此就失去了说话能力，人生际遇可谓艰难和不幸。但霍金以积极态度对待人生遭遇，用坚强意志对待生活与科学研究。他用毕生精力研究普通物理学定理不再适用的时空领域和宇宙起源大爆炸原理，并提出“霍金辐射”假说——现已被科学界所公认，且影响着整个物理学界。

综上所述，人生有许许多多不同性质的际遇，如何看待，如何面对，如何解决，如何度过，完全受人的认识、情感、意志和心态、心品等心理因素所支配。其过程和感受就是“心本”人生的际遇。

第二节 儿童少年时期的际遇

儿童少年时期是长身体、长知识、逐步社会化的时期，儿童少年时期的际遇较为简单，主要是“学习”的际遇、“做人”的际遇和“独立”的际遇。

一、“学习”际遇

（一）学习是儿童的第一个人生际遇

儿童少年时期主要任务是学习，因而学习是儿童的第一个人生际遇。学习的内容很多，主要有日常生活常识、社会行为规范和科学文化知识三大方面，具体包括学说话、学行动、学穿衣、学礼仪、学常识、学文化、学交际、学生活、学本领等生存和做人所必须掌握的最基本的事物。这一时期儿童所遇到的事物，全部是新鲜的、陌生的，都需要学习、记忆和养成。

由于儿童的心理年龄特点，学前阶段主要学习日常生活常识和社会行为规范，基础教育阶段主要学习社会行为规范和科学文化知识，而科学文化知识的学习，会一直延续到青年时期，甚至终身。

目前，中国由于教育体制的原因，儿童的学习际遇走入了一个怪圈，即无限膨胀的学习压力和考试压力使得学习际遇演变成升学际遇、考试际遇、竞争际遇和压力际遇。由于家长只重视孩子科学文化知识的学习而忽视日常生活常识和社会行为规范的学习，因而，儿童的“学习”际遇也就变成了“知识学习”际遇。

儿童少年时期，孩子在“学习”际遇中能否学到和学好主要取决于：

1. 天赋

天赋就是天分，一般是指孩子天生就聪明或在某些事物和领域具备资质和能力。如有的孩子天生就有唱歌、跳舞的兴趣和能力；有的孩子出生就有画画的天赋；有的孩子记忆力特别好。

2. 教养

教养主要是指家庭和学校的教养。孩子天生好奇、善问、爱模仿，父母是孩子的第一任老师，父母的一言一行都是孩子学习模仿的对象，父母的一点一滴都会影响孩子。模仿是一种学习，影响是一种学习，教养也是一种学习。孩子就是在模仿、影响和教养中逐渐学到生活和做人的道理。

3. 动机

这里特指孩子的学习动机。到了上学读书，接受系统、正规教育的时候，孩子要学习的东西就更多更难。学习动机、学习方法就显得很重要。前者是学习的内在动力，后者是学习的基本方法。教师和家长在孩子的学习过程中，要给予充分的肯定、鼓励和支持，激发其学习兴趣，培养学习方法，形成良好的学习习惯①。

（二）儿童在学习中的际遇

儿童在际遇中学习，在学习中际遇，并在学习中成长，最终学会做人。

1. 儿童在学习中遇爱

儿童在受教育中遇到“爱”，学习“爱”。儿童幼小的心灵，需要“爱”，渴望“爱”。“爱”对于儿童非常重要，能使儿童感觉到温暖、幸福，感受到呵护、安全，从而产生热情、自信和自豪的心理能量——“爱”的温暖是能量，“爱”的过程就是积累心理能量。当“爱”的能量积累到一定程度时，一旦受到启发（模仿别人），就能“施爱”于他人——“善”的行为（或“情”的行为，或“感恩”行为）。相反，一个从小就缺乏“爱”的儿童，心里必定缺乏安全感、幸福感、自豪感，往往会表现出冷漠、无情（无“爱”则无“情”）和自卑——因为没有心理能量。因此，家长和老师的教育要给孩子

① 莫雷等．青少年心理健康教育．上海：华东师范大学出版社，2003.

"爱"的力量。

2. 儿童在学习中遇"理"

儿童在受教育中学到数之理、物之理、心之理、学之理、事之理、真之理，即明理。随着"理"的明了，儿童学会分析事物、判断是非——心中有"理"。"理"是一种力量，理明人正，处事果断，行为正当，就具有人格魅力。因此，明理对儿童的学习际遇和为人处事具有重要意义。相反，一个不明理的孩子，为人处事、气质度量、行为表现和学习际遇就会出问题，成为"问题学生"。

"理"跟"真"紧密相连，失真之理就不是"理"，或叫"歪理"。孩子天性纯洁，因此，家长和老师教育孩子，也要纯真，不说谎话，不做假事，做人不虚伪，不传授伪科学，不教孩子迷信。否则，孩子也假、伪、虚，今后在人生际遇中当然就会碰壁。

3. 儿童在学习中遇"美"

生活际遇中，"美"的内容很丰富，包括自然美、环境美、心灵美、生活美、行为美等，还有美貌、美景、美物、美言、美德……孩子在学习过程中懂得什么是美，什么是丑；懂得什么言行表现的是美，什么言行表现的是丑；懂得什么应该扬，什么应该弃；懂得爱美、审美和维护美。

"美"有独特的功能。"美"能美化环境，调节心情，洗涤烦恼，陶冶情操，启迪想象，召唤情谊，憧憬未来，向往美好，提升境界，最终提高人的素质。另外，爱美、审美反映一个人的心态和素质。与其说儿童在学习中遇"美"，不如说儿童在学习中捕捉"心灵美"。

儿童在学习中遇到"爱"、"理"、"美"的同时，还遇到许多事物，包括自我、意识、思维、思辨、能力和素质等等。这样，孩子就会逐步成长、成熟。

二、"做人"际遇

学"做人"是人生际遇中的主题。学会"做人"本来属于儿童"学习"的范畴，由于它的重要性，故单独讨论。儿童要学会"做人"，最重要的是学会"做人"的基本标准和"做人"的基本素质。儿童是社会和家庭未来的希望，学会"做人"非常重要——对己对人都重要。一个人在人生际遇或生活际遇中，运用得最多的素质，一是文化素质，二是"做人"素质。不会"做人"的人，人生定会处处碰壁，也一定没有快乐和幸福。

孩子要学会"做人"，要学的内容很多，包括学知、学德、学礼、学诚、学信、学善、学行，还要学个性、学气量、学风度、学交往……或者说，"做人"要具备很多条件，对于儿童来说，除文化知识外，最重要的是"做人"素养，它包括道德素养和个性素养。前者属于德育学，后者属于心理学，两者既相互独立又紧密相连。

可以肯定地说，单有文化知识，是不能很好地顺应生活际遇的，我们要顺应生活际遇，还要靠"做人"素养。社会上许多有文化知识的人，在人生际遇中束手无策，或碰得头破血流，这都是因为没有良好的做人素养。因此，学"做人"比学知识更为重要。

还应该这样看，对于顺境的际遇，依赖道德素养，一般就能够顺应；而对于逆境的际遇，就不那么简单，更多是要依靠个性素养才能够战胜和顺生　　发挥心力作用。因此，

“心本”素养是做人的基本，会做人比有知识更为重要。

（一）“做人”的基本素养

儿童少年时期是道德、性格形成的关键期，这一时期如果解决不好上述两个问题，则人生际遇可能逆境的多。如果错过关键期的教育，一旦不良的道德观、个性形成，就难以改变。因此，儿童少年时期，孩子要学做人，最重要的是要解决好道德问题和性格问题。

1. 道德素养

道德素养是做人最基本的素养。儒家、道家、佛家、心理学、德育学等派别都在研究和实施道德教育，这些教育内容众多，方式各异，亦各有所长，各有所短。对儿童而言，道德素养关键是学会“真”、“爱”、“善”、“诚”、“礼”。儿童的道德形成很关键，一个有道德涵养的儿童，一生的发展和生活际遇可能较为顺畅。应该说，目前基础教育还是比较重视道德教育的，但由于受到社会道德的影响和应试教育的冲击，再加上德育的内容方法偏差等原因，导致学校德育教育效果不佳，部分学生的道德素养还有待进一步提高。

现代家庭教育中，有一些家长只重视孩子文化知识技能的培养，一味追求高分和升学，不太重视孩子儿童少年期的道德行为规范和道德素养的培养；学校德育中，大肆提倡学生个性发展的自我实现，而不太重视优良传统的道德教育，不太重视道德素养的塑造。结果造成一些儿童的道德标准混乱、道德行为反叛。这种教育方式，对儿童今后的做人和发展际遇危害极大。

2. 个性素养

个性素养是做人最重要的素养。儿童少年时期个性素养十分重要，它关系到人一生的发展和幸福。现代社会无论工作还是生活都离不开人与人的交际，个性素养好的人，在工作、生活、事业上与人的交际会处理得更好，更顺利。

个性素养就是心理品质素养。儿童的心理品质素养很大程度上来自家庭和学校的培养。儿童的心理品质素养内容甚广，但最重要的是自信和情绪的培养。

自信是一个人心理素质的核心内容。自信影响一个人的个性情绪和自我意识，有了自信，就有气量、胆识、勇气、意志，就能克服困难挫折，正确面对生活，人生际遇就较顺利。相反，缺乏自信，什么事都不敢做，人生路上就会处处碰壁，影响生活和事业。因此，“做人”要充满自信。

情绪是一个人心理素质的重要内容。情绪是生活际遇中的元素，情感左右一个人的心情、理智、气度、性格和意志，影响一个人的生活、工作、交际和身体健康。在生活际遇中，人们往往会由于情感问题而走上逆境，活得相当痛苦。因此，“做人”要保持良好的情绪。

孩子天性就喜欢尝试并希望得到表扬。家长和老师要提供机会，让孩子多尝试自己该做的事，并及时予以合理的肯定、赞赏和表扬，让孩子有信心、有成功感，心情舒畅。家长要学会在尝试—肯定—表扬中经常性地、有目的性地、适当地培养孩子的自信。

（二）做人的基本标准

做人要有基本标准。这包括价值标准、道德标准、做事标准、交友标准和评价标准等。它们形成自己的世界观，也构成自己的人格。“做人”标准不是一两天就能建立的，一旦“做人”标准建立，就决定和影响一个人的人生际遇。因此父母要在日常生活中，教育孩子什么是“好的个性”，什么是“不好的个性”；什么是“真”、“爱”、“善”、“诚”、“礼”，什么不是“真”、“爱”、“善”、“诚”、“礼”；什么事情可以做，什么事情不能做（如偷抢、杀人、放火等）；“做人”应有标准，做事要考虑后果。

俗话说“三岁定终身”（有一定道理，但不完全有道理）。它告诉人们：孩子“做人”标准的建立很重要，而且要及早，不能错过关键期。

上面说过，家长要学会在尝试—肯定—表扬中经常性地、有目的性地、适当地培养孩子的自信。这里还需加上一句，家长要学会在尝试—肯定—表扬的培养中，教给孩子正确的、适当的价值导向、道德导向和“做人”的评价标准。

三、“独立”际遇

（一）独立的意义

独立是人社会化过程的必然的际遇，学会独立是每个孩子必须经历的人生际遇。从某一意义上说，人只有独立了才真正是“人”。独立是孩子心灵的“断奶期”。脱离父母的管辖、呵护，摆脱对父母的依赖，独立自主，是每个孩子都必须经历的“独立”际遇。没有很好经历“独立”际遇或较晚经历这个际遇的话，孩子心理上就永远“长不大”，永远“未成人”，永远是“啃老族”。这必将影响孩子未来一生的发展。故及早培养独立能力，让其早日独立，显得尤为重要。

孩子心理上的“断奶期”往往早于生活上的“断奶期”。许多孩子在青春“叛逆期”时，经常与父母顶嘴、吵架、闹矛盾。原因是：第一，孩子在青春“叛逆期”，个性急躁，行为叛逆——生理上的问题。第二，孩子心理上的“断奶期”与生活上的“断奶期”之间出现时间差，即心理上的“断奶期”早于生活上的“断奶期”——时差上的问题。第三，孩子认为自己已经长大，能独立，父母认为孩子经济上、生活上尚不能独立——这就会引发争吵，就会发生“独立”对“管护”的“独立战争”——认识上的问题。第四，孩子在青春“叛逆期”，往往刚好碰上父母的“更年期”，那就会争吵不断，“叛逆期”撞上“更年期”——“洪峰”相碰问题。

在动物界里，有一些动物都懂得让孩子“断奶”，独立生存，比如老鹰就会将小鹰“啄出”家门，让其独立生存。小白鼠21天就可以脱离母亲独立生存。而一些父母溺爱孩子，孩子已经二十几岁，还不肯放手，不敢让其独立。

“孩子晚独立，责任感减弱”。这似乎是个伪命题，但现实中的确存在。这个问题一直隐藏在一些家庭之中：一方面家长不让孩子独立或不敢放手，负责孩子一切；另一方面，孩子躺在家长的怀抱里，舒服过日子，逐渐养成生活依赖，甚至逐渐变得缺乏责任感，逐渐丧失责任能力。

（二）如何让孩子独立

严格地说，孩子独立就是离开父母的呵护，独立地学习、生活和工作。但是，由于中国的传统习惯，由于目前社会的现实，由于孩子的年龄和经济能力、生活能力的限制，完全独立是无法做到的，只能是让孩子逐步独立。那么，如何让孩子逐步独立呢?

1. 培养适应能力

培养孩子适应能力是独立的重要前提。适应能力包括适应学习、适应环境、适应集体生活、适应朋友间的交往等。培养孩子适应能力，家长要做到：只当“指导”不当“领导”，只当“向导”不当“拐杖”，积极为孩子创造各种锻炼和适应的机会。

——要支持孩子从小就在学校寄宿，以适应学习，适应生活，适应新环境，适应集体活动，适应朋友间的交往。

——要支持孩子参加学校组织的活动，如军训、野炊、大合唱、运动会、公益活动、参观活动、集体劳动等，让孩子适应各种事物。

——要支持孩子单独出门，譬如独自坐车、上街购物、走亲戚、到同学家玩耍、自己存款、短途旅游等，让孩子多见世面，多经历，以适应不同的人和事。

2. 培养独立能力

培养孩子独立能力，包括适应能力，交往能力，自理能力，生活能力和分析、处理问题能力，克服困难能力等。让孩子独立锻炼，能提升孩子的自信心、意志力和耐挫力。因此，家长要做到：信任孩子，鼓励孩子，创造条件让孩子独立行动。

——放手让孩子做事。凡是孩子自己的事，就让孩子自己做，包括饮食、穿衣、洗澡、睡觉、学习等；凡是孩子自己能做的事就让他自己做，包括力所能及的家务事。

——放手让孩子自己做主。孩子的爱好、兴趣、交友、课余活动，尽量由孩子自己选择和决定，家长不要代替他。

——放手让孩子解决困难。孩子遇到困难时，家长可以引导孩子思考和分析困难的原因，但尽量让其自己解决问题。

孩子的独立能力是一种综合素质，它有利于孩子的人生际遇和人生发展。儿童少年时期的“独立”际遇，是孩子必经的人生之路，家长要帮孩子插上独立的翅膀!

第三节 青年时期的际遇

青年时期的际遇主要有“青春期”际遇、“立业”际遇和“成家”际遇，当然还有其他际遇，如读大学、出国深造等，但不具有普遍性。

一、“青春期”际遇

(一) 何谓青春期

“青春期”是少年时期与青年时期的过渡，是每个青少年必经的人生际遇。何谓青春期？青春期（Puberty）一词出自于拉丁语“Pubertas”，是“具有生殖能力”的意思，它是指性器官发育成熟、出现第二性征的年龄阶段。学术界已经把“青春期”作为一个特定的概念来使用。我国对青春期的认定，女孩为 11 ~ 18 岁，男孩为 12 ~ 20 岁。青春期在小学五、六年级就开始出现，初中表现得最为明显，一直延续至高中，故有学者称它为“初中现象”。青春期阶段，孩子会发生一系列生理和心理的剧烈变化，并在情绪和行为上有明显反叛表现，故青春期也往往被称为“叛逆期”。

许多学科都在研究青春期的生理、心理和行为特点，产生原因，行为表现及其矫治教育等。“心本”人生际遇侧重讨论青春期的心理行为特征对人生际遇的影响。

（二）“青春期”际遇

由于生理和心理上的变化，青春期问题表现在两个方面，一是心理情绪问题，二是行为叛逆问题。这两个问题可看作“青春期”际遇，同时这两个问题又严重影响着孩子学习、生活、交往等活动。

1. 心理情绪问题

心理情绪问题表现为：常出现急躁、烦闷、焦虑、抑郁、精神萎靡等情绪现象；有着批判态度和反抗情绪，言论往往过于偏激，有时伴随顶嘴、吵架现象。原因是：随着年龄增加，生理逐步成熟，孩子有了本能欲望（性欲、爱慕、情感、独立性等）；有欲望就有诉求，但孩子由于受到主观的经济和生活能力的限制、客观的社会传统观念的制约，诉求得不到满足，故而产生烦恼情绪、叛逆心理。可以这样表示：

欲——→求——→烦——→逆

2. 行为叛逆问题

行为叛逆问题表现为：人际关系较为紧张，对异性较为羡慕，行为表现较为反常，常常出现厌学、离家、早恋、吸烟、吸毒、酗酒、赌博、斗殴等行为表现。原因是：由于青春期的生理、心理的反应，孩子的行为易冲动，又由于缺乏社会经历，缺少理性，故很少考虑行为后果。

据调查，初中学生青春期逆反心理的平均发生率为 68.56%，且非重点初中发生率（74.59%）高于重点初中（60.34%）。[①] 据全国少工委的一项统计，在我国现有的 3 亿学生中，被列入“差生”行列的学生竟达 5 000 万人，即每 6 个学生中就有一个“差生”。[②] 由于“叛逆期现象”出现，使初中“双差生”，即智育“学困生”和德育“后进生”的比例越来越多，过去占学生总数的 18% ~20%，现在上升到 20% ~25%。

青春期的出现，引发孩子的心理行为问题和学校教育问题：

（1）逆反心理。

由于生理变化而产生内心情绪不稳定，由于孩子的自我意识增强、独立意识增强，故开始自我封闭（抽屉上锁，不给看日记），不愿与成年人沟通（不愿听说教），反感家长和老师的教诲和管束，时常出现情绪波动、行为偏激等逆反心理和叛逆行为——品德心理

---

① 李荐中等．初中生青春期逆反心理发生率及其对心理健康状况的影响．中国全科医学，2006（23）．

② 薛森强．“差生”从何来？教育导刊，2005（7）．

出现明显的变化。

（2）“双差”表现。

小学阶段，孩子们的学习和行为表现相差不大。但到了初中阶段，“青春期”来临，许多孩子就明显发生情绪与行为变化，一部分原本学习和行为表现良好的孩子，一下子变得学习不认真，或有厌学情绪，或因恋爱废学，学习态度发生明显变化，学习成绩明显下降，而且伴随着偏激和叛逆行为，变成了学习和行为表现“双差生”。

（3）“双育”失效。

孩子的青春“叛逆期”给家庭教育和学校教育增加了不少难度。目前，学校教育和家庭教育对“双差生”还缺乏有效的教育而且存在“双育”失效现象（尤其是家庭教育，存在不少问题），学校教育通常只靠“中考”升学来淘汰一部分孩子。因此，青春“叛逆期”的教育，不得不引起教育界的高度重视①。

（4）两极分化。

初中阶段，孩子们的学习成绩和行为表现明显出现“两极分化”的现象：一部分学生变成“双差生”，另一部分学生成为“双优生”——学习成绩差别明显，行为表现优劣分明，趋向两极。因此，初中阶段，学校和家庭教育都要十分注意学生的青春期心理变化，要加强学生青春期心理辅导。

“青春期”是青少年的人生际遇。孩子的“青春期”际遇能否顺当度过，直接关系其学习、升学和前途问题。

二、“立业”际遇

（一）什么是立业

立业是青年时期的重要的人生际遇。随着年龄的增长，青年人就会碰到立业际遇，俗话说“三十而立”，到了一定年龄能否立业，影响着今后的人生际遇。

什么是立业？立业是指个体有一项专长或一份相对稳定的工作，靠自己的劳动满足生活需要。可简单理解为：一份安稳固定的工作，一份较丰厚的薪水，能养活父母子女，能安身立命过好一生。也可理解为：事业有成，造诣甚深，甚至飞黄腾达，大富大贵——这是个人的际遇和造化。有的人从进入幼儿园到博士毕业，读书二十多年，近三十岁，为的是能够立业，为的是找到一份好工作，为的是过好人生；有的人一辈子没有固定工作，四处打杂工；有的人一辈子倚仗父母，过着“寄生虫”式的生活；有的人靠祖业，过着坐享其成的生活。

青年人的立业（包括从事某一职业）很重要，是否立业，决定着一生的发展和生活质量。因此立业可视为人生际遇。

（二）关于立业

关于立业，有必要讨论下面几个问题：立什么“业”？如何立业？立业的意义何在？

① 吴舒蔓，吴发科．“叛逆期现象”剖析及其教育对策．现代教育论丛，2009（11）．

1. 立什么“业”

立业，首先是从业（包含职业、工作和工种），而后才是成就事业。立什么“业”？不因人的意志而转移，不同的人有不同的职业：农民的农“业”，工人的工“业”，职员的文“业”，蓝领的从“业”，白领的管“业”，教师的教“业”，医生的医“业”，老板的企“业”等。每个人的一生，从事何“业”，这个问题相当复杂。有些人想要从事某个职业，却偏偏不能如愿；有些人不想从事某个职业，却又做了一辈子；许多人从事的职业与大学所学的专业相差甚远。这只能说明一个事实：从业不是一个人能够完全凭个人意志而左右的,这就是人生际遇，不以人的意志为转移，如不理解这个事实，我们就可能会活得很不开心，也可能会影响立业。

2. 如何立业

如何立业，这是一个更难回答的问题。因为立业受社会经济环境和就业机遇（客观条件）以及青年个体的能力素质、心理素质（主观条件）等因素的影响。这就必须正确处理一个问题：“立业”与“喜爱的职业”之间的关系。如果二者能统一，当然心满意足。但二者如不能统一，那该怎么办？俗话说“三百六十行，行行出状元”。要成为“状元”，要立业，就必须“干一行，爱一行，专一行”，“打好一份工”，就得靠主观的奋斗，认真做好本职工作，努力做出成绩，才可能有成就，否则“业”难成。但对于青年人来说，要处理好立业与喜爱的职业的关系，其实很不容易，这取决于个体的能力素质和心理素质。

3. 立业的意义

立业对于青年人来说，意义深远。人生际遇中，立业是一个很活跃的要素，也是一个重要的因素。一般来看，一个青年人如若“立不了业”，没有固定职业，就相当于“失业或半失业”；没有稳定的经济收入（“富二代”另当别论），就意味着经济上不能自立，就会影响生活质量，甚至会影响“成家”和一生幸福，人生际遇可能更多的是坎坷和逆境。

三、“成家”际遇

成家是青年时期的人生际遇。就中国人的传统观念看，立业和成家是青年时期的两件大事，是青年人所必须追求和经历的人生际遇。

中国人的传统观念认为，孩子结婚就是成家了，长大了，独立了，就可以离开父母了。若未成家，再大的孩子也跟父母住一起，父母似乎将成家看作长大成人的重要标志。有的人成家以后，生活变得一路艰辛，但没有成家际遇的人生，被认为是不完美的人生，是遗憾的人生际遇。

中国人很重视成家，认为成家至少必须有自己的一套房子。农村里有些父母辛辛苦苦、勤俭节约一辈子，所赚的钱几乎全部拿来盖房子，为的是让孩子能够趁早成家。可见，成家对于青年人来说是非常重要的。

成家与恋爱、婚姻、家庭、生儿育女等紧密相连，是重要的人生际遇。

（一）恋爱

恋爱，是成家的序曲，也是成家的基础。恋爱，是人性本能的驱动，是情的冲动，如果没有本能和情的冲动，就没有恋爱的原动力。世间多少人，为情而动，为情走险，为情私奔，为情献身。人世间，单相思者大有人在，苦恋终生者不计其数，情断蓝桥者千千万万，情敌相斗时有出现。

通俗地说，恋爱就是找异性对象。一般来说，恋爱是男女青年两颗心的相互适应、相互贴近、相互喜欢和相互爱慕的过程——情的不断浓烈，由情投意合到两相情愿，谁也离不开对方。倘若有一颗心很热，另一颗心却很冷，一方爱得死去活来，一方却冷若冰霜，则恋爱大多不会成功。

恋爱是男女双方爱情的融合，双方个性的磨合，也是两颗心相互适应的过程（只能说相互适应，而不是个性相同），适应了就喜欢上对方（个性匹配），恋爱就可能成功，否则就可能分手。这里要强调的是，相互适应的过程是双方相互妥协、相互协调直到两颗心越来越接近的过程。如果男女双方没有相互妥协和适应，恋爱就有可能停止，纵然结婚了，也不会幸福。

恋爱有可能失败，那么失败了该怎么办？有的人很痛苦，不能从失败中走出，严重的还出现单相思；有的人多次失败，没有信心再谈恋爱，甚至还会产生恋爱恐惧；有的人恋爱失败，还对对方产生报复心理。面对失恋，如何进行自我心理调节，如何把握失恋后的行为，全凭自己的品德心理素质。

恋爱受到每个人的恋爱观和道德观的影响。人如果恋爱错一次，只是失败一次，若恋爱观错一次，则失败一辈子。有些青年恋爱单纯，不考虑任何附加条件，婚后有情且过得很幸福。而有些青年过多考虑物质、经济、家庭背景等附加条件，因而常常错过谈对象的机会。有些青年由于恋爱要求过高或自身条件的限制，屡屡失恋，情场不顺，情恋波折，情绪低落。有些青年处处留情，见一个爱一个，屡屡移情别恋，说好听点是在享受情爱的过程，说得不好听是玩弄异性。

由于受传统观念的影响，一些父母喜欢管孩子，喜欢插手孩子的恋爱，且更看重附带条件，如讲究门当户对。一些青年男女在长期的学习、工作中产生情感，相互恋爱，确定婚姻关系或准备结婚，却遭到父母的坚决反对，被父母强行拆散，“棒打鸳鸯”，可怜双方只能忍痛割爱，断情解约，各奔东西。

（二）婚姻

1. 婚姻的实质

婚姻，是爱情的结晶，是恋爱的收获，是姻缘的缔结，是两颗心紧紧连在一起，是家庭的建立和“成家”的标志，也是夫妻双方共同生活的开始和延续。佛教认为，婚姻是姻缘的缔结，是缘分的牵引和必然。“有缘千里来相会”、“千里姻缘一线牵”。这里的“千里”可理解为人海茫茫，只要有缘分，哪怕人海茫茫都能缔结在一起。这些表述没有错，但它没有揭示婚姻的实质。婚姻的实质是什么？婚姻是男女双方在爱情、责任、自愿和合法基础上的结合并成为彼此的生活伴侣，是男女双方人生观、恋爱观和婚姻观的综合反映与表现。婚姻的实质可以这样表示：

婚姻 = 爱情 + 合作 + 责任

（1）爱情是婚姻的基础。以爱情作基础，两颗心相互爱慕和紧紧相依的婚姻，才是坚实的婚姻。如果有了爱情，生活哪怕苦一点或遇到一点波折，都觉得很甜蜜很幸福；相反，如果没有爱情作基础，即便男女结合了，婚姻也不能牢固和持久。

（2）合作是婚姻的形式。必须承认，婚姻是一种心理契约，是一种合作形式。问题是：第一，为什么要合作。因为除爱情、性欲和生育外，还有其他需要。古老的婚姻基础是男女之间生活上需要依赖和合作，男人需要女人做饭、洗衣、缝补等，女人需要男人猎食、保护等。因为需要，所以合作。但是，随着社会发展，男女都能自理生活，依赖和需要随社会进步而显得不那么迫切，因此婚姻的依赖程度降低，男女之间不那么需要合作。这就是现代青年人不选择婚姻和婚姻不稳定的重要原因。第二，合作是有条件的，即婚姻是有附带条件的。中国人历来讲究"门当户对"。婚姻条件包括：双方家庭经济、父母地位、文化、个性、健康、职业、住房等；男女双方年龄、婚史、国籍、民族、文化、工作、收入、健康、长相、身高、个性、习惯、爱好、特长等等。恋爱双方不可贪恋对方的物质，否则会带来不良的后果。第三，合作是"双边关系"。合作也需要夫妻彼此理解、迁就和负责，双方觉得舒服，婚姻就稳定，如果由于一方或双方的个性原因，或觉得自己受委屈，或觉得合作无意思，婚姻就可能出现危机。

（3）责任是维持婚姻的重要条件。婚姻是男女双方的责任。随着婚姻的长期延续，随着夫妻之间的磨合，随着家庭的琐事碾磨，爱情被慢慢磨平，这时夫妻间只有相互信任、相互依赖、相互扶持，才能婚姻幸福。因此，责任是维持婚姻的重要条件，如果连责任都失去，那么婚姻也就会死亡。

随着社会的发展，婚姻的实质越来越彰显出来，随着青年人的个性发展，婚姻中的"爱情"和"合作"的比重越来越倾向于"合作"。这就造成现代社会"不婚族"多、离婚率高的不良现象。

2. 婚姻的运转

婚姻意味着夫妻一起生活，就像两个星球一样相互吸引、相互运转。在运转过程中，会产生一个虽看不见却实际存在的"中心轴"。"中心轴"的指向就是夫妻间爱情、婚姻、生活的共同的目标指向，也即夫妻围绕着家庭生活发展的目标在运转——爱情观、婚姻观和生活观的集中表现。两个星球在运转中因爱情和志向而产生"向心力"，它维护着婚姻的稳定；但在运转中也常因生活琐事而出现摩擦和矛盾——产生"离心力"。如果"向心力≥离心力"，婚姻就趋于和谐稳定；如果"向心力<离心力"，婚姻也就出现问题。因此，青年夫妻在日常生活中，如何耕耘爱情，让爱情增添"向心力"，去抵御生活琐事和摩擦所带来的"离心力"，是一个"心问题"。

3. 婚姻的延续

婚姻延续，靠的是爱情、合作和责任，但也要注意处理好一些关系，避免婚姻危机。

（1）夫妻关系。婚姻与家庭紧密联系，婚姻家庭靠夫妻的情爱，靠夫妻的个性涵养，靠彼此之间的相互理解、包容和接纳，靠相互的责任来维持。因此，处理好夫妻关系是家庭稳定的重要一环。

（2）生活关系。家庭建立后，随着蜜月的远去，家庭生活必然遇到柴米油盐等日常琐事，遇到上下辈之间的观念、个性和生活习俗的不同所造成的矛盾，遇到双方亲朋好友等诸多新的生活关系所导致的摩擦，这就需要双方的相互磨合和适应。处理好家庭的生活关系，是婚姻幸福的保障。

（3）婆媳关系。有的家庭还面临婆媳间关系问题。婆媳之间的关系，是世界难题。婆媳之间关系处理得好，双方适应了、顺应了，婚姻就和谐，家庭也就稳定，生活也就幸福；适应不了，则会发生多种可能：轻者顶嘴、斗气、较劲；重者吵闹、打斗不休，甚至导致婚姻破裂。

（4）生儿育女。恋爱的“情”转化为婚姻的“性”，因而就生儿育女——新的家庭际遇。

生儿育女是家庭的大事。生儿育女给婚姻、家庭带来快乐和希望，也给家庭带来负担和考验，如对子女的哺育、照顾、健康、安全、教育等一系列考验。单就养育的问题，就要投入许多时间、精力和心血。如果孩子正常成长，稍有出色，还能换来安慰和幸福。但如果孩子体弱多病，或身体有缺陷，或学业不尽如人意，或个性行为反常，或违法受刑，或人身安全受到威胁，则会给家庭带来不和谐的因素。

生儿育女是婚姻家庭中的大事，因而就出现：有的夫妻原本情感不合，因生儿育女反而感情加深，家庭稳定；有的夫妻因没有生儿育女，家庭缺失希望而隐忧重重；有的夫妻因生儿育女，经济负担重而吵闹；有的夫妻因子女教育方式的不同而出现矛盾；有的夫妻因生了女孩而导致家庭破裂；有的夫妻因子女不争气，或遭遇不幸而担心、忧愁……

综上所述，青年时期是一个人真正独立生活的开端。人生如下棋，开局如何，影响后面的博弈。青年时期的“青春期”顺利过渡是“立业”和“成家”的良好开局，影响着我们未来的发展和人生际遇。

第四节 中年时期的际遇

中年时期是人生的黄金时期，人生的成熟时期，是收获的人生际遇。那么能收获到什么呢？不同的人有不同的收获。同样，不同的人对中年生活际遇也有不同的理解。

有人认为，人到中年，年富力强，是人生最佳阶段，是人生事业的顶峰，是出成绩、出成果的收获时期。有人却认为，人到中年，有所收获，但收获不相同，有人收获硕果，有人收获惆怅，有人收获涩果，这可用三句话概括：“人到中年万事兴”、“人到中年万事休”、“人到中年万事忧”。

收获硕果——“人到中年万事兴”。的确，许多人到中年，身富力强，各方面收获颇多，或事业有成，或生意兴隆，或经济宽裕，或生活富贵，或功成名就，或升官发财，或有权有势、春风得意。

收获惆怅——“人到中年万事忧”。有些人到中年，充满担忧，上有老下有小，负担重，工作忙，生活苦于应付。每天一早开门，小孩忙上学，老人要看病，物业催缴费，领导来电话……在忙碌中，担忧孩子学业，担忧自己事业，担忧父母身体，担忧家庭经济等；在忙碌中，逐渐磨平做人的棱角，最后收获的只是极大的压力和疲惫——经济压力、生活压力、工作压力和心理压力，以及身体疲惫和心理疲惫。

收获涩果——“人到中年万事休”。人到中年，回首过去，碌碌无为，工作平庸，生活平淡，充满失落，什么理想、信仰、目标、前途、奋斗、事业都逐渐淡化，成了空谈，有的只是踏踏实实的劳动——打一份不太理想的工，实实在在地过活——没有其他更多的企盼。人到中年，瞻看未来，生活渺茫，事业渺然，人生渺渺，无望进取，只求早日退休，收获的是心理上产生的苍凉，生活的无奈；人到中年，情趣磨平，激情消失，体力衰竭，精力耗尽，剩下的只是做人的良心和责任——靠良心去对待工作和生活，以及对父母的一份责任，对配偶的一份责任，对子女的一份责任，对生活的一份责任。

人生有一条“理想事业曲线”，从儿童少年受教育开始，“理想事业曲线”逐渐攀升，直至到达顶峰，而到了40岁前后，原有的“理想和事业”就一个个泯灭，目标一个个不能实现，“曲线”急剧下降，直到最后彻底消失。或许，这就是人到中年的生活际遇的写照。

人到中年，际遇一幕又一幕，但幕幕不同。概括起来，中年时期的人生际遇主要有：

一、“生活”际遇

生活是生命延续的基础，是人生际遇。一个人，从青少年立业之后，就开始独立地生活，一直到中年、老年。如果一个中年人连生活都过不了或过不好，什么事业、成就、责任、幸福都会付诸笑谈。

中年人的辛勤劳动、努力工作，归根到底为了什么？为了多赚点钱，为了实实在在生活，为了养家糊口，为了让日子过得好一些，为了长辈、配偶和孩子的幸福，为了光宗耀祖，为了社会声誉和赞扬，为了社会和人类的进步，为了最终自我实现……

生活是什么？生活包括方方面面，如柴米油盐的日常生活、衣食住行的实际生活、勤勤恳恳的学习生活、忙忙碌碌的工作生活、恩恩爱爱的夫妻生活……

生活为了什么？答案可能有千万个，个个都不相同。我们只能说，生活就是生活，生活就是为了生存，为了活着，或为了活得更好一些。

本来，儿童也有生活，青少年也有生活，老年人也有生活，那么为何中年生活要单独讨论？因为中年生活有着特殊的本质：一是独立的生活、拼搏的生活；二是其生活能为社会创造财富；三是生活上要扶老养幼；四是生活负荷强、压力大。的确，人到中年的生活，可归结为两个词：实在和负重。中年人的生活际遇，主要是“物生活”、“性生活”和“心生活”三方面。

（一）物生活

物质是生活的必需，是生命的必需，是维护家庭稳定和发展的基础。中年人的劳动就是为了赚钱，为了物质生活，为了养家糊口——相当实在。大多数中年人工作的一个重要目的，不仅是为自己的生活，而且是为全家老少的“物生活”。为了达到这个目的，中年人的压力相当大，实现目的的唯一办法就是拼搏，拼搏，再拼搏。如果达不到目的，生活就贫苦，家庭就不幸福；如果达到目的，生活温饱解决且略有剩余，又要买房、买车、供孩子读书、结婚等。

由于人民大众的生活要求日益增长，人们又总是喜欢攀比，因而物质需求总是没完没了，且要求越来越高，压力越来越大。所以，中年人的心中装着全家的生活，肩上顶着全家生活的负重，活得很累。

（二）性生活

性是人的本能需要，性生活是夫妻情爱的溶剂，是家庭和谐的纽带，是中年人生活的重要组成部分，是生活幸福的主要标志之一。

必须强调：首先，性生活是中年人生活的动力。一个中年人，如果长期缺乏性生活，将缺乏对生活的激情和动力，会觉得生活枯燥无味。例如，农村中一些单身的中年汉子，由于没有结婚，缺乏性生活，生活较为潦倒，身体也变得苍老。其次，性生活和谐与否，也关系着家庭稳定。例如，有的中年夫妻，由于性生活不和谐，导致感情疏远，家庭破裂。因此，中年人的性生活很重要。

（三）心生活

生活的过程是一种心理感受，是“心生活”之路。所谓“心生活”之路，就是一个人每天对生活的感受。任何一个人，无论是小孩还是老人，每天都在体验生活、感受生活，是否生活得开心、幸福，全凭“心”的感受。“心生活”对中年人来说感受更为深刻，因为中年人生活负担重，生活压力大，生活体验多。每一个中年人都有自己对生活感受的一本“心书”，记载着各种各样的生活际遇，记载着酸甜苦辣的生活感受。

“心生活”不只是对以往生活、当下生活的感受，还有对未来生活的憧憬、设想和谋划，这也是“心生活”的重要内容。俗话说，人无远虑，必有近忧。尤其是中年人，家庭生活负担重，不能“做 天和尚撞一天钟”，不能得过且过，而是要做到未雨绸缪——“心生活”最好是走在生活的前面。

对“物生活”、“性生活”的体验、衡量和评价，即是对生活的感受和评价，主要靠“心生活”。再则，“心生活”感受，跟人的心理素质、心情和心态息息相关。感受的结果可能是满足、快乐和幸福，也可能是无为、失落和压力。如果是后者，那么中年人要学会心理调节，要学会自行释放和自我娱乐，要学会开开心心地生活。值得思考的问题是，一个有责任心、有事业心、有抱负感和有生活追求的中年人，其生活感受究竟是快乐还是痛苦？一个平庸无为的中年人，其生活究竟是沉重还是轻松？总之，“心生活”在生活中具有重要意义。

二、“事业”际遇

（一）什么是事业

什么是事业？《现代汉语词典》的解释：“人所从事的，具有一定目标、规模和系统而对社会发展有影响的经常活动。”可能不同的人对事业的理解有偏差，但它必须具备三个条件：一是有一定目标、规模和系统；二是对社会发展有影响；三是经常活动。由于每个个体能力不同，所付出的努力不同，对社会发展的影响不同，事业也就不同。那么是否可以这样理解：事业有大有小。一个人的“事业”，不能单以其能赚多少钱、做多大官、生活过得如何作为衡量标准，只要其工作和劳动对社会有益处和有价值，就是事业。

事业与立业有何关系？有何不同？立业是事业的基础和开端，立业确定目标，经过个体的努力，对社会发展有了影响和贡献，就成为事业。因而可以这样理解，事业是对社会发展有影响的一种贡献，而立业只是有一份工作，或一个小产业。

（二）中年人的“事业”际遇

事业是中年人重要的人生际遇。除个别人外，大多数人的一生事业都是在中年时期才有所形成和取得。

一般来说，事业对生活起着重要保障，但事业与生活并没有完全必然的联系。贝多芬一生家徒四壁，过得很寒酸，但他为人类留下了永不褪色的文化瑰宝。反过来说，生活好，很有钱，不一定有事业。但可以肯定地说，事业对于中年人来说相当重要，中年人如果一点事业都没有，生活可能会过得很不顺心。也可以肯定地说，事业不是凭空而来的，是要付出心血的。

有人说：“学了 ABC，生活就无忧；懂得数理化，走遍天下都不怕。”这话，对于生活来说，可能有一定道理，但对于事业来说，不完全有道理。一个人的事业成功，不仅要靠文化知识和智力因素，更重要的是靠心理品质和非智力因素——刻苦、勤劳、恒心、意志起着更大的作用——这是事业成功的必备素质。智力因素暂且不说，单就非智力因素而言，能否将一个工作职业变成事业，一是要看你对它是否有较浓厚的兴趣，它能否给你带来“愉悦感”。二是看你是否在工作中感到自身价值得到了实现，也就是有“价值感”。三是你对它是否能不断创新，使自己具有“成功感”。四是当工作中遇到疲倦、困难时，你是否有“意志感”。

事业的伙伴就是压力，包括工作压力、经济压力和心理压力等。几乎没有一个人不经过一番努力，艰苦奋斗，就能轻松顺利地得到事业。几乎可以说，战胜不了压力者，难成事业；事业是在压力中诞生，压力是事业的催生剂，使事业变为成就，即压力→事业→成就。

许多人有这样的心理现象：某项工作做久了，再加上工作压力大，就会自然而然地产生倦怠心理——对工作缺乏新鲜感，缺乏冲劲毅力，缺乏再进步的意愿动力——这是否是人的天性，还有待研究。但倦怠心理是影响工作的惰性心理，是妨碍中年人事业成功的天敌，这是无可置疑的。

“事业”是中年人的人生际遇，但不是说中年人都有事业，也不是说每个中年人都应有事业，只是说事业对于中年人来说至关重要。许多中年人为了事业，坚持不懈，奋斗不息。

三、"责任"际遇

（一）责任的际遇

责任，也叫"责任心"，责任是一种担当，是人到中年的一种特有的际遇——这是由中年人的人生阶段、家庭和社会地位决定的，因为责任和压力是中年人的两个"伴侣"。对于家庭而言，责任在于为亲人挡风遮雨，让自己爱的人幸福；对于工作而言，责任就是努力打好这份工，做好本职工作；对于单位主管而言，责任在于为自己的员工、同事谋求更好的工作环境，更多的福利，甚至为其谋求幸福；对于领导干部而言，责任就是将本单位的事业发展起来，并敢于面对问题、解决问题和承担问题。

"责任心"的形成是一个人成熟的标志，它的第一层含义是对自己负责，即一个人要懂得尊重自己的理想，珍惜自己的宝贵年华和生命活力，我们有责任为自己的一生和家人安排好生活，挑起生活的重担。第二层含义是对社会负责，为社会和人类文明的进步而不断奉献。

（二）负责任的表现

负责任与人的道德素质、心理素质、身体状况和能力有关。

1. 工作（劳动）和事业永远是第一位

工作（劳动）是生活的基础，人们通过工作（劳动）换来生活报酬，没有工作（劳动）就没有生活来源。因此工作（劳动）和事业永远是第一位的。有些人还将工作看成事业，热爱本职工作，努力适应工作，积极对待工作，尽力做好工作，让自己的工作更加出色，有所成就，最终成为一生的事业。这是对工作负责任的表现。

2. 对婚姻、家庭和父母子女有责任心

除了对工作（劳动）负责外，还要对婚姻、家庭负责任：对父母有孝心，懂得孝敬，懂得关心，懂得照顾；忠于爱情，忠于婚姻，忠于家庭，对配偶不离不弃，哪怕是他（她）生病残疾；为子女的生活、前途和幸福不断工作（劳动），努力为其提供更优越的生活条件。这是负责任的体现。

3. 对生活永远充满信心和活力

负责任还表现在对工作、生活永远充满信心和希望，充满热忱和活力。通过自己勤劳的双手，打造出一片广阔的蓝天；通过自己的双脚，走出一条生活康庄大道，为家庭生活付出毕生努力。而不是对工作无所事事，懒懒散散，对生活得过且过，抑或只顾自己花天酒地。

4. 敢于承受，勇于担当

负责任还表现在对工作、生活敢于承受，勇于担当：有不折不挠的勇气，敢于面对挫折，敢于挑战困难；勇于承认自己的错误，不推卸责任；勇于在跌倒中爬起，从头再来。

应当承认，责任也是一种心理负担和心理压力，而且责任和压力相辅相成。在一个单位中，负责任的人，工作就做得多做得好，心理负担也大，总是忙不完，工作压力较大，相反则压力小。有的中年人，不负起家庭责任，不顾父母孩子的生活，只知自己吃喝玩乐，心理压力就小。

责任是人到中年特有的际遇，责任重于泰山！

第五节 老年时期的际遇

老年人是银发族，老年意味着岁月、经历、苍老。

据香港凤凰卫视中文台2013年2月26日报道，目前我国老年人口已经突破2亿，占全国总人数的14.8%。我国人口的老龄化现象开始出现，且有日益增长的趋势。人口老龄化是一个不可回避的问题。

绝大多数人都要经过老年时期。老年时期是人生岁月衰老的时期，有许许多多的人生际遇，但最主要的人生际遇是“孤独”际遇、“衰老”际遇和“死亡”际遇。

一、“孤独”际遇

（一）孤独与孤独感

动物都喜欢群居，害怕孤独，人也喜欢群居。在古代，讲究儿女成群和三代同堂，其中缘由之一就是老年人怕孤独。而现代社会，孤独却偏偏又与年迈的人群相伴，许多老年人都要无可奈何地经受孤独。

孤独也叫“孤独感”，是老年时期的生活际遇。老年人普遍都有孤独感，只是程度上存在差异。

老年时期的主要人生际遇之一是“孤独”际遇。孤独是老年人的生活状况，也是老年人生的特点。孤独是一种难忍的感受。有人认为，“生活可以贫穷，但不可以孤独”，“年轻怕贫穷，年老怕孤独”。而有些老年人却饱受贫穷和孤独的双重折磨。

有人总结认为，幸福晚年要有“三老”：老伴、老本、老友。的确，人到老年有老伴相依为命，相互谈心，相互照顾，是一种幸福；人到老年有足够的积蓄资本以维持生活和看病养身，是一种安心和幸福；人到老年有几位老友一起下棋、闲谈，是一种幸福。但是，“三老”始终会失去，孤独依然会到来，老年人最不想见到的是，老伴过早去世，老本过早花光，老友相继离世。

孤独或许跟成长、生活、爱情和生病等现象一样，都是人生的必然。你对它越在意，它越猖狂地纠缠你，折磨你；你对它越不在意，越无所谓，它就越无能为力。有的人一生轰轰烈烈，呼风唤雨，老来变成“孤家寡人”，心理落差大，孤独感较强；有的人一生独居少友，沉默寡言，生活平静，老来孤独感也甚强；而有些人却不一定是这样。这都是人的造化。老年人的孤独感不那么强，也是一种命运（命中注定），一种福分。

但必须承认，孤独感是老年人的一种心态，它反过来又加速老年人的衰老。老年人的这种孤独心理感受，可能很难自我调节，很难彻底改变，我们只能是适度减轻它、缓解它。当然要缓解它，可能要转移心理视线，改变一些生活方式。

（二）孤独感产生的原因

孤独感的强弱，因人而异。孤独感的产生有诸多原因：

1. 客观原因

社会现实原因：现代社会，孩子为了前途和未来，或出国学习、移民；或为生活所迫而离开家乡到外地就业谋生，很少回家团聚；或长大成家立业，远离父母。老年人看着子女一个个独立离家，昔日热热闹闹，今朝冷冷清清，甚感孤独。

自然规律原因：随着老伴的去世、同事老友的相继谢世，老年人就更加会有失落感和孤独感。

2. 家庭原因

家庭变故原因：孩子是维系家庭活力和气氛的因素，由于孩子不幸去世（老年丧子），或受刑事处罚，使老年夫妻成为无人赡养的老人从而引发孤独感。

3. 自身原因

工作退休原因：退休是人生的一个转折点。年老退休，告老还家，缺少工作交际、人际交往，没有同事的吵吵闹闹，没有工作的压力，遂感到心里空荡荡的；或因昔日呼风唤雨的工作境况变得清静自闲而感到孤独。

婚姻生育原因：由于终生没有嫁娶，孤身寡人；或由于不能生育而成为独居老人；或是由于不愿生育而成为“丁克族”。到了一定年龄且遇到病痛卧床时就会感到孤独。

体力衰弱原因：随着身体素质的衰弱，体力降低，精力衰退，眼花耳聋，行动不便，减少接触世事而慢慢变得孤独。

二、“衰老”际遇

（一）老年人的“衰老”际遇

衰老是自然现象，任何物体都有衰老的过程状况，都存在一个衰老期，这是自然规律。人也一样会衰老，衰老是人生必经的阶段，它不以人的意志为转移。

老年时期的主要人生际遇之一是“衰老”际遇。老年人随着年龄的增长，生理机能的逐渐弱化，体力、脑力、精力逐渐退化，以及精神上和心理上的不断变化，衰老现象也就出现。

衰老既然是人生规律，既然不可回避，那么衰老就没有什么“可怕或不可怕、遗憾或不遗憾”可谈。对于老年人的衰老际遇，恐惧、遗憾、抱怨，都无济于事，都得面对它。因此，老年人要抱着平和的心态对待人生际遇，要以无所谓的心态对待衰老，要这样想：人人会衰老，人老才是宝，我老又何妨，不老不成宝。

（二）老年人衰老的表现

1. 体弱

衰老首先是生理上的衰弱。老年人生理机能逐渐衰弱，尤其是神经系统、循环系统、消化系统和生殖系统的功能衰减，表现为反应迟钝、心血管衰弱、消化不良和性功能衰弱，伴随而来的是“四少”、“四多”。“四少”为：睡眠减少、食量减少、活力减少、性生活减少。“四多”为：啰唆增多、尿频尿多、病痛增多、心病增多。

其次是体能上的衰竭。老年人身体机能逐渐衰竭，说话缺乏丹田之气，做事容易觉得疲累，接着眼花耳聋，脸上皱纹逐渐增多，随后手脚不灵，体力不支，行动不便。过去能一下子爬上楼梯，现在上楼梯感到吃力，过去能做的劳动，逐渐感到力不从心。

最后是行（运）动上的衰退。随着身体机能逐渐衰弱，感觉体能越来越不行，手脚不灵，体力不支，行动不便，容易跌倒，且运动越来越少。故老年人不能出远门，不能剧烈运动，只能适当运动，其目的是减缓身体机能的衰弱。

2. 病痛

病痛是老年人常见的遭遇。随着生理机能和身体器官功能的老化，体力的逐渐衰退，伴随而来的是老人病的出现。老年人常见的疾病有：高血压、高血脂、冠心病、脑血栓、糖尿病、哮喘病、中风、肠胃病、前列腺炎、慢性支气管炎、白内障，并且伴随着神经衰弱、消化不良、心律紊乱、内分泌失调等症状。病痛给老人带来的不仅是身体上、精神上的折磨，而且也加速了老年人的衰老，同时给家庭经济带来了压力。

3. 精力衰退

精力衰退是老年人的特征，也是老年人常见的遭遇。随着年龄的增长，体力的逐渐衰减，老年人的精力也逐渐衰退。主要表现有：思维迟缓，反应迟钝，注意力分散，记忆力减弱，疲乏无力，兴趣消减，爱好缺失，言行减少，意识模糊，精神不振，老年痴呆……

4. 心力衰竭

心力衰竭是老年人的心理特征。主要是认知能力弱，自我评价差，性格固执，情绪低落，抗挫力弱，孤独焦虑，抑郁寡欢，疑神疑鬼，悲观厌世……心理特征反映在生活行为上的各种表现有：好奇好问，喜欢唠叨，自言自语，语无伦次，回忆往事，爱管闲事，固执己见，小孩子气……

5. 生活弱态

老年人是生活的弱者。老年人日常生活往往食量睡眠减少，体弱多病，行动不便，与人交往少，缺失爱好，起居孤单，出现“四无”（无趣、无欲、无望、无助）的状态。老年人的生活常常伴随着脑衰弱综合征、老年焦虑症、老年抑郁症、退休综合征、空巢综合征、高楼生活综合征、老年期谵妄症和老年期痴呆症等症状。

由于每个人的生理、心理、经历、文化、社会、家庭、经济等诸多因素的不同，每个老年人衰老的程度、状况各异，因而出现多种形态的衰老现象。应当承认，任何人都不想衰老，但衰老是自然现象，是人生际遇，是生命的必然。

三、“死亡”际遇

死亡是生命结束，是任何人都回避不了的自然现象，也是老年人必然的人生际遇。地球上的任何生物都会死亡，人也一定会死亡，这是一个沉重而又必须面对的话题，如何正视死亡，是“心本”人生关注的问题。

（一）死亡的方式

俗话说：“一种生法，百样死法。”死亡有各种各样的类型，主要有：正常死亡，非正常死亡；自愿死亡，非自愿死亡；自然老死，非自然死亡；痛苦死亡，安乐死亡；有价值死亡，无意义死亡等。

死亡的方式，大体有：自然死法、生病死法、伤残死法、饥饿死法、灾害死法、争斗死法、惩罚死法、战争死法、意外死法、他杀死法、自杀死法等。单就自杀死法来说，就有跳河、跳崖、跳海、跳楼、上吊、吃药、打针、吸毒、割脉、剖腹、自焚、撞墙、持枪自杀等等；单就意外死法来说，就有：车祸、溺水、坠崖、坠楼、触电、雷劈、空难、海难、矿难、难产、工伤事故、医疗事故、食物中毒、煤气中毒、高空坠物置死、洪水决堤而死、雪崩掩埋而死、山体滑坡活埋、被歹徒杀害、被失手致死等等。

对于每个人来说，死亡是必然的，只是时间先后而已。相信绝大多数人都希望自己活得更长一些，更开心一些，更有意义一些。

（二）对“死亡”的心态

“心本”人生既关注人的死亡问题，更关注人对死亡的态度以及死亡时的心态。

死亡既然是老年人回避不了的一个人生际遇，因而就必须关注老年人对死亡的态度。应当承认，任何人都不愿意死亡，都愿求生，因而求生的心态、“贪生怕死”的心态人人都有——人的“心本”。那些厌世的人，只是生活、命运、病痛等遭遇所逼，求死是对遭遇的痛恨和回避。可见求生、贪生心态是人的“心本”。

究竟是由于“怕死”所以“贪生”还是仅仅就是“贪生”，这其中的缘由我们不必求证，总之“贪生怕死”是连在一起的。人怕死原因有二：一是害怕死的过程折磨、痛苦；二是“怕死”源于“贪生”。毕竟人生有许多东西值得留恋，人们往往怕死后没有活着的美好待遇——可见人不是怕“死”本身，而是怕死后一切不如人间的美好①。

为了解决人的“怕死”心态，让人不那么怕死，宗教就编造出另一个冥冥之中的世界——西方极乐世界——美好天堂：那里无忧无虑，有吃有穿，不会生病，不用劳动，没有剥削，没有争夺，没有烦恼，没有恶，只有善，极乐无穷。假若宗教说的极乐世界是“真”，那里真有乐土，真有天堂，那么人们（包括宗教人士）一定恨不得早死，恨不得快点去享乐，如此说来又何来“怕死”心态。假若宗教说的是“假”，则用“假”的东西来说服现实的“怕死”，难怪许多人不相信。

为了解决“人性恶”，引导“人性善”，让人们去恶从善，宗教在编造美好的世界的同时，编造出地狱和刑罚。行善的人，死后进入天堂，而作恶的人，死后得进十八层地狱，受尽十八般酷刑：吞钢球、喝毒水、下油锅、爬刀山、入火海、睡针床、磨尸体、锤砸身、针穿心、挖眼、割舌、掏心、抽肠等。

宗教编造的这“两个世界”，截然不同。人们不知哪个世界是“真”，哪个世界是

① 张中行．顺生论．北京：中华书局，2010.

“假”，或者“两个世界”都不存在。

结果，人们只能半信半疑，或处于猜想之中：对死去的亲人，用大量的衣物、食物、金钱、首饰、财宝、佣人、美女等陪葬；有钱有势的皇帝、贵族用实物陪葬，贫苦百姓用冥物，以祈望亲人们死后能过上好生活。

自古以来就有人在想办法“求活”，“求不死”。想出的办法一是求仙丹、寻仙水——旺了宗教庙堂的香火；二是炼“长生不老丹”——怕死举措；三是隐居山林，以求长命。

结果，“两个世界”弄得人们人心惶惶，使人们对死亡更加害怕，甚至极端恐惧，忧心而死。

由于人没有经历过死亡，由于受上述的死亡“教育”影响，由于“怕死”心态，人们对死亡的心理认知上存在着盲区。大体上对死亡有着这样的心理：

1. 恐惧心理

应该说，许多人都向往着生存而害怕死亡，一些人十分害怕死亡，甚至到了恐惧的程度。尤其是生活过得十分美满而又没有太多变化和太多人生经历，对死亡没有全面正确认识的人，就更加有恐惧心态。

2. 害怕心理

一小部分人害怕死亡，是因为责任在肩，例如上有老下有小或未完成某一使命，但大多数人由于未经历过死亡，对死亡无知而产生害怕心理。这些人虽然知道人死是必然的，是自然规律，但是他们还是害怕死的痛苦过程，祈祷死时少折磨和痛苦，自然地正常地老死——人生“死福”的际遇。

3. 淡然心理

一些人对死亡抱着淡然面对的心态，对死亡没有害怕。这些人认为，活着就要活好，死了就要淡然，死是自然规律，无须多想，也无须恐惧。说到底，死亡是人生归宿，是人人都会碰到的人生际遇，恐惧也没有用，因此我们要淡然面对，顺其自然。

相对而言，老年人由于接近老死的年龄，离死亡更近一些，因而老年人对死亡的态度更值得关注。许多老年人“怕死”，这是可以理解的；许多老年人“惜生”——“惜生”与“怕死”是同一问题的两个方面——与病魔抗争几年或更长时间，在死亡线上挣扎地活着，这也是无可非议的。

（三）死亡的意义

对于一般人，尤其是对于老年人来说，讨论“死亡的意义”有意义吗？可能有人会说，就让一个老人安详死亡，让生命自然离去，何必谈论和要求一个老年人要死得有意义呢？

“心本”人生对死亡的意义，理解上有所不同，它不是我们通常所理解的“死亡的价值”，而是“死亡的心态”，只要老年人对死亡心理上不害怕、不恐惧，抱着自然、安详、平常心态离去，本身就有意义。

其实，死亡的意义，不能用价值标准来评判，至少对于老年人的死亡来说，不能用价值大小来衡量，只能用“自然、不幸、痛苦（安详）、恐惧（平静）”的标准来衡量。人们要改变对生命死亡评价的惯常的思维方式：死得有价值，死得其所，死得轰轰烈烈，死得重如泰山，死得极具意义……

其实，对于生命死亡本身来说，是正常的死，或是不正常的死，是自然老死，或不幸死去，甚至“该死”，死亡本身是没有一点“价值”可言的；有的只是“一个生命的结束”，只是可惜、遗憾。

其实，对出生的人，提倡“优生优育”，对活着的人，也要倡导“优生优死”——幸福快乐地活着（优生），安详平静地死去（优死）。这里所指的“优死”，不是医学意义上的“安乐死”，而是“心本”人生意义上的“安乐死”，是自然、安详、平静地离开人世。

其实，害怕死亡的心态对老年人的身体健康是有害的。如果老年人陷入“越多病越害怕死，越害怕死越多病”的恶性循环之中，将对其健康和生命极为不利。老年人要正确看待生命和解读人生，自然、安详、平静地对待死亡，这才是最重要的。

“心本”人生希望每个老年人离开人世时都能够“优死”，希望每个老年人告别人世时都能自然、安详、平静。

第六章 “心本”人生之顺应

人生的顺应，就是人生际遇的顺应；“心本”人生的顺应，就是以良好的个性心态去顺应人生际遇。

然而，必须看到两个事实：其一，历史是由血泪写就的，人生也是苦乐参半；其二，不同的人有不同的个性，有着不同的人生命运和生活际遇。因而，要谈人生际遇的顺应，的确艰难。因为，第一，每个人的个体都有自己独特的人生际遇。第二，每个人的人生际遇都有时间、空间、事态和过程的差别。第三，每个人都有各自的素质、能力、命运和顺应方式。例如，有的人虽然文化高、智商高、阅历广、官阶大、能力强，但处理起自己的婚姻际遇、家庭际遇来，似乎一点办法都没有。因此，讨论人生际遇的顺应，只能探讨共性的、普遍性的问题。

从“心本”角度看，人生际遇顺应的共性是心态、心境。心态决定人生际遇的顺应，心态决定人生忧乐，心态决定人生命运。如何顺应际遇、顺应命运、顺应人生？关键是靠“心”，即心态、心境。

“心”的感受取决于两个原因：一是人生际遇——碰到什么样的时代和生活际遇——客观因素；二是个体素质——个性心态素质影响人生际遇的顺应——主观因素。

许多学科都在探索人生、人生际遇和顺应方法，也都从各自学科研究的特点出发，提出人生际遇的顺应方法。“心本”人生也不例外，主要从“心”角度、“心”境界来讨论人生际遇的顺应方法。

第一节 儿童少年时期际遇的顺应

由于儿童少年时期，年龄小，不懂事，际遇较为简单，因而其人生际遇主要是“学习”际遇、“做人”际遇和“独立”际遇。童年时期，主要在父母的庇护下生活，故这一时期的人生际遇和顺应，主要依靠父母和老师，因而谈顺应方法就先谈一谈父母和老师对孩子的教育。

一个家庭就是一所学校，“好妈妈”胜过“好老师”，父母的性格决定孩子的个性，父母的修养决定孩子的素养，父母的教育决定孩子的未来。因此，父母的教育对孩子的成长至为关键。

一、教育内容

（一）教育的依据

家庭教育，就是依靠家长的教育。家长教育孩子，要依据孩子的生理、心理的发育特点和发展规律来进行。

有研究认为，儿童3岁起听觉就已经发育完全，3岁之前可以简单地对话，3岁开始是学习语言的最佳时期，这一时期学习讲话、表达意思、唱唱儿歌（注意：只限于儿歌）是最好时机；3~5岁以后手指和四肢的功能才发育完毕，是训练动手能力的时期，可以学写字、画画、堆积木、弹钢琴（注意：过早学习写字、画画、弹钢琴，可能会影响孩子的手指发育），也可学习跳舞；儿童天生好动，6~7岁开始，注意力才相对集中，6岁之前可以学习简单的文化常识，6岁之后可以系统学习文化知识，故6~7岁才正式上学（有的家长过早教孩子背了许多儿歌、唐诗，到大了也都忘记了，对学习文化知识没有多大帮助）。因此，教育要依据儿童的发育特点来施行，超前或滞后的教育，均影响教育效果。

（二）教育的内容

少年儿童时期，家庭教育的内容主要是性格、学习、做人、独立四大问题，即要让孩子养成良好性格、学会学习、学会做人、学会独立。其中性格教育是这一时期的重点和核心问题。

尤其在学前时期，家庭教育的内容主要是非智力因素的教育，即主要是个性和行为习惯的教育，包括性格、情感、意志、品德、道理、责任心和良好习惯等等。因为，少年儿童时期是孩子个性形成的关键期，家庭教育是否得法，是否有效，孩子性格是否优良，关系到孩子一生的幸福。

单就性格教育而言，孩子性格良好则有利于学习、交往和做人，相反孩子性格不良，则影响学习和独立生活，也影响人生发展。孩子不良性格的表现有：倔强、傲慢、孤僻、内向、自卑、烦躁、自私、捣蛋；行为上我行我素、不听教导、反叛、爱说谎、爱顶嘴、爱打闹；缺礼仪、缺诚信等。孩子的这些不良性格的养成，往往是由于家长缺乏教育或教育方式有问题。因此，性格教育十分重要。

教育不是包办，凡事都要让孩子去践行。中国的父母，普遍患上育儿“焦虑症”：过分担心孩子输在起跑线上，过分担心孩子学习前途，过分担心孩子未来发展……中国人喜欢操这个心，对小孩生活、学习总是包办起来，样样事都由父母拿主意，甚至孩子长大成家立业了，还要操心，还要代办。真是一生儿女债，一世操劳命。

二、教育方式

教育要入心，要从心开始。

父母教育方式有：民主型教育方式、严谨型教育方式、放任型教育方式、粗暴型教教方式、冷漠型教育方式等。最好的方式是民主型教育方式，父母要学会与孩子进行平等的、朋友式的民主对话的教育方式。

（一）“学习”的教育方式

孩子学习受智力因素影响，包括注意力、观察力、记忆力、想象力、思维力。智力因素是学习活动的操作系统，对学习起着直接影响的作用。孩子学习也受非智力因素影响。非智力因素包括学习动机（愿学）、学习兴趣（好学）、学习情感（乐学）、学习意志（勤学）和学习性格（独立学习）五个方面。这五大因素是学习活动的调节系统，对学习效果产生间接的却是极为重要的影响①。

家长老师教育的目的，就是要孩子养成良好的学习习惯。这既有助于孩子的学习，又有助于将孩子的“心”引导到学习上来，减少其他不良的行为。学习习惯的教育方式如下：

1. 从小开始教育

要从“学前”就开始教育，主要是学礼貌礼仪、生活常识、行为规范、爱心诚信，也可学简单的知识等。但教育不是“逼学”，不能逼着孩子学文化，最好的教育方式是让孩子在游戏中学习，在玩中学习——培养学习兴趣和动机，使其“愿学”。（学习是“心”在学习，孩子没了兴趣和动机，就不愿学，就学不了东西。）

2. 学习兴趣培养

孩子的学习兴趣和学习情感十分重要，没有学习兴趣和情感，就难以教育。家长要教育孩子学会学习、学会做人。培养良好性格，关键是培养孩子的学习和行为的兴趣和情感，要利用孩子的心理特点，多表扬、多赞赏、多肯定、多激励，让其产生兴趣和情感，乐于学习，乐于做事，愿意做好每件事。因此，教育过程中要注意，一定要让孩子有兴趣感、成功感，“我乐学”而不是“逼我学”。（学习是“心”在学习，做事是“心”愿意做事，要让“心”感到舒服，“心”才会好学和乐学。）

3. 学习时间调适

孩子好动和注意力不集中是正常现象。有实验研究证明，孩子集中注意力（有效注意力）的持续时间随年龄增长而延长，3 岁平均约 10 分钟，4 岁平均约 15 分钟，5 岁平均约 18 分钟。如果在轻松和感兴趣的游戏中学习，可延长 1 ~ 2 分钟，如果在枯燥无味的文化学习中，则缩短 1 ~ 2 分钟。家长教育孩子的文化学习，时间要求不宜太长，要适合孩子的年龄特点，要做到学习与活动相结合，但学习时间要相对固定，学习时不能想其他事，做其他事，要专心致志，在一定学习时间内完成学习任务，时间一到就让孩子去玩。（学习是“心”在学习，不能让孩子分“心”，也不能使孩子劳“心”。）

4. 学习量、难度调适

学习量和难度要适合孩子年龄特点和接受能力，不宜太多、太难，不能“逼”孩子超时、超难度地学习，不搞题海战术，不搞疲惫战术，不能让孩子感到学习是负担，否则就

---

① 唐洪波，陈筱洁．小学生积极心理培养．广州：暨南大学出版社，2012.

会磨损孩子的学习兴趣，孩子就不愿学习。相反，家长在教育时，要经常"逼"孩子去游戏、运动和做一些家务事，以调节学习压力。（学习是"心"在学习，不能让"心"疲惫，感到压力。）

5. 学习困难调适

孩子学习有困难，学习成绩不好，原因很多：如果是智力原因，则难有好办法，只能慢慢来，尽量学好一点。如果是学习兴趣、动机、情感和意志、习惯的原因，父母更不能急，也不能责骂，只能多鼓励，多表扬，多肯定，逐渐培养孩子的学习兴趣，使其对学习不厌烦，逐步形成良好的习惯。如果是学习基础原因，可以适当请家教辅导孩子。请家教要注意：家教是补习基础，填补知识漏缺，因此学习难度要降低，不能增加学习量，增加压力。

6. 厌学问题教育

孩子厌学表现在：有厌学情绪，不愿上学，不认真听课，不按时完成作业，甚至有逃学行为等。如果孩子到了"厌学"地步，说明孩子对学习严重缺乏兴趣，学习的"心"有了较大的压力，学习意志和学习性格已经受损，教育起来难度很大。对厌学孩子的教育，要注意以下四点：第一，对厌学的孩子，不能责骂或惩罚，不能跟孩子斗嘴或斗心，不能让孩子对学习产生厌烦和压力；第二，要与孩子相互沟通，听听孩子对学习的意见，看看孩子有何想法，了解孩子并查找厌学的主要原因；第三，要给予孩子鼓励，使其增强学习信心，要让孩子有调整学习心态的时间，不能要求孩子马上改变学习态度，不能逼得太紧；第四，在征得孩子的同意后，或补课（请家教），或留级（一定要孩子同意），或转校转学（转变学习环境），或读职业学校（学点技能）。这样，或许能逐渐改善过来。

（二）"归因"的教育方式

要使孩子学会正确归因，这有利于学习、做人和良好性格的养成。

1. 正确判断事物

家长要教育孩子如何正确判断事物。什么是对，什么是错，什么是好的，什么是坏的，什么是成功，什么是失败，要让孩子学会正确判断。正确判断是"正确归因"的基础，否则就无法"正确归因"。

2. 正确归因

要教育孩子使其学会正确归因。孩子将事情做错了，或失败了，要正确归因，要从自己身上找原因。例如，考试成绩差，不能归因于教师没教好，或题目太难，或出偏题，或考试时教室太热、太吵……要在自己的学习方法、学习态度和努力程度上找原因——自我归因。孩子事情做错了，不推卸责任，勇于自我归因，是一种负责任的态度，是自信、勇敢、诚实的表现，要给予肯定和鼓励。自我归因有利于孩子良好个性养成。

3. 正确改进

孩子将事情做错了，或失败了，能做到自我归因固然好，但还要正确改进。什么是正确改进？如何改进？孩子年纪小，又是"当局者迷"，此时家长要学会引导，善于指导。

（三）“性格”的教育方式

性格是做人的重要方面。性格决定命运。孩子性格的教育要遵循“疏、缓、转、冷、借、验”的六字法。

1. 疏——疏导、疏流、疏通、正面引导

教育孩子不能只教训、斥责、打骂，这会产生负作用，使孩子自信心受挫，产生“我是不可能变好”的自卑心理，或破罐破摔的颓废心理，或“对着干”的逆反心理。教育是要经常与孩子谈心，听听孩子的想法，给予其说理、辩解的权利和机会。不能将父母的想法强加给孩子，要讲道理、疏通说服、正面疏导。教育不能采取狂风暴雨式的强压方法，而应是和风细雨式的引导。

疏，更多体现了家长的心理素质，也考验了家长的教育能力。

2. 缓——缓和、缓冲、缓急、缓兵之计

缓和矛盾，是教育的前提。孩子有个性，有时发点牢骚、脾气，甚至言行过激一点，不一定是坏事，说明孩子有思想、有见解、有自信，才会心里纳闷、心里苦恼，才会有对抗行为。父母要缓躁，不能激动；不能非要坚持自己的观点和想法，非要孩子马上就改变想法并接受你的意见。暂时缓和气氛、缓和矛盾，也是有效的教育方法。

缓，是缓解教育过程中亲子之间的冲突。教育有时不能急，常常要顺势借力。因此，家长要讲究“缓”的策略和方式。

3. 转——转向、转换、转移角度、转化对立

转是转变方向、转变方法、转移角度、转化对立，不直接就事论事的教育方法。父母在教育孩子时，常常碰到观点相左、意见对立，孩子无法接受父母意见，父母说服不了孩子的情况。这时可以先“缓”后“转”，等有机会就转移角度、转变方法再进行教育。“转”是策略与方法的有机结合。“转”得好，能起到意想不到的教育效果。

4. 冷——冷静、冷待、冷化、冷藏、冷处理、冷加工

教育孩子，有时要采取“冷加工、冷处理”的方法。如果孩子犟起来，大哭大闹，躺在地上打滚、摔东西，这时父母越是在乎、劝说、打骂，孩子就越要脾气，不听劝告，躺地上不起来。若迁就和满足孩子无理要求，今后此类情景还会重演，犟到满足为止。如此反复，只能培养孩子的犟脾气、坏个性。碰到这样的情景，唯一的方法是软处理，以“软绳缚苍龙”的方法，“横下一条心”将他“冷处理”，等他累了、饿了、妥协了，自然就会静下来，然后父母再伺机进行教育。

冷是心理冷战，关键是家长能否先冷下来，能否放下溺爱之心。这在很大程度上考验了家长的耐心和韧性。

5. 借——借力、借势、借鉴、借风驶船、借他山之石

借是借用故事、榜样、先进事例或反面事例来教育孩子，或借他人教育小孩的机会，借势教育自己的孩子，达到正面激励或“敲山震虎”的教育效果。俗话说“前屋人教仔，后屋孩子乖”。例如，邻居的孩子经常上学迟到，其父母在教育他，家长可以借势提醒自己孩子每天早上起床后，动作要利索一些，避免迟到。这是借邻居教育之力，使孩子得到

借鉴。

借，是策略。家长可以通过问孩子，邻居的孩子发生了什么事，让孩子叙述邻居小孩的故事，让孩子在故事中自思、自省。

6. 验——体验、考验、亲身感受、无为教育

"验"是家长创造条件、创设情境、创设机会，有目的地让孩子自愿参加一些体验活动，让孩子亲身经历、自我考验和自我启示。如利用暑假到农村或工厂参加劳动等。

应注意的是，让孩子亲身经历、亲身体验活动，要征得孩子的同意，而不是家长"意愿"或"威逼"①。

（四）"独立"的教育方式

独立是儿童必须经历的人生际遇。儿童独立的过程是儿童社会化的过程，儿童独立的过程也是能力培养的过程。如果孩子独立能力不强，则孩子对父母、家庭的依赖性就较强，它将影响到孩子今后人生际遇的应对。

中国的许多父母对子女过度宠爱，将孩子视为掌上明珠。孩子的学习、生活、交往等方面的所有事情，父母都包办、代办。结果，孩子应对学习、生活、困难、挫折的能力较低，成为"温室里的花朵"。对孩子的教育，除了学习习惯、个性形成的教育外，还要注重独立能力的教育，让其得到锻炼。独立能力的锻炼要做到：

1. 不要包办，让其独立

孩子的独立能力是锻炼出来的。孩子应自己安排好学习、活动的时间，自己的事情自己做。家长要做到让其独立，不要包办代替。例如，孩子自己整理书包，自己洗澡，自己穿衣，自己叠被子，自己买衣服，自己上学，自己存取款，自己修理单车，自己交学费，自己旅游……

2. 敢于放手，让其尝试

家长对孩子要敢于放手。俗话说"穷人的孩子早当家"，其实就是让孩子实践尝试，尽早学会自理和独立。例如，山村里贫穷家庭的小孩，从小就放牛，养猪，上山砍柴，自己做饭炒菜，甚至会杀鸡、宰鸭，做几个好菜招待客人。而城市里的孩子，什么事都不用自己做，结果独立能力较差。

3. 创造条件，让其锻炼

所谓创造条件，让其锻炼，就是让孩子尽早"脱离"家庭，独立生活。例如，让孩子到学校住宿，过集体生活；让孩子参加野外活动，参加军训活动，参加一些公益活动和义务劳动等等。如何让孩子独立锻炼？一是要跟孩子界定，什么事应自己独立完成；二是独立做事要注意安全，要有安全意识，学会保护自己；三是孩子办事遇到困难，要跟他分析原因，提出解决困难的思路方法，而不是代替孩子做事。总之，让孩子在各种活动中锻炼自己的独立能力。

---

① 吴发科．家庭教育的策略与方式．教育导刊，2005（1）．

第二节 青年时期际遇的顺应

青年时期人生际遇的顺应，主要是青春期际遇的顺应、就业立业际遇的顺应和婚姻家庭际遇的顺应（婚姻家庭建立以及婚后家庭生活的和谐）。

一、青春期际遇的顺应

（一）情绪与行为

青春期是介于儿童少年时期与青年时期的过渡时期。青春期际遇的过渡顺利与否，影响到后面的就业立业、婚姻家庭际遇，因此将青春期际遇的顺应放在本节讨论。

青春期际遇主要是情绪与行为问题。人，一辈子都有情绪，以及由情绪引起的行为问题。由于青春期生理、心理（含性心理）的变化特点，青春期情绪与行为问题最为复杂，也最为突出。因此，在青年时期的际遇中，情绪控制、情绪调节就成为重要的一环。

情绪包括正面情绪（如欣喜、愉悦、快乐、幸福等）和负面情绪（如悲伤、愤怒、恐惧、焦虑等），情绪调节一般是指负面情绪的控制调节。如何以积极的、良好的心态和方法去调节自己的负面情绪，让生活过得更开心，是每个人都必须掌握的一门学问。因此，学会情绪自我调节显得尤为重要。

（二）情绪自我调节的方法

情绪自我调节的方法有很多，下面介绍几种常用方法。

1. 心理学的方法

（1）回避法：不良情绪是由某些人、某些事、某些话引起的，对引起不良情绪的人、事、话，不听不看，不理不睬，所谓“耳不听，心不烦”，正是这个道理，即以“消极”方式应对不开心的事。

（2）转移法：转移指不良情绪的心理转移。把自己的注意力从烦闷之事中转移出来，并将注意力转移到（或去做）其他快乐的事情上，从而调节心情。如下棋、画画、听音乐、看电影等，让心情放松、平静下来，达到减少烦恼的效果。

（3）转视法：换个角度看问题，即对引起不良情绪的事，从另一角度看待，或转变思维方式去应对。这样心情会变好一些。如前边所讲到的“半杯开水”的事例，就是转变思维方式，从另一角度去看待“半杯水”，使人心情好起来。

（4）低调法：当遇到烦恼的事，心情烦闷时，用低调的心态去看待事情，用平和的心态去化解烦恼，调节情绪，从而告别心理困境。

（5）宽慰法：用某种“合理化”的理由来解释不愉快的事实，使自己的心情好起来，以求心理自我安慰。例如《伊索寓言》里面说，一只狐狸吃不到葡萄，就说葡萄是酸的。倘若只能得到柠檬，就可以说柠檬是甜的——将“酸葡萄心理”变为“甜柠檬心理”。这不是自欺欺人，而是一种缓解情绪的方法，是很有好处的。

(6) 幽默法：就是用幽默的方式、自嘲的方式应对不愉快的事情并调节自己的情绪。一些事情会引起烦恼，用幽默的方法来应对，往往可以调节自己和周围人的不愉快情绪，使心情轻松起来。例如，有人问余光中："李敖天天找你茬，你从不回应，这是为什么？"余光中沉默片刻说："天天骂我，说明他的生活不能没有我；而我不搭理，证明我的生活可以没有他。"①

(7) 宣泄法：这是一种理智的合理的情绪宣泄方法。遇到委屈的事情和不愉快情绪，不要埋在心里，要通过宣泄，将自己内心的郁闷和烦躁情绪释放出来，使心情舒畅，这样才有益于保持身心健康。如向知心朋友或亲人诉说或大哭一场，或打沙包，或大喊大叫，或去运动。但发泄的对象、地点、场合和方法要适当，避免伤害别人。

(8) 补偿法：这是一种"这方伤感，那方补偿"的情绪补偿方法。如因某件事而伤感，可选择其他愉快的事情来化解不好的心情。例如，日本著名指挥家小泽征尔，原来是学钢琴的，却不料手指受伤，无法演奏，而使他一度十分苦恼。后来，他毅然改学指挥，并一举成名，从而摆脱了苦恼心情。

(9) 冥想法：当遇到某件事而心情不好时，要往事情好的一面想，或想象以往美好的事情，憧憬美好未来，让自己的郁闷心情逐渐缓解。冥想法近似于心理暗示法。

(10) 升华法：通过心理升华，提升自己的自信、情感意志，把苦闷变成动力，把坏事变成好事。如歌德年轻时曾遭遇失恋，痛不欲生，几次企图自杀，但他从痛苦中得到升华，最终把破灭的感情当成素材，写出了世界名著《少年维特之烦恼》。

(11) 认知法：也叫认知改变法。认知法就是改变对引起烦恼之事物的认知，通过认知改变，从而消除不良情绪和烦闷心情。

(12) 暗示法：也叫心理暗示法，它与意识控制法相近。当愤愤不已的情绪即将爆发时，要用意识控制自己，自我提醒、自我暗示要保持理性。如用"要冷静、要制怒，发火是懦夫"，"不生气，千万别把矛盾加深"等暗示自己，调节情绪。

(13) 咨询法：也叫心理咨询法。当烦闷或想不开时，当事人自愿地、主动地去找心理咨询师进行心理辅导、咨询或治疗，解开困惑②。

2. 其他调节方法

(1) 瑜伽气功法：学习瑜伽，利用瑜伽气功的方法，放松自己，调节情绪。

(2) 呼吸放松法：心情不好时，找个僻静舒适的地方，放松站立，闭上眼睛，深深地呼吸，十几分钟后，会觉得好受一些。

(3) 语言鼓励法：用哲理或名言劝告自己，鼓励自己同痛苦、逆境做斗争。如"下定决心，不怕牺牲，排除万难，争取胜利"。

(4) 音乐调节法：当心情烦闷时，坐下来，闭上眼睛，静静地听一听轻音乐，调节心情。

(5) 按摩放松法：当心情烦闷时，请按摩师为自己按摩，放松心情。

---

① 广州日报，2013-08-28.

② 彭聃玲．普通心理学．北京：北京师范大学出版社，2004.

（6）运动缓解法：当心情烦闷时，走出室外，散散步，跑跑步，做运动，缓解郁闷情绪。

（7）环境调节法：也叫“自然缓解法”。大自然环境对情绪有着重要的调节和制约作用。心情忧虑时，到娱乐场去消愁解闷；情绪压抑时，到大自然去调节心情。登上高山，有超脱之感；走近海边，会心胸开阔；走进森林，就觉得一切清新①。

二、就业立业际遇的顺应

（一）就业立业的际遇

就业立业是人生的大事，是青年重大的人生际遇。

就业立业与个体的能力、素养有关，也与个体的机遇有关。有的人就业就是立业，有的人就业与立业分开；有的人很顺利，有的人处处碰壁；有的人对“所立之业”很满意，从此意气风发，事业步步高升；有的人对“所立之业”不满意，三天两头更换岗位，结果往往一事无成。

就业立业与社会状况有关。社会政治经济形势好，就业岗位多，青年人的就业立业就会比较容易；相反，青年人的就业立业则比较困难。例如，若遇到社会政治动荡或经济危机，许多青年大学生，一毕业就失业，更别说立业。这就是人生际遇。

（二）就业立业的顺应方法

就业未就，立业难立，该怎么办？如何应对？

1. 心理上的应对

首先，青年人要有强烈的劳动意识，要有干一番事业的志向，要有就业的迫切感和工作的紧迫感。青年人不能有得过且过的思想，不能有依赖家长的想法，哪怕是父母家财万贯，也不能碌碌无为或坐享其成。

其次，青年人就算暂时找不到工作，也不用太过紧张害怕。要有信心，要相信自己的能力，要坚信社会上一定有岗位需求，有适合自己和能发挥自己作用的工作岗位，只要自己不断努力，就一定能够找到工作。

2. 方法上的应对

（1）低就立业。如果遇到立业难、就业难，要学会“就低不就高”，先赚点钱糊口，养活自己，再求发展。千万不能高不成，低不就，成了失业，立业就更难。青年人立业不能“这山望着那山高”，无心从业，丧失活力，丧失志气，要力求“做一行，爱一行，专一行”。要有信心，把“低就”看成立业的起步；要有勇气，从“低就”中逐步建立起自己的工作基础和事业基础。

（2）四处打工。青年人如果遇到立业难、就业难，且自己文化能力水平又比较低，就不能好高骛远，大事做不了，小事又不做。不能嫌弃工作脏、累、苦。首先要有志气，要

---

① 自我情绪的控制 . http：//wenku. baidu. com.

用自己的双手劳动，养活自己，不靠父母；其次要有恒心，不怕脏、苦、累，努力打好工；再次，要将打工看成学习技术专长的机会；最后，要有决心，等待时机，自行立业。

（3）艰苦创业。如何创业，其一，要分析市场形势，选择适合自己的创业项目，同时要有一定的风险意识。其二，要正确认识自己，要分析自己的优势，选择自己熟悉或者有兴趣的创业项目。其三，创业不能企图马上就发达，要有耐心，从小做起；要明确目标，设立目标后要有激情，要有拚劲，能执着追求。其四，要经常反思，不断学习，多与有经验的商场人士交流，获得更多的灵感。其五，创业艰辛，创业要有风险意识，要有应对挫折的思想准备，需要坚强的勇气、坚忍的意志、坚持的毅力，要明白只有付出才能获得成功。

（4）提升自己。青年人遇到立业难、就业难的时候，要积极参加就业培训，学习一些专业技能或现代管理方法，不断提升自己的素质能力；有条件、有机会的青年人，可以继续升学读书，继续深造和提升自己，这也是应对的一个好办法。

三、婚姻家庭际遇的顺应

恋爱是婚姻的基础，婚姻是组建家庭的前提。对青年男女来说，恋爱、婚姻、家庭是青年时期的一个重要的人生际遇。一个人如果过早或过晚碰到这一人生际遇都不太好，对身心、生活和人生都有一定的影响。因此，恋爱、婚姻、家庭际遇的顺利和应对非常重要。

（一）恋爱、婚姻的顺应

1. 适时婚姻

从生物学、生理学和社会学、心理学的角度看，一个人 20～25 岁恋爱，25～30 岁结婚比较合适。青年人不能因为工作忙，或为了事业，或为了享受潇洒的单身生活，而错过适合恋爱、婚姻的时机。因此，适时结婚是青年时期的婚姻的一种顺应。

2. 适合婚姻

一般来说，恋爱到了两情相悦时，就会有结果，就会建立家庭。但恋爱、婚姻是有条件的，包括年龄、长相、健康、个性、气质、文化、职业、收入、爱好和家庭状况、地区相距、住房条件等许多条件，恋爱、婚姻从来就讲究般配。因此，恋爱婚姻必须把握：

第一，恋爱、婚姻要有心理准备，要学会自我认知，即认识自己各方面的条件，否则就变成盲目追求恋爱。另外，心理准备还包括被对方拒绝、抛弃，尤其是自我条件较差的青年，可能谈了几个、十几个对象都不成功，会产生心理焦虑和压力，要有充分的心理准备。另外，还要有承担婚姻、家庭建立的客观条件、经济条件要求的心理准备。

第二，选择恋爱对象要般配，要了解对方的各方面条件，要认真分析对方的婚姻条件，预测对方选择对象的要求，如果双方条件和要求相差太远，则无法成功。

第三，既要考虑般配，又不能过多考虑某些条件要求，不能因某个条件不太理想就随意断绝恋爱和否决婚姻，不要苛求。否则，恋爱、婚姻就很难成功。

第四，恋爱双方接触一段时间后（最好是不超过一年），要做出“决断”，不能无休止地拖得太久，否则有可能会产生感情危机，对双方都不利。

第五，恋爱以感情为基础，要真诚对待感情、珍惜感情、经营感情，要认认真真谈恋爱，切忌朝三暮四，不能学“猴子吃桃子”，挑一个吃一口就扔掉，再挑一个，或“吃着碗里的，看着锅里的”，同时与几个异性谈恋爱，玩弄别人感情。

第六，婚姻是一种忠贞的缔约，不能勉强，不能作假。恋爱婚姻要持诚实的态度，不能隐瞒自己不利的条件来敷衍对方，也不能捏造事实欺骗对方，更不能以霸占对方肉体的手段来达到婚姻的目的。

第七，对于年轻人来说，恋爱是美好、激情、浪漫的，有时很少考虑其他因素。但恋爱到了一定时刻，务必要认真地问一问自己：是否真爱对方，是否愿意互爱互助，互教互信，是否愿意结为连理，天长地久；你是否愿意让他（她）成为你的终身伴侣，与他（她）缔结婚约？无论疾病还是健康，或任何其他理由，都爱他（她）、照顾他（她）、尊重他（她）、接纳他（她），永远对他（她）忠贞不渝，直至生命尽头？

第八，恋爱较为成熟后，双方要讨论如何举办婚礼和建立家庭。举办婚礼和建立家庭是两个人的事，要考虑双方实际和经济条件，不能与同学同事攀比，不能过分追求洋气、阔气、排场，不能过分追求物质条件，否则会造成浪费或经济负担，影响婚后家庭生活，或许还会影响婚后夫妻感情。

3. 维持婚姻

家庭生活中总会因一些生活小事或个性习惯而磕磕碰碰，要靠双方的努力来维持。就“心本”来说，维持婚姻要靠男女双方的合力耕耘，让两颗心的距离接近，即“心际距离”。如何使心际距离接近呢？王小波认为，婚姻中最重要的几样东西是：童心、浪漫、幽默、亲昵、情话、沟通、欣赏。这些对维持婚姻很有帮助。

（二）家庭建立的顺应

1. 真诚爱情

真诚感情、忠贞缔约是青年人建立家庭的心理基础，是夫妻婚后幸福生活的黏合剂。当然，外在条件如工作、经济、住房、父母、子女等也是家庭建立的影响因素。但是，如果夫妻感情基础好，相互忠贞、相互爱慕、相互关照，则什么客观条件都是次要的，也都是能够克服的。因此，真诚感情、忠贞缔约是影响家庭幸福的重要因素。

2. 性生活和谐

性生活也是影响家庭建立、家庭幸福的重要因素。婚后的蜜月和蜜月后的相当长时间里，性生活是夫妻感情、家庭幸福的纽带。婚后夫妻感情恩爱，性生活和谐，双方都觉得十分满足，都觉得生活幸福，家庭日常生活中的许多问题就容易解决，婚后夫妻的个性和生活的磨合期就容易度过。爱情是自私的，性生活是专一的，婚后夫妻必须做到相互忠贞、相互信任。否则，夫妻感情将破裂，建立起来的家庭将分裂。因此，夫妻之间要相互珍惜。

3. 尊重父母

父母态度也是影响青年人家庭建立、家庭幸福的重要因素。家庭建立之前，最好是征得双方父母的支持，这有利于婚后的家庭幸福。征得父母同意，不能看成是消减自己的尊严，不能看成是剥夺自己的恋爱自由、婚姻自由，而是尊重父母、赢得支持、换来幸福的一种方式。当然，尊重父母不是一切服从父母，不是由父母主宰自己的家庭生活。因此，要处理好其中的关系。

4. 实实在在过日子

家庭建立后，婚前的浪漫就被日常琐事所代替，夫妻彼此的恩爱就被时光逐渐磨成"过活"。家庭建立后，新生活开始，恋爱时一切美好的憧憬和幻想都变得十分实际：诸如买菜、做饭、柴米油盐；诸如天天要上班工作；诸如怀孕生育、哺育子女等。因此，家庭建立后，夫妻要有心理准备，实实在在地过好日子。

四、家庭矛盾的化解方法

（一）家庭矛盾的存在

青年人从恋爱、婚姻到成家，然后生儿育女，家事越来越多，成员关系越复杂，出现家庭矛盾的几率就越大。这期间心里难免有些失意、失落和伤感，难免出现生活上的碰撞、个性上的摩擦、感情上的冲突、家庭上的矛盾。因此，一方面夫妻要积极经营感情，不能让日子将感情磨平；另一方面夫妻要互相体谅对方，及时化解家庭矛盾。

要了解家庭矛盾产生的原因，必须充分了解中国人对婚姻家庭的基本认识。中国传统的婚姻家庭观念，有其独特之处。

1. 家庭概念理解

男女对家庭概念的理解存在差异。在中国传统文化下，女人对家的概念是结婚之后的家才是家，家的理解范围往往局限在我与丈夫孩子（三人世界的小家庭观念）；男人对家的概念的理解，范围更大，除了我与老婆孩子外，还包括父母，甚至兄弟姐妹（大家庭观念）。由于对家的认识理解上的差异，就会产生家庭矛盾，出现不和谐问题。

2. 家庭角色定位

男女之间的家庭角色有所不同。男女之间是一个乾坤，一方博大、高远、坚强，罩住大地；另一方深情、滋润、柔软，承接天空。男女之间，宽容与承载相合，家庭就和谐幸福。因此，一般来说，男女都要做好家庭角色定位。

3. 家庭职责分工

男女之间的家庭职责分工有所不同。一般而言男人如果不能在外赚钱，就会被视为"无能"，女人如果不能在内管理好家，就会被视为"无贤"。如果忽视男女的职责差别和家庭职责分工，婚姻家庭就有可能存在矛盾，暗藏危机。

4. 家庭角色扮演

男女之间的家庭角色扮演有所区别。就中国传统文化而言，男人要关照和爱护妻子，让妻子有安全感、温馨感、幸福感；女人要辅助男人，要勤俭持家，要关心和体贴丈夫，相夫教子。如果不是这样，家庭就不和谐，甚至有破裂的可能。（现在离婚率高，就是双方角色没有扮演好。）

以上是基于中国传统文化下的婚姻家庭认识观念。随着社会政治经济的进步，妇女文化水平提高和观念改变，男女之间对家庭象征、职责分工、角色扮演和家庭概念等的认识发生了深刻变化，夫妻关系之间提倡男女平等，互敬互爱，互谅互让。但是，传统观念的变化有先后和程度的不同，故此，有的夫妻观念认识上统一，职责分工、角色扮演可能演绎传统的一套；有的夫妻观念认识上统一，职责分工、角色扮演则可能反过来“女主外，男主内”；有的夫妻在理解上存在差别，认识上出现冲突，就有可能产生家庭矛盾——这是家庭矛盾的深层原因。

当然，家庭矛盾的起因不只这么简单，它是相当的错综复杂的。有双方父母、夫妻间对家庭的概念认识、角色要求的不同，以及生活习俗、文化差异的代沟等原因；有夫妻间的个性修养、爱好兴趣、生活习惯、工作压力、经济负担不同等原因；有家庭的生活发展、经济开支、财产继承等原因；还有子女培养、教育方式上的原因。家庭矛盾的形式也是多方面的，有夫妻矛盾、婆媳矛盾、亲子矛盾、姑嫂矛盾等。

从“心本”角度看，引起家庭矛盾的原因，不单是客观因素，更多的是家庭成员对家庭的认识、理解的不同，以及个体心理素质的不同等主观因素引起的。

（二）家庭矛盾化解方法

家庭矛盾的化解，要运用“八字诀”：

1. 心——爱心、关心、宽心、忍心

家庭矛盾，往往是由于成员间的私心、好强心、忌妒心和固执己见所造成，因而解决矛盾，也要从心开始。家庭成员都要提升“心”素质：用爱心、善心、关心对待家庭其他成员和处理日常矛盾；遇到家庭成员之间的矛盾，要宽忍，要大度，要抱着不气、不争、不怨、不悔、不刁蛮、不计较的心态去对待对方，要适当容忍对方生气时失去理智的言行。总之，要将心比心来化解家庭矛盾。

2. 情——感情、爱情、亲情、真情

“情”是家庭的黏合剂，是家庭融洽和化解矛盾的基础。平时，家庭要用心经营“情”，用“情”来维护家庭融洽和化解家庭矛盾，平时如不经营爱情、亲情，矛盾一出现，家庭矛盾就容易走向激化，甚至破裂。因此夫妻之间平时要经营感情、爱情，让对方体验到爱，感受到幸福，感受到离不开另一方，这样婚姻才能持久；婆媳之间平时也要用心经营亲情，要将对方视为亲人，要笑脸相迎，不能有爱理不理的态度。要用亲情融洽关系和化解矛盾。

3. 敬——尊敬、敬重、敬爱、互敬

家庭成员之间要以心相待，以诚相待，以礼相待，相敬如宾，尤其是晚辈要尊敬、敬重长辈，而长辈也要关心、爱护晚辈，不能以为是一家人而忽略相亲相敬。成员之间平时要用“敬”的方式向对方的劳动、关照、呵护表示谢意，表示尊重，用“敬”的方式来坦诚相待，以此融洽家庭关系。

4. 谅——原谅、体谅、谅解、互谅

原谅、谅解是化解矛盾的基础。家庭成员天天生活在一起，难免因风俗、习惯、性格、观念、看法的不同而发生冲突。这时，要体谅对方的个性、处境和感受，原谅对方的态度、用语，要做到互谅，千万不能争个输赢、争个明白，家庭没有输赢，只有体谅。这样才不会激化矛盾，才能化解矛盾。

5. 缓——缓和、缓解、缓急、缓冲

"缓"是解决矛盾的策略，它以"忍"为前提，以"心素质"为前提。家庭矛盾出现，要大事化小，小事化了，要尽量避免正面冲突，能忍则忍。有时要暂时缓和矛盾，不要让问题激化，以免伤感情，故双方要缓急、缓躁。有时遇到矛盾，还要暂时"不求甚解"，不能争到底，要将其搁在一边，留下缓冲余地，让矛盾双方冷静下来，理性思考，让时间去缓和气氛，延缓两三天后再做处理。这或许更有利于解决问题。

6. 避——回避、避让、避开、避免

矛盾是两颗心之间的争吵、摩擦和隔阂，是"心际距离"疏远的表现。避免争吵和摩擦的最好方法是矛盾双方至少有一方主动退让、回避，缓和气氛。避让、避开不是懦弱，而是大气；避让、避开不是认输，也不会失面子。其实，当矛盾出现，采取避让和认输的方式是一种策略，尤其在夫妻之间的矛盾中，丈夫主动认输，主动"哄"妻子，这并不是什么丢人的事。

7. 戒——戒躁、戒激、戒骂、戒打

家庭矛盾出现时，要戒躁和戒激，要切记：第一，戒骂，不能一生气，就揭对方的短处，伤害对方的人格自尊；第二，戒打，不能动不动就动手，或摔东西；第三，戒激，不能用刺激的话挑衅对方。

8. 忘——忘记、忘却、忘掉

家庭成员尤其是夫妻之间的矛盾，要善于忘记。夫妻吵架，不能讲究输赢，这样容易忘记。夫妻吵架，千万不能记仇，不能时不时提起，时常"炒冷饭"；夫妻双方要学会将矛盾彻底放下，彻底忘掉，这是宽容、大气的行为表现。所谓"床头吵架床尾和"就是这个道理。

第三节 中年时期际遇的顺应

生活、工作和事业是中年时期最主要的人生际遇。因此，中年时期人生际遇的顺应主要是：生活压力的缓解、工作倦怠的消除和事业失败的应对。

一、生活压力际遇的顺应

（一）关于压力的认识

1. 何谓压力感和压力源

压力感是指由于生活压力、经济压力、工作压力而产生的心理感受，故被称为"压力感"。压力源，通常是指对人产生压力的各种事物，包括生活、经济和工作等。

2. 压力感的产生过程

压力感如何产生？压力感是由于压力源对个体产生心理作用之后，（不同的）个体所出现的身体上、精神上、情绪上的不良反应，也是个体素质能力在应对外界事物的过程中所出现的不平衡的心理状态。

压力感产生过程：压力源因素引起个体产生威胁感、威逼感和压制感之后，个体出现不同程度的各种负面反应（包括生理反应、心理反应和行为反应等）——个体应对压力源的反应结果。压力感产生过程可以这样表示：

压力源：它是压力的源头，产生自三个因素：一是个体人格因素，个体的人格因素所带来的压力。例如，事业型的人以事业为重，往往给自己施加许多创业压力；无为型的人往往较少压力。二是工作状况因素，工作目标、任务、难度、过程、环境、条件、状态、下岗、失业等带来的压力。当工作要求与工作者能力、需求或资源不匹配时就产生压力。三是个体生活因素，即个体生活环境、条件和事件带来的压力，如习惯、方式、兴趣、收入、失恋、婚姻变故、合作竞争、家庭危机、人际交往、亲人病故等诸多因素。

个体压力感：它是个体对压力源的心理反应。个体对压力源的感受，因人而异，不同社会经历、个性特质、心理素质的人，抗压力不同，对压力源的感受和感知就不同，因而产生的反应和程度也就不同。

各种反应表现：其一是生理反应，包括头痛、疲劳、高血压、失眠、肠胃不适、饮食减少等。其二是工作反应，如精力分散、倦怠、低效、出差错、出事故等。其三是精神反应，如不安、空幻、萎靡、疲惫、沮丧、无助、思维迟钝等。其四是心理反应，如烦躁、焦虑、压抑、恐惧、缺自信、情绪波动、易发脾气、注意力下降、有挫折感等。其五是生活反应，如爱吸烟、好喝酒、开快车、人际交往较差、家庭关系紧张等。其六是行为反应，如发泄、破坏、攻击、暴力、说谎、慌乱、逃学、回避、呆板、不愿参与等。

压力，不完全是坏事，适当的压力，使人有危机感、激奋感，使人保持不断奋进的动力，但如果压力过大，超过个体心理承受极限，就会产生消极作用。随着现代社会的节奏加快和竞争增强，压力无时不在，中年人经受各种压力时，不能回避，只能面对。

压力源大多来自客观环境，而压力感的产生却藏于主观心内。压力感不可能彻底消除，只能是尽量降低。缓解压力感，主要靠“心”，靠个体的意志毅力。

（二）压力缓解的方法

缓解压力的总策略：消除压力源，提升心理素质，正确认知压力，坦然面对压力，善于释放自己，做快乐的人。对生活的态度——活在当下，乐在其中；对事业的态度——谋事在人，成事在天；对利益的态度——学会舍得，学会放下，学会拒绝，学会潇洒。

缓解压力的方法，可分为两大类。一类是认知调节方法：自我激励法、压力源分析法、社会比较法、归因法、乐观心态法等。另一类是行为调节方法：生理舒缓法、系统脱敏法、压力放松法、社会支持法、运动缓解法、环境转换法、心理减压法等。具体的方法有很多，下面介绍几种自我缓解压力的方法。

1. 压力源分析法

压力源分析法是最基本的方法，即分析压力产生的原因，而后采取减压的方法。例如，如果是由事业型人格所引起，则侧重采用积极娱乐法、自我减压法、放低期望法，并配合其他方法。

2. 呼吸减压法

就是用深呼吸的方法来放松心情，缓解心理压力。每天做深呼吸运动4～5次，每次坚持几分钟。坚持一段时间，就能减压。

3. 运动缓释法

找一个有阳光、空气清新的地方进行有氧运动，如散步、舞剑、打太极拳、跳健身操等，使自己放松，缓解心理压力。

4. 睡眠法

定时休息，定时起床，不想任何事情，早睡早起，每天睡7～8个钟头（不宜太多，也不宜太少），养足精神，储蓄精力，并且做到每天起床刷牙后，空腹喝两大杯开水或淡盐水，坚持一段时间，就能减压。

5. 倾诉法

就是将心中的郁闷情绪、压力感受诉说出来，从而使内心好受一些，压力减轻一些。例如，可以找一个知心的、能帮你开导的朋友进行诉说，也可以找心理咨询师进行心理咨询。

6. 宣泄法

宣泄可以是打沙包，或找一个僻静的地方大声呐喊，或进行较激烈一点的运动，将心中的郁闷情绪、压力感受全部释放出来，达到缓解压力的目的。

7. 放下法

善于放下，也是缓解压力的好办法。压力大时，要善于放下工作中的某些目标、任务，或放下生活中的一些追求；要善于舍得事业上的执着和荣誉；要善于忘记生活环境、人际关系中不愉快的事件。这样才能放下包袱，轻装前进。

8. 转移法

转移是指兴奋点、注意力、追求目标等主动地自我转移，以达到缓解压力的目的。例如，有的人为了追求高级职称，或要集中精力获得科研成果，工作压力大，甚至连身体都整垮了。因此，要学会转移。

9. 积极娱乐法

当感到工作、生活压力很大时，要主动参加一些适合自己的娱乐活动，做到自我放松，自我缓解压力。如唱歌，听音乐，看文艺表演等。

10. 自我激励法

自我激励法，也叫自我暗示法，即自己给自己鼓劲，自己对自己进行积极暗示。如“我一定能成功！”“压力再大，也要努力克服，完成任务！”“千万不能被压垮，要顶住，渡过这一难关就会好起来！”通过自我激励，提升内在动力，战胜压力。

11. 自我减压法

就是自己为自己减轻压力，缓解压力。可以将压力源降低，把工作节奏放慢，工作强度减轻，工作任务推后；也可以将生活目标降低，如房子买小一些、汽车买低档一点，这样可以减轻经济压力。

12. 心理咨询法

如果心理压力难以自我缓解，内心疑虑难以消除，也找不到朋友倾诉和帮助，就要请专家为你进行心理引导，缓解内心压力。

除此之外还有许多方法，如按摩穴位法、休闲度假法、食物减压法、休闲走动法、热水泡疗法、颜色减压法、音乐放松法等。

二、工作倦怠际遇的顺应

（一）什么是工作倦怠

工作倦怠（Job Burnout）也称“职业倦怠”，又称“职业枯竭”，是个体在长期从事某种职业，在单调的日复一日重复机械的工作中和繁重压力下所产生的一种极为疲惫、困惑与厌倦、耗竭的心理状态和工作表现，是一种身心能量被工作耗尽的感觉，是一种心理疲倦现象在工作中的折射，是由工作环境条件与个体素质之间的诸多原因引起的综合表现。1974 年美国精神分析学家弗鲁顿伯格（Freudenberger）首次将它应用在心理健康领域，用来描述工作职业枯竭与工作之间由于工作过程中遇到的各种矛盾冲突而导致的身体、情绪、行为的耗竭之感。

工作倦怠现象普遍存在。上海一项调查显示：在同一岗位工作满两年的人群中有33% ~34% 的人出现了工作倦怠现象，有 2.6% 的人患上了工作枯竭症状。根据翰德国际顾问有限公司 2006 年 4 月 18 日发布的 2006 年第二季度的《中国翰德就业报告》显示：“在各行业中，33% 的公司表示职业枯竭情况愈演愈烈”。目前，职业枯竭逐渐蔓延到众多行业，而在市场经济社会竞争日益激烈的今天，企业员工，无论是高级管理人员，还是基层人员都肩负着巨大的责任，承受着超常的心理压力。商场信息瞬息万变，工作节奏快，压力大，使得这一群体产生职业枯竭的状况，而且越来越严重。据“中国职场焦虑调查”报告：普通员工的“荒废感高达 64.57%，有 35.54% 的白领人士，表现出“工作厌倦情绪”①。

1. 工作倦怠的表现

（1）身体疲劳。长期感觉浑身乏力，没有活力，感觉身心处于一种疲劳、懒惰的状态。

（2）去人格化。个体自身和工作对象之间存在距离，对工作对象和工作环境态度冷漠，对工作敷衍了事，个人发展停滞，工作行为怪异。

（3）情绪低落。精神上没有活力，工作上缺少热情，缺乏工作体验的热忱，情绪处于

① 职业枯竭 . http: //baike. baidu. com.

极度消沉、低落的状态。

（4）无力感。消极看待自己，感觉工作上缺乏动力，无能为力，且感觉创造力已经衰竭，没有再进步的空间。

（5）低成就感。感觉工作未能体现自己的才干，不能发挥自身才能，烦琐事务多，单调无味，工作效率低，工作成就感极低。

（6）低价值感。个体认为报酬未能与自己工作贡献相匹配，感觉工作不能体现自己价值，故而产生工作低价值感。

2. 工作倦怠产生原因

职业枯竭不是一天所致的，是职业人员随着工作时间和压力的增加，在工作过程中慢慢形成的。北京师范大学心理学系博士生导师许燕教授把个人在工作中的状态分成如下四个阶段：蜜月期、适应期、挫折期、淡漠期。有的人职业枯竭从“挫折期”就开始产生①。

Maslach 和 Leiter 于 1997 年提出了职业倦怠的工作匹配理论。他们认为，员工与工作在以下六个方面越不匹配，就越容易出现职业倦怠，包括：

（1）负荷。工作过量，负荷太重。

（2）控制。控制中的不匹配与职业倦怠中的无力感有关，通常表明个体对工作中所需的资源没有足够的控制，或指个体没有足够的权威使用他们认为最有效的工作方式。

（3）报酬。指员工认为自己的工作报酬与工作价值不匹配。

（4）社交。员工和周围的同事没有积极地联系。（有可能由于工作把个体隔离或者缺乏社会联系，但同时工作中与他人的冲突影响严重。）

（5）公平。由工作量或报酬的不公平所引起，评价和晋升的不公平则容易带来情感冲突。

（6）冲突。是指价值观的冲突，员工认为自己工作价值与劳动岗位不相匹配。

实际上，工作倦怠的产生原因是多方面的，有主、客观原因：主观原因主要是个体的事业心，价值观，工作态度，工作能力，人际交往能力，“心本”素质（包括个性、认知、情绪、压力、注意力、心态）等。客观原因主要是工作过量，负荷太重，工作简单重复，工作压力大，工作中的人际关系、社会支持、工作条件、评价、报酬和晋升等。

从“心本”的角度看工作倦怠问题：第一，有些客观原因是短时间内无法改变的，不是个体能够改变的；第二，处于同样的工作单位、工作环境、工作资源和工作条件，不同“心本”素质的人，表现出来的工作态度、倦怠状态就完全不同。因此，工作倦怠状态的改变，除改善工作条件和管理外，最重要、最有效的方法，始终取决于人——心理素质的提升。

3. 工作倦怠的危害

人到中年，本来是工作的壮年，是出成果的时期，但许多中年人常有工作倦怠的感觉和状态，影响工作质量和收获，有些人三四十岁就产生工作倦怠，有些人四十多岁就由于

① 许燕．工作压力与心理调适．珠海文化大讲堂，2008－12－16.

工作倦怠而产生退休念头，或已提前退休。工作倦怠的危害：

一是个体一旦产生工作倦怠，工作就出现消极状态、工作效率低下，甚至可能出现工作事故；生活就出现消极状态，吸烟、喝酒、打牌、熬夜增多，生活秩序失调；甚至可能出现生理、心理疾病。

二是个体一旦产生工作倦怠，就会进而影响其家庭的正常生活状态，影响夫妻和睦相处的融洽氛围，甚至会影响家庭的稳定。

三是个体的工作倦怠状态，会“传染”给组织内部其他成员，影响与同事的工作配合、协作的关系，影响团队建设和发展。

四是个体的工作倦怠状态，会影响社会。因为，消极工作状态和提前退休不但不能为社会提供贡献，而且还会给社会带来一定的负担。

（二）工作倦怠的心理调适

工作倦怠，要彻底消除几乎无法做到，只能是尽量调适。这里讨论的工作倦怠状态的调适，侧重于主观上的自我调适，包括生理、心理、认知、个性、情绪、注意力、压力和人际、行为等方面的调适。而这些调适，与上述的情绪自我调节、压力自我缓解的方法相近，就不重复讨论。从“心本”的角度看，工作倦怠反映了一个人的工作心态，故这里只讨论心态上的调适。

1. 激活生理

多做适当的健身运动，多参加文娱活动，定时睡眠和起床，注意控制饮食等，做到养精蓄锐，劳逸结合。目的是激活身体内部的生理机能，消除身心疲劳状态，调适身心健康，对心理压力起缓冲作用。

2. 增强危机感

要改变对工作和工作岗位的认知，要有随时“下岗”的危机感。首先，不能把工作岗位看成“铁饭碗”，认为工作干好干坏一个样。其次，不能把工作当作负担，不能用“大锅饭”心态对待工作。工作是本职，必须努力做好，必须做得更好，否则就存在“下岗”的危机。

3. 更新观念

更新工作观念，提高工作热情。工作有双重目的：一是为了生活。劳动与报酬直接联系——工作是为了薪水，为了家庭生活。二是为了自我实现。劳动与报酬没有必然关系——在基本生活过得去的情况下，不要把钱看得太重，要将劳动与报酬适当分离，努力将工作做好。工作的目的不仅仅是薪水，更重要的是表现自己的能力，实现自己的价值，提升自我。

4. 重树信心

工作倦怠，从心理机制上看，不仅仅是个体对工作存在情绪、压力、疲惫、厌倦的问题，而且是对工作的自信心、自我效能感、意志力、创造力消退和缺乏的问题。因此，要重树信心，要进行自我心理调适，要相信自己一定能把工作做得更好，能有毅力克服工作中出现的各种困难和厌倦情绪，能创造性地开展工作，能做出成绩，提升自我效能感，实现自我价值。

5. 重新规划

对本职工作重新规划，从工作目标、工作态度、工作程序、工作要求、工作创意、工作效率和工作效果等方面重新规划，定出本职工作的新目标、新程序、新创意、新途径、新要求、新措施，努力提高工作效率，提高工作的价值感。

6. 和睦共事

如果工作倦怠是由于组织内部的同事之间的摩擦和矛盾所引起的，则要调适心态，与同事和睦相处，共同进步。和睦共事不仅仅是同事间的相互尊重、友好相处，工作上不推诿，不斗气，不闹矛盾，不"和稀泥"，更重要的是同事间对待工作，要相互配合、相互协作、相互激励、相互促进，共同研究工作、改进工作、拓展工作，一起做好工作，一同进步。

7. 转换岗位

如果的确是由于工作能力、业务能力的问题而产生工作压力和工作倦怠，就要跟单位领导反映，申请调换工种，调离岗位，转换工作环境，调整工作心态，以保证良好的工作状态。

8. 寻求医疗

如果个体的工作倦怠十分严重，且自我心理调适未见好转，就得寻求外界援助：一是找医生看病，寻求药物治疗；二是找心理医生进行心理咨询，寻求心理指导。

三、事业失败际遇的顺应

（一）事业失败与心理负担

1. 事业失败

人到中午，本是收获事业成果的季节，但最为糟糕的际遇是事业失败。

事业失败有不同程度和不同状况：有的是经营不善，商场失意，欠了一身债，甚至因此而到处躲债；有的是办实业失败，产品缺乏竞争力，产品积压，资金缺少，无法继续经营，从而导致老板四处躲藏，甚至是被追杀；有的是由于研究经费短缺，或身体疾病，或技术指标落后或市场需求转变等，导致某一项目产品研究失败，从而导致事业失败；有的是由于某项工程设计、施工的质量问题而出现工程事故，出现人身伤害事故，导致责任人事业失败，甚至还得负刑事责任；有的是由于天灾人祸引起事业失败，如个体经营者，养鱼遇到洪灾，养鸡遇到瘟疫，经济损失巨大；有的是人生的某些目标追求未能实现，自以为事业失败，例如有的人评不上高级职称，就自认为事业失败，跳楼自杀等等。

2. 心理负担

人到中年，事业失败，精神压力极大。如果压力大于心理承受能力，往往会形成心理负担。轻者心情难过、伤感、焦虑、失望、压抑，重者心情悲痛、抑郁成疾、自信心丧失、意志力崩溃，心理出现危机，行为失去理智，甚至对生活失去希望，有自杀的念头。

（二）事业失败的顺应方法

事业失败，无非是这几种后果：一是负债累累，浑身压力；二是生活水准降低，生活道路曲折，人生命运改写；三是关于命运、能力、人格的各种各样的社会评价和社会信任降低；四是妻离子散、家破人亡。事业失败的顺应，就是要想办法解决这些问题。

应当承认，事业失败际遇对人生的打击很大，它改变了生活，改写了人生。事业失败，如何应对，完全靠心理承受能力。

1. 承认失败，勇于接纳

面对失败，心理上要接纳，要承认，要调整心态。不敢面对失败，是懦弱表现，接纳和承认是一种勇气，如果不接纳和承认，对失败不服气，心理压力就不能释放，就不能清醒、理智地处理失败之后的事情；如果不接纳和承认失败，就不会从失败之中查找原因，不会自我归因，积累经验，那么人们也就会积怨于客观，也就更加烦恼、郁闷，永远不能从失败中解脱出来。

2. 面对现实，调整心态

如何面对现实，调整心态：一是想办法渡过难关，尽快还债，而不是赖账，或躲债逃跑；二是加倍努力，逐步还债；三是重新安排生活，做好妻儿心理沟通工作，准备过艰苦日子；四是再大的压力也要顶住，也要活下去。调整心态，就是要面对失败，不怕被人瞧不起，不怕别人的评价，不计较别人对你的看法和态度，不自卑，不生气，不怨天，不怨人，“低头过活，再苦再累，积极活着”。

3. 面对挫折，善于忘记

面对失败挫折，要善于忘记，善于放下。许多失败者，都有这样的心态：喜欢回忆过去的辉煌日子，喜欢与同行、同龄的胜利者对比，结果越比越痛苦，也就越走不出失败的影子。善于放下，就是要放下面子，就是要舍得欲望。忘记过去的辉煌，放下各种虚荣、虚幻的东西，失败的心情和压力就可能得到缓解，也可能看到新的希望。

4. 理智应对，活在当下

遇到事业失败，千万不能就此精神不振，自暴自弃，也千万不能糊里糊涂、不明不白地应对，而应理智积极地应对，要面向未来，重新计划，认真生活，活在当下。

5. 切忌悲观，不能绝望

遭遇事业失败，虽然不幸，但千万不能悲观，不能绝望，不能轻生。如果事业失败，就走上悲观绝望之路，那么社会对你的评价更低，对家庭，对妻儿的影响和压力就更大，这是为人的最起码的人生态度——压力再大，痛苦再大，也要和妻儿一起应对。

6. 从头再来，东山再起

世界上许多人都有事业失败的遭遇。事业失败时要记住：失败是教训，失败是经验，失败是财富，失败是成功之母。只有度过失败，才有新的希望；只有度过失败，才有从头再来的机会；只有活着，才有东山再起的可能。

第四节 老年时期际遇的顺应

老年时期是人生的晚期。人到老年就难免遇到孤独、衰老、病痛、死亡等人生际遇。因此，老年时期人生际遇的顺应，有时要靠子孙、靠社会来帮助。当前，随着我国社会经济的发展，社会对老年人生活、健康十分关心，并提出：老有所依、老有所养、老有所乐、老有所居、老有所医、老有所好、老有所伴、老有所学、老有所盼、老有所为、老有善终。这是社会进步的表现。

老年人顺应人生，要有这样的心态：既要“服老”，又要“不服老”。“服老”就是“不争”，不争地位（不干预政事、家事），不参与（不决策、不管理、不顾问），不争输赢（不图名、不图利、不图赞），不争强好胜（与人为善）。“不服老”就是要“多行”，多出外，多行动，行则多看，行则多思，行则多乐，行则多康，行则有好心态，不要老是躲在家里，孤独生活，等待死亡。

中国的老人总是将一生辛劳的全部积蓄，或是留给孩子，或是盖了房子（也是为了孩子），老了待在家中，等待孩子来孝顺、来照顾。中国的老人要向西方的老人学习，将积蓄留给自己，老来坐飞机到处旅游观光，享受人生。

人到老年，人生际遇如何顺应？“心本”人生认为，老年人要学会：

一、老年养生法

（一）老年养生的作用

第五章《“心本”人生之际遇》中谈到，老年时期的人生际遇之一是“衰老”。老年养生法是老年人防止“衰老”的好方法。老年养生有益于身心健康，有益于快乐长寿，有益于安度晚年，有益于提高生活质量。

我国传统养生文化的发展过程中，曾经产生“静”与“动”两种对立统一的养生模式。前者是“清净养生”，以老子“致虚静，守静笃，无欲以静”的思想为代表，认为“机体不可过劳，心不要轻动”，要养神养心，像“龟寿”一样。后者是“运动养生”，以庄子“吐故纳新，熊经鸟申，为寿而已矣”的思想为代表，倡导“小动”，即适当的走动、活动、运动、劳动。

英国有1.2万名百岁老人。最近英国研究认为，他们长寿的秘诀概括起来就是三个字：爱、酒、乐。回馈社会的爱，会使人的脑垂体分泌出内啡肽激素，它能给人以快乐，让人解压，有益身心健康。适量饮酒可增加高密度脂蛋白的含量，减少动脉内胆固醇的积累，可降低心血管疾病的死亡率；另外它也能增加愉快，缓解忧虑和紧张，有利于身心健康。最快乐的老人较最不快乐的老人，死亡的危险性减少35%[①]。

① 张家庆. 快乐使人长寿. 新民网，2011－11－29.

（二）老年人养生法

老年人养生法包括养身法和养心法。

1. 养身法

老人的养身有很多方法，且涉及生活起居的各个方面，概括起来主要有饮食、睡眠、活动、爱好四个方面。

（1）饮食方面。

老年人要注意保持良好的饮食习惯，不贪食，不暴食，不杂食，不荤食，保持饮食适量；要适量吃一些自已喜爱的青菜、水果，多喝淡茶水、白开水，要尽量吃一些粗粮；不宜吃难消化、隔夜、过硬，或易引起咳嗽、多痰的东西；食物要清淡，不宜过咸、过甜、过酸和过辣。

（2）睡眠方面。

老年人要保持良好的睡眠习惯。老年人睡眠时间较少，但要做到定时睡觉和起床，最好是早睡早起，不可熬夜；睡觉的地方要通风透气、清爽、安静、舒适，但同时要注意防寒、防冻、防噪音，保证睡眠质量。

（3）活动方面。

老年人要保持良好的活动习惯，提倡适当的“小动”（包括动脑筋），要走动和活动（如散步、摔手臂），或适当的运动（如打太极拳、跳集体舞），或做一些力所能及的家务劳动，不宜孤坐、闲坐太长时间（如看电视、打麻将不宜时间太久）。

（4）爱好方面。

老年人要保持良好的爱好习惯，可根据自己的身体状况和爱好特点，选择一些少动脑筋的、少费力气的、适合老年人的活动，如书法、画画、下棋、钓鱼、种花、养鸟、养狗、养鱼等。

另外，有条件的老年人，可以住养老院，并定时检查身体，根据医生的指导，定时锻炼、看病和吃药。

2. 养心法

老年人养心很重要，快乐是老年人最好的养心法，“平常心”也是老年人最好的养心法。“心快乐”体现了老年人有所依、有所养、有所居、有所医，“心快乐”就少烦恼，少生病，才能有所盼、有所好、有所伴、有所学、有所为。养心要做到“八不”和“四无”。

“八不”：不争、不比、不虑、不管、不怨、不恨、不急和不气。

（1）不争。

凡事抱着无所谓的心态，不与他人争——不劳心。他人，包括同事、朋友、兄弟、老伴、子女；不争，包括不争财物、财产，不争输赢，不斗气，不计较得失和荣辱，凡事顺其自然。

（2）不比。

生活际遇中的诸多事，不与他人比较——不伤心。老年人要宽心、悦心，就要做到不与他人比钱财、地位、荣誉、生活和幸福。老年人，凡事要舍得、放下，要看得开，这样才能快乐自得。老年人喜欢回忆往事，而回忆往往就是与年轻时作比较，但回忆要注意不伤心。

(3) 不虑。

生活中要尽量做到不忧虑任何事——不烦心。老年人不要太忧虑未来和生活，也不要太忧虑遗产问题，更不要担心儿孙生活、婚姻、家庭等问题。有的老年人，“一世人烦恼三世人事”，常常担心子女工作、生活，甚至担心孙辈的读书、婚事、前途和命运，这不利于身心健康。

(4) 不管。

要做到随着年龄增长，越来越不理事——不操心。老年人要学会“自私”，要做“局外人”，不理子女生计，不理子女、妯娌间的争吵，不管家庭中的烦事，而且还要尽量少管社会、单位的事，不打听闲事。老年人要学会在烦事面前，假装痴愚，一笑了之，自我逍遥，自在得意。

(5) 不怨。

要做到随着年龄增长，不怨天尤人——自在心。老年人要有自在心，少怨气、少积怨，也要不怨人、不怨命、不怨天。生活中的一切际遇，都顺势而过，日日开心快乐。

(6) 不恨。

看淡人生，看穿世事，不与人积恨——宽容心。老年人要学会修心，或是学点心理学，对身心有益处。老年人忌恨，恨则伤神，恨则怄心，恨则积气，容易得高血压，容易激发心脏病，这不利于身心健康。随着年龄增长，老年人要学会越来越宽容、修善、积德，要做到无论对谁、对任何事都不记恨，轻轻松松过日子。

(7) 不急。

慢节奏地生活，遇事不激不急——放宽心。急，反映老年人的个性心态，老年人遇事不宜急，急则心跳快，急则说话快，急则行动快。心跳快会引起高血压、心脏病、脑血栓；说话快会引起喘气、激动、讲错话；行动快会引起碰伤、摔倒、骨折等。老年人不做重活，更不爬高，要慢节奏地生活，包括起床、穿衣、吃饭、说话、做家务等。有些事要等——等孩子来做，有些事要缓——慢慢地做，有些事要拖——明天再做。

(8) 不气。

安静养心，宁静养神，凝神养气，不愤不气——平静心。老年人要有平静心，要有气量、气度，不生气，不积气，不气愤，以宁静、平静的心态对待生活。老年人体弱多病，最忌气，一旦生气，就会咳嗽、喘气，或激发病痛，影响健康。

“四无”：无所求、无所畏、无牵挂、无遗憾。

(1) 无所求。

无所求不是对生活失去信心，也不是失去责任心，更不是失却生活希望和动力——其实，对老年人不应该有什么信心、责任、前途、希望之类的要求，老年人应该保持“无所求”的心态。这里所讲的“无所求”是一种放下，一种舍得，一种修养，一种境界。人世间，除了善心、修养、宽怀、真诚、幸福不能放下，其他一切都可舍去，对于老年人尤其如此。只有“对生活看得开，对事物看得透，对世事看成无，对人生看成空”的胸怀和修养，才能真正地无所求。相反，老年人如果凡事都要问个彻底，都要讲究，说明心存杂念，心有祈求，结果只能带来烦恼。“心本”人生寄语：“修来有量万事了，难得无求一世空。”

(2) 无所谓。

心清净、心宽敞才能无所谓。无所谓不是无能，不是缺乏勇气，不是不懂计较，而是懂得轻松，懂得自在，懂得休闲，懂得糊涂，凡事看得开，不多管闲事。无所畏是一种修养，一种气度，一种胸怀，一种处世哲学。老年人学会无所谓，就活得轻松，活得开心，活得幸福；老年人如果修养到不争、不比、不虑、不管、不怨、不恨、不气，就什么都无所谓。老年人要放宽心，不能老是担心子孙辈的事情，也不能太多计较子孙的行为，更不能争强、好胜和斗气，要保持无所谓心态，与自己和谐相处，与子孙和睦相处。俗话说得好：有量就有福，无量终日烦。“心本”人生寄语：“识尽生界红尘，看破人间世事。”

(3) 无牵挂。

人，如果带着牵挂活着，带着牵挂死去，这是为人最大的不幸。无牵无挂，是一种豁达，一种致远，是人生最大的乐事；人，如果能平平静静地离去，无牵无挂地驾鹤西行，是一种修为，一种福分，是人之为人的最大的幸事。有牵挂，说明你不能舍弃；太多杂念，反映出你内心不静、不净、不空，还有心事、念头、想法、欲望。人到老年，万事皆空，对人生无牵挂，这不是消极处世，也不是无奈厌世，而是一种修炼得来的平和心态。老年人要看开生活中的一些事，如存款、房子、遗产、贫穷、孤独、谣言、误会、矛盾……“心本”人生寄语：“活来一身轻，死去无牵挂。”

(4) 无遗憾。

许多人，时时留下遗憾，一生总是留着遗憾，这说明他有所求，有所望，有所谓。对年轻人，有所求，有所望，有所谓，有遗憾，有一定积极意义，但对老年人，要安度晚年，最好是无遗憾。因而对老年人来说，老有所盼、老有所好、老有所学、老有所为的提法，就得准确把握：对身体好，头脑清晰，行动方便的老人，有所盼、有所好、有所学、有所为是好的；但对身心疲惫，思维不清，行动不便的老人，就不能太多喜好、爱好、盼望和要求有所盼、有所为，这样反而可能会留下更多遗憾。因为有所盼、有所为，就会有遗憾，就有心理纠结和心理压力，不利于老人的长寿健康。“心本”人生寄语：“舍得一切无遗憾，放下万望有福缘。”

二、孤独消解法

(一) 孤独的威胁

第五章《“心本”人生之际遇》中谈到，老年时期的人生际遇之一是“孤独”。孤独是老年人最可怕的心病，孤独加速老年人的衰老，影响老年人身心健康，影响老年人的生活质量。

孤独 (Loneliness)，也叫“孤独感”。孤独感是一种封闭心理的反映，是感到自身和外界隔绝或受到外界排斥所产生的孤独苦闷的情感，是一种不愉快的、令人痛苦的主观体验或心理感受。心病只能心药医，只有用“心本”素质才能消解孤独感。一般而言，人偶尔的短暂的孤独不会造成心理烦躁与行为紊乱，但长期的孤独可以引起情绪障碍，降低人的心理健康水平。老年人与社会外界接触少，如果子女亲人又少来陪伴，就会倍感孤独。

人，喜欢热闹，喜爱群居，生怕孤独。人到老年，如果饱尝孤独，是很痛苦的一件事。人到老年，更怕孤独无依，孤苦无伴，故提倡老有所依、老有所养、老有所居、老有所乐、老有所好、老有所伴是非常正确的。从心理学的角度看，它有利于消除孤独感，提升幸福感。

其实，上述的老年人养生法，也是消除孤独感的一种好方法。老年人如果能够专心于养身、养心，就能够使“心”有所专注，有所寄托，就能自行消除孤独感，减少心理情感方面的痛苦。因此，老年人要学会消解孤独感的方法。

（二）孤独消除法

1. 爱好替代法

老年人要克服孤独感，既要学会养心，学会多种爱好，又要懂得用爱好替代孤独。养心可以是看一看佛学、心理学、养生知识、生活常识等书籍，翻一翻旧的影集，看一看娱乐方面的电视，听一听抒情的轻音乐，练一练书法和美术，打一打太极拳，下一下象棋……老年人学会多种喜好，能起到转移注意力，用爱好替代孤独的效果；老年人学会培养多种兴趣，这样才能够起到自娱自乐，自我心理调适，自我消解孤独感的作用。

2. 户外活动法

老年人千万不要自我封闭，要有适当的户外活动，接触大自然，与外界交流，这样能够有效地消解孤独感。

首先，享受大自然的魅力。老年人感到孤独时，要走出户外，享受大自然的魅力。例如，常常到江边或空旷的田野，让大自然的清风尽情地吹拂，心情就会开朗起来；找个空旷、清静的地方，约几个老友一起，散步聊天；有能力有机会时，参加休闲旅游活动，到处游山玩水，享受大自然的美色，或自助游，冬天在南方度假，夏天到北方旅游。到一个地方，住一个房子，自己买菜做饭，过过逍遥自在的生活。

其次，与外界接触交流。老年人不应该总是独自坐在家里，自我封闭，而是要适当地走出家门，与外界接触。如感到孤独时，可以适当地画画、看书、看电视；给某位久未联系的朋友打打电话；适当参加老年人的跳舞娱乐，或唱唱小曲；适当参加娱乐、休闲活动。

3. 自我消遣法

人到老年，要学会自我消遣，享受其乐趣。生活中有许多活动是充满乐趣的，是能够自我消遣的，只要老年人能够充分领略它们的美妙之处，就会消解孤独。老年人孤独时，千万不能整天独自一人在家里闲坐、抽烟、喝闷酒、回想昔日痛苦的往事，而是要放得开，找点有趣的事情来自我消遣。

自我消遣是消解孤独感的好方法。如可以写一些小趣闻、小诗歌、小谜语、小幽默、小杂文、小作品，或画小漫画、学剪纸等；可以种盆花、育盆景、养小鱼、养小鸟、养小猫小狗，或玩小石头、小收藏、小制作、小发明等；可以种菜、浇水、施肥、收获等；可以上街买菜、逛商场买东西、看娱乐电影；可以外出旅游观光……

三、死亡恐惧调适法

（一）死亡与恐惧

1. 对死亡的全面认识

对死亡的认识，反映了一个人的人生悟道和人生态度。

人的生命只有一次，死亡也只有一次，死亡是生命结束，生活终止，人生归宿。人难免一死，死亡纯属自然现象。既然死亡是自然现象，那么，死亡不可怕，只是可惜——因为人生多么美好，因为还有许多事情要做。

人可以不怕死，但不怕死，不等于不想活得更长一些。但面对死亡不惧怕，是良好心态。这就是说，活着就要享受生活，死去就让生命自然结束。这也是对生与死的基本认识和基本态度。

生命死亡是怎么回事？死亡过程具体是怎样的？何时何地以何种方式离开人世？我们根本无法知道。既然不可知，那就应该让生命顺其自然地生与存，消与逝；既然不可知，担心与恐惧都是多余的。

2. 对死亡的恐惧心理

许多人都对死亡有恐惧心理。人对死亡的恐惧，从一个侧面反映了其人生态度。一个人从恐惧死亡，到接受死亡，再到平静地面对死亡，反映其对生命的认识趋向全面，其人生态度趋向成熟。

恐惧是一种心理现象，它对人的精神打击极大，甚至可以致人死亡。就以癌症为例：某学校一位40多岁的体育老师，平时天天打篮球，身体很壮，但体检时发现癌症初期后，不到半年就死了。某单位另一位73岁的老师，体检时发现癌症后期，他坚持不医治，天天乐呵呵地生活，结果活到80多岁才死亡。这说明：癌症虽然可怕，但更可怕的是恐惧死亡的心理，它会加速人的死亡——说到底，不是恐惧癌症，而是恐惧死亡。

人没有经历死亡，难免有点恐惧，尤其老年人面对死亡时，难免更加恐惧，毕竟生命就要结束。但恐惧对老年人的健康极为不利，它是一种极其严重的心理威胁。人难免一死，对生命结束的恐惧是一种心理作用，或许，越是恐惧，越加速死亡，与其在恐惧中死去，不如在平静中离世，不如从容对待，正确看待生命。

（二）死亡恐惧调适法

死亡恐惧调适法是对死亡恐惧的一种心理调适法，它不是调适“死亡”，而是调适“恐惧”。

1. 生命认知法

人是何物？人的生命与万物相同，有生就有灭，生是生命开始，亡是生命结束——生命包含着死亡。这是自然规律、必然归宿，就像太阳东升西落一样，再平常不过。一切顺其自然，得之不悦，失之不忧。

人生何物？你活着，总觉得它很苦——厌烦它；你将死，又想着贪生——留恋它。真是可笑！何不换一思路：活得愉快，死得自然。

佛说，人生本无乐，何苦去留恋；人生苦楚，死而极乐。基督教说，人固有死，人死了，陪伴在上帝身边，无忧无虑，逍遥自得，岂不快哉。叔本华的"盲目意志论"说，自然演化就出现生命，活着的生命没有目的意志，活着的目的是什么，难以知道。张中行在《顺生论》中说，生是天命，演化而来，无目的，糊涂而来；生伴随本能的欲，有欲而求，求则苦涩……世间本无乐，也就不值得留恋①。

诚然，为人必须：听天命，尽人事，顺人生，顺自然！该活则活，该亡就亡！活时要有贵生意识，珍惜生，珍爱活，尽其人事，顺其自然，活得自在，活得开心，活得尽如人意。死时要有生命意识，听天命，顺自然，死得其所，死得平静。

人要珍爱生命，又要坦然面对死亡，要笑着生活，也要笑着离开人生——因为人生包括死亡，因为我领略了人生。

有人总认为：人死要有意义，或重于泰山，或轻于鸿毛——我们的教育总是这样教导。其实，人死就死了，自然得很，何必太看重这些虚无缥缈的东西。传统认为："虎死要留皮，人死要留名"，其实，人死留名，是另一种"贪生"心理的延续和借口，是对"活着"的一种心理补偿。或许有人会认为，这是消极人生态度，其实，为了留名而活，是一种心理负担，为了留名而死，也是一种心理负担，都不是顺其自然的心态，它只能使人为了留名而贪恋生，而恐惧死。

2. 心理意念法

心理意念法是对生命、对死亡的一种心理调适法。

——世间人人都得死，我死属自然。从生下来的那一刻开始，就每一分每一秒都在接近死亡。有的老年人不愿意过生日，因为离死亡又近了一年；有的老年人很喜欢过生日，因为又多活了一年，多领略了一年人生，值得庆贺。这是两种截然不同的对待死亡的心境。

——世间人人都得死，我死也公平。人生只能活几十年光景，这是相对公平的。世间多少人，有谁能活得很长，有谁能免死，穷苦人得死，有钱人也得死；无才者得死，有才者也得死；平民得死，伟人也得死……所以，面对死亡应该自然安然、平静轻松。

——世间人人都得死，我死又何妨。要感谢承载我生命的躯体，让我在人世间有所承托；要感谢大地万物给了我生存的空间和条件，让我能够在人世间走一回；要感谢世间百态给了我活着的各种机缘，让我能够领悟人生的一切——此生知足。既然，人总归一死，我死又何妨，就让我庆祝生命的存活，庆祝最后的时光——不枉此生。

——世间人人都得死，我死何所惧。世间人人都得死，谁也逃不过死；与其天天活在怕"死"的恐惧之中，不如活好每一天，快乐每一天，活在当下，潇潇洒洒地享受生命中

---

① 张中行. 顺生论. 北京：中华书局，2010.

最后的时光。因此不但要庆幸我能够活到现在，而且还要努力活到寿终，活得顺生，活得顺意。

3．精神战胜法

恐惧死亡是一种心病；恐惧死亡是一种精神打击。

古希腊哲学家伊壁鸠鲁曾用精神来应对死亡恐惧：死亡与我们毫无关系……你要习惯于相信死亡是一件和我们毫不相干的事，因为一切善恶吉凶都在感觉中，而死亡不过是感觉的丧失。因此，正确认识到死亡与我们无关，便会使我们对于死亡这件事感到愉快起来，这种认识把我们从对不死的渴望中解脱出来。所以，一切恐惧中最可怕的，是死亡恐惧——是无足轻重的。因为当我们存在时，死亡还没有来，而当死亡时，我们已经不在了。

人生有许许多多的际遇，不同的人生阶段有不同的生活际遇，不同的个体有不同的人生际遇，以及不同的应对方式。“心本”人生际遇，企图教人在诸多际遇中顺应人生，企图使人活得顺畅一些，潇洒一些，快乐一些，幸福一些。

四季更替，物换星移，你若能理解和悟出其中道理，你就会对荣华富贵、功名利禄、得失顺逆、乐苦生死，表现得更坦然！

第七章 "心声"人生之百态

大千世界，人间百态。有的人一生顺顺利利，有的人一世坎坎坷坷；有的人一生大富大贵，有的人一世贫穷潦倒；有的人一生勤劳致富，有的人一世好逸恶劳；有的人一生健康长寿，有的人一世多病多灾；有的人名声显赫，有的人隐居山林；有的人事业有成，有的人碌碌无为；有的人一生奉献，有的人终日贪腐；有的人行善积德，有的人作恶多端……

归根到底，世上无非两种人和两种人生：第一种是常态的人，过着正常的人生，如勤劳人生、真善人生、和谐人生、幸福人生等；第二种是非常态的人，过着不正常人生，如贪逸人生、虚伪人生、遗憾人生、变态人生、罪恶人生等。

造成人生百态的原因，是个体素质？还是人生际遇？是命运注定？还是前世因果？

13 世纪，西欧道明会神父圣多玛斯·阿奎纳列举出造成人生各种恶行的"七大原罪"。所谓"原罪"，就是诱发犯罪行为的源头。它们是：色欲（Lust）、饕餮（Gluttony）、贪婪（Greed）、妒忌（Envy）、懒惰（Sloth）、傲慢（Pride）和愤怒（Wrath）。

色欲：肉体的欲望，是指过度贪求性爱的快乐——色欲会出现奸情（如通奸）和霸占美色（如诱色、强奸），导致罪恶行为。

饕餮：贪食的欲望，浪费食物或者过分放纵食欲——过度饕餮，造成贪图享乐，引诱犯罪。

贪婪：失控的欲望，是万恶之源，即其他欲望的诱发点和其他罪恶的源头——是"七宗罪"中的重点。

妒忌：自我的欲望，因别人的资源、才能、才华比自己好而心怀怨恨——心胸狭隘，过分自我。

懒惰：逃避的欲望，逃避劳动，逃避付出——引起好逸恶劳、贪图享乐的后果。

傲慢：卓越的欲望，过分自视卓越，自我迷恋，自以为有本事，自以为高人一等，过分高傲，会导致人际不和谐，导致争斗。

愤怒：复仇的欲望，源于心底的憎恨、愤怒的情绪失控——易于暴躁、愤怒，会导致情绪和行为失控，易于产生强烈的复仇感①。

本章重点探讨不正常人生：贪逸人生、虚伪人生、遗憾人生、变态人生，罪恶人生等。

① 资料来自百度.

第一节 贪逸人生

所谓贪逸人生，一种是贪婪人生，另一种是好逸人生。在人世间，不论古今中外，贪婪的人、好逸的人，为数还真不少。

一、贪婪人生

何谓贪婪人生？贪指贪污、贪图、贪婪指贪得无厌、贪婪人生特指非法占有，贪图享乐的生活。

贪婪既出于人性本能，也受社会风气、社会教育的影响。总体来说，人或多或少都有一点点贪婪，这无可厚非。但是，有的人贪得无厌，简直达到搜刮、掠夺、侵吞、霸占等不择手段的地步，这就失去做人的底线，成了非常态的人——异态的人。

（一）人，贪婪什么

1. 贪婪权力、地位、名利

人生之中，最让人羡慕的是权力、地位、名利，最让人贪婪的也是权力、地位、名利。一般来说，人羡慕和追求权力、地位、名利，是正常、正态的行为，应予以肯定。如不是这样，人类社会就不会前进。

但人世间，不少人在追逐权力、地位、名利的过程中，私欲过盛，将正常竞争演变成贪婪的争斗，将目标追求演变成贪婪的强抢强夺，贪污腐败。

问题是，某些人为了达到自己所要的权力、地位，尔虞我诈，拉帮结派，买官卖官，不择手段往上爬，甚至是你争我斗，用极其残忍的争斗手段来达到目的；为了满足自己所要的名和利，不惜牺牲一切，不惜弄虚作假，冒名顶替，造假拐骗，甚至欺诈、坑害别人。

——《中国经济周刊》发表文章称，2000 年至 2011 年底，检察机关共抓获在逃职务犯罪嫌疑人 18 487 名；仅最高人民检察院公开的其中 5 年的缴获赃款赃物金额，就达到 541.9 亿元。据北京大学廉政建设研究中心主任李成言等人的研究证明，现在全国外逃的官员仍有近万名，携带金额约 1 万亿元。

——石家庄团市委原副书记王亚丽为了升官，将身份、年龄、履历等多次造假。××县长为了当上第一把手，买通杀手，杀害县委书记；××副局长为了扶正，买通杀手，枪杀局长。

——为了利益，不少人在制造假药、假奶粉、假牛肉，在坑人害人，在草菅人命。

——不是有人为了名利，为了职称、论文，而不惜抄袭？为了获奖而造假、欺骗吗？

——不是有人拿着别人的入学通知书，冒名顶替，上了名牌大学吗？

为何不少人都在贪婪地追逐权力、地位、名利？因为人的本能——“贪”在作怪，虚荣心在作怪；因为社会有等级，社会风气对人的成功的衡量标准依然是权力和地位；因为有了权力、地位、名利，就有了一切，因为传统的教育理念还是“学而优则仕”，当了官的学生就出色。

2. 贪婪金钱、美色

人世间，许多人都在贪婪地追逐金钱、美色。多少人为了金钱、美色而铤而走险、不择手段、锒铛入狱、家破人亡。

对一些人来说，权力、地位、金钱、美色还可交易。有了地位，就有权力，就有金钱（通过贪污、受贿、卖官），就有美女；有了金钱，就有地位（通过买官疏通关系），就有了权力（成了“长”辈），就有美女（投怀送抱的、金钱诱骗的、各取所需的）。

通过“权—钱—色”的交易，就织成了一张贪污腐败的社会网络，就形成了一个腐朽的特权阶层，就将人性丑陋的一面彰显得淋漓尽致。

——原上海市长陈××，原北京副市长刘××，原天津市政协主席宋××，国家开发银行副行长王×，原天津市检察长李××，原广东省政协主席陈××，原国家统计局局长邱××，原陕西省政协副主席庞××，原安徽省副省长何××，原海军副司令员王××，原广西政府主席成××、原副主席孙×，原公安部副部长李××，原云南省副省长李××，原国家食品药品监督管理局局长郑××，原铁道部部长刘××，原深圳市市长许××……无一不是因为金钱、美色的原因，最后落马入狱。

——据《广州日报》2013年2月2日报道，2012年全年广东省共立案6 908件，涉及7 189人，结案6 645件，其中涉及厅级干部38件38人，县处级干部322件326人。在2012年的“红包”礼金问题专项治理中，广东省的党员干部主动上缴“红包”礼金4 248万元，有317件“红包”礼金案件被立案查处①。

——2009年，重庆市司法局长文强、彭长健等50多名贪官落马，锒铛入狱。这些就是腐败的社会网络形成和腐朽特权阶层形成的写照。

——江西省政府原副秘书长吴志明，滥用权力，肆无忌惮贪腐，受贿金额高达4 732万元，索贿受贿最多一年高达1 129万元，成为“江西第一贪”②。

（二）人，为何贪婪

人，为何贪婪？说到底，除极少数人的确是生活所逼外，大多数人是因为“人性恶”：第一，为了心理满足——满足自己的私欲；第二，为了心理虚荣——炫耀自己的能力，显示自己的才华，炫耀自己的富有。

人，为何贪婪？因为人为了一时满足，为了那点虚荣，甘冒贪污受贿之险，到头来身败名裂，什么荣华、面子都没有；为了权力、金钱和美女，丢了乌纱帽，最后连命都不要。一旦贪念萌生，就不计贪腐的成本和代价。

人，为何贪婪？贪婪，一旦占据心头，就会使人失去理性，失去分寸和底线。贪婪，不但是人性本能问题、社会制度风气问题和道德修养问题，而且是人的心理修养、心理素质问题。从心理的角度看，人性欲望的张力，与道德力，社会约束力（法律、制度）无时

① 广东省2012年38名厅级干部被查处．新华网，2013-02-01.

② “江西第一贪”：人生观就是升官发财．南都网，2013-02-02.

无刻不在做抗争，哪一方战胜了，人就往哪一方倒。那么多官员的落马，再一次说明：人性欲望的张力相当顽固和强大。

“心本”人生认为，要制约人的贪婪心理，要靠人自身的心本素质，这样才能压制人性欲望的张力，增强道德力，从而筑起坚强的心理防线。

二、好逸人生

所谓好逸人生，是指不爱劳动，贪图享乐，过着好逸恶劳的生活。

社会上有的人，是好逸人生。对这类人，暂且称为“好逸群体”。表面看“好逸群体”是好逸恶劳，实质上是好逸贪婪——自己不勤劳，却对父母，或配偶，或他人肆无忌惮地索取。

“好逸群体”的共性特点：一是有相当的财富作支撑，生活无忧无虑，过得自在得意；二是有一个或多个有钱人做靠山，如父母、丈夫、情人等；三是好逸恶劳，从不参与劳动，而又贪图享受，生活奢侈，挥霍无度；四是个性骄蛮，财大气粗，或娇生惯养，或骄横跋扈。

那么我们如何看待“好逸群体”现象呢?

从社会学的角度看，“好逸群体”是社会发展到一定阶段所出现的新群体，社会发展到一定程度所伴随的新现象。应该说，“好逸群体”中的大部分人，遵纪守法，偶尔还做点社会公益，除了啃父母、啃丈夫（妻子）、啃家族、啃遗产之外，基本是一个合格的公民。但“好逸群体”中的个别人，尤其是年轻人，游手好闲，年轻气盛，有时会惹出一些事端来，给家庭和社会带来麻烦。

从“心本”的角度看，“好逸群体”心态是非常复杂的。有的人热心公益，时常布施，颇有善心；有的人祈求安逸生活，希望平平安安过日子；有的人缺少“心本”修养，没有修身养性，虽有钱却过得很不快乐；有的人自认“八字好”，认为生来命好，充满幸福感；有的人贪图享受，终日向父母或丈夫伸手要钱享乐；有的人胸无大志，没有人生目标，缺乏事业心，生性好逸和贪婪；有的人不但没有事业心，而且没有责任心，只知当伸手派，却不负起应有的责任，缺少责任感；有的人个性张狂，处处摆阔炫耀，时常惹是生非，成为社会害虫。

第二节　虚伪人生

虚伪，《现代汉语词典》的理解是不真实，不实在，虚假，做假。

虚伪自我、虚伪道德、虚伪生活等都是虚伪人生。社会中的确有一些人在过着虚伪、虚假、虚浮、虚幻的人生。

一、虚伪自我

（一）虚伪自我的幌子

1. 曲解“自我实现”

一些人，为了达到虚伪的自我，曲解马斯洛的“需要层次理论”，将马斯洛“需要层次理论”的最高层次“自我实现需要”任意曲解和运用，并作为虚伪自我的理论基础。其实，马斯洛的“需要层次理论”的精髓在于：

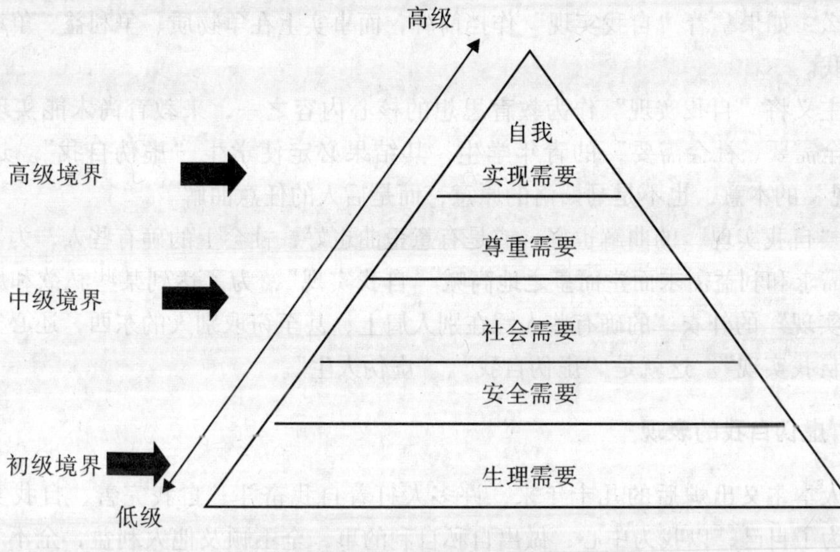

马斯洛的“需要层次理论”

第一，人的需要分为五个层次，分别是生理需要、安全需要、社会需要、尊重需要和自我实现需要（自我价值实现需要）。

第二，“需要层次理论”揭示了人的“需要层次”自低到高的现象和追崇需要的规律。五个层次是在“生理—心理—精神”层面上的递进、提升。

第三，五个层次有着逻辑上的递进关系，即只有实现了低一级的需要之后，才有可能实现更高一级的需要。且五个层次中隐藏着一个递进关系定律，就是它是有前提基础的。前一种“需要”是后一种“需要”的基础，不能提前和随意跨越。前一种“需要”没有达到（没有了基础），就不可能存在或跨越到后一种“需要”。违背这一定律是错误的。例如，只有温饱解决，满足了“生理需要”之后，才有“安全需要”的追求；只有满足了“安全需要”之后，才有“社会需要”的追求；只有四个低一级的需要完全满足之后，才有最高级“自我实现”的追求。

第四，“自我实现需要”层次的前提是：人只有到了经济、生活、安全、社会地位等层次得到完全满足和实现之后，才有“自我价值实现”的境界。这就隐藏着“物质变精神”的质变规律，即“自我实现”是精神需要、精神享受占主导地位，几乎到了不计较物质报酬、物质享受的地步。

总之，要全面准确地理解马斯洛的“需要层次理论”。它告诉人们：第一，人的“需要”是有层次的，是不断提升的；第二，“五个需要层次”是递进的，而递进是有前提的，不可随意跳越；第三，到了“自我实现”层次，物质需要已满足，精神需要占主导①。

2. 曲解“自我实现”的危害

那么，一个人如果只是为了争报酬、争物质、争利益、争地位的需要，也只能是处在“生理需要、安全需要和社会需要”的阶段，根本达不到“尊重需要和自我实现需要”的境界。那么，如果拿着“自我实现”作挡箭牌，而事实上在争物质、争利益、争地位，就是虚伪自我。

人本主义将“自我实现”作为教育思想的核心内容之一，来教育尚未能实现“生理需要、安全需要、社会需要”的青年学生，其结果必定使学生“虚伪自我”。这既不是“自我实现”的本意，也不是马斯洛的原意，而是后人的任意曲解。

是对“自我实现”的曲解也好，或是有意歪曲也好，社会上的确有些人，为了满足自己的物质需求和利益需求而堂而皇之地高喊“自我实现”，为了达到某些私欲和愿望而披上“自我实现”的外衣；的确有些人踩在别人肩上，甚至窃取别人的东西，还心安理得地认为是“自我实现”。这就是“虚伪自我”、“虚伪人生”。

（二）虚伪自我的表现

自打人本主义出炉后的几十年来，许多人打着自我奋斗、自我完善、自我实现的旗号，实则为了自己；以我为中心，做出自私自利的事，全不顾及他人利益，全不考虑他人感受，实则是自居、自大、自负——将“自我实现”变成自我表现、自私表现，成了“虚伪自我”。

生活中，有许多将自我实现变成自私表现，成为“虚伪自我”的人。

——在“自我实现”大旗的庇护下，自私自利、斤斤计较变成合理化，人的那种热心、奉献、付出、不怕吃亏的精神却荡然无存。

——在“自我实现”大旗的庇护下，一些人以为捡到了“维护自己权益”的稻草，做一点小事都要报酬，干什么事都看重待遇，处处是待遇报酬、维护权益——“自我实现”成了维护权益、自私行为的保护神。

——在“自我实现”大旗的庇护下，一些人为了自己的权益，为了名利、地位争得头破血流，全不考虑他人的感受，还美其名曰为了“自我实现”。例如个别高校的青年教师，为了职称评定和岗位评级，争得面红耳赤，全不考虑其他同事的条件和工作贡献，一味追求“自我实现”。

① 李淳风．事实孤儿．南风窗，2013（21）．

二、虚伪道德

道德的虚伪，不仅体现在人的道德行为表现的虚伪，而且体现在道德理论、目标、内容体系本身的虚伪，以及道德教育上的虚伪。

（一）道德的虚伪性

道德，包括整个道德体系，都存在着局限性和虚伪性。这是长期以来道德无法发挥更大作用的根本原因。

1. 道德的局限性

道德是建立在维护社会需要的基础上，即以“社会本位”需要为目标定位，以此来构建道德体系；无论道德目标内容，还是道德行为规范，都是从社会需要出发，都是为了维护社会秩序。因为，道德立论的假设是“人性恶”，其理论基础是建立在人性本能自私的假设上，并认为“原本人性”必须改良，必须抑制，才能符合“社会本位”的需求。因此整个道德体系的条文、规定、要求，都是改造人性恶的一面，都是要求人的行为要有规范。

这样看来，道德体系，包括立论、理论基础和目标、内容等均存在着局限性。局限在于：第一，道德没有或者很少考虑“人的本位”需要，道德更多的是被“政治需要”所垄断；第二，道德无法将“社会本位”需要和“人的本位”需要有机地结合在一起；第三，由于两个需要无法融合，道德效果会造成人的思想冲突，行为虚假。

2. 道德的虚伪性

表面看，道德体系建立的目的是为了维护“社会本位”需要，实质上，其建立目的是为了维护统治阶级的需要、上层建筑的需要，为了更好地控制平民百姓的行为，达到长久统治、安稳统治的目的。因为道德体系的建立、道德规范条文的制定，完全控制在统治阶级的手里；因为所有道德规范都是只能管着百姓，却管不了高官和高层，正所谓“刑不上大夫”。

道德的虚伪之处，在于：

（1）道德本身带有一定的伪装性。道德目标内容体系，都是为了迎合统治者的需要，为了当权者的社会统治和社会安定。道德的所有条文规范，都是为了让子民听话，为了规范子民行为，为了约束子民行为，以防子民造反。但是，道德却打着维护“社会本位”需要（将统治者代表整个社会）的旗号，打着“培养人”、“利于人”的外衣，来控制普通人、控制社会。道德的目的性伪装得相当隐蔽。

（2）道德行为带有明显的虚假性。道德内容条文本身不能发力，即没有约束力，只是在统治者和当权者的操控下，道德才变成一种约束力和压力。而人性本能是一种顽固的、贪婪的叛逆行为（青春期孩子的叛逆行为，实际上就是人性本能与社会规范之间的冲突表现）。因而，在道德的威慑下，人性的丑陋只好掩饰，人的不良道德行为只好伪装；在道德的约束下，许多人表面上道貌岸然，背地里却丑陋无比，于是就成了“两面人”。这就是道德的虚假性。

（二）道德行为的虚伪性

社会上有许多人的道德行为存在着虚伪性，主要表现为：

——“以人为本”思想自诞生以来，就迎合了一些人的人性需要，认为做什么事都应符合以人为本，符合人性需求，可以不顾及道德约束，可以尽情享受人性的恩赐，因此人性欲望的丑陋（贪、腐、嫖、赌）就淋漓尽致地表现出来。道德的虚伪暴露无遗。

——社会上许多人活在虚伪之中，表面上道德修养良好，暗地里却贪污腐化。近年来，多少高官落马，多少文人沦丧。可以看出，人的道德行为存在虚伪性。例如，有的人许诺捐款几百万，私下里仅仅捐赠十几万，其行为完全是虚伪“善举”。又如，一些大腕歌星，到处吹嘘出场费上百万，实际上只有十来万。这是虚荣心在作怪，是道德行为虚伪性的表现。

——社会上还有个别人是“双面人”。整天烧香拜佛，口诵真经，实际却干出丧尽天良之事。例如，有的人克扣工人的血汗钱，有的人放高利贷，有的人拐卖行骗，有的人欺行霸市，有的人制毒贩毒，有的人甚至杀人放火等等。

——社会上一些人，言行不一。例如一些家长，教育孩子道德思想要真善美，道德行为要符合社会规范，而自己却干着违反道德的事，道德虚假暴露无遗。又如，海南万宁县某小学校长，表面正人君子，为人师表，却私自带 5 名女学生在酒店开房，真是道德败坏。

由于道德本身带有一定的伪装性，因此，道德教育的效果较差，而且还会经常出现“道德虚伪”现象和“人性回青”现象。当前，家庭德育、学校德育显得苍白无力，就是很好的佐证。

三、虚伪生活

（一）关于虚伪生活

何为虚伪生活？虚伪生活就是不真实，不实在，做假的生活，即戴着面具过日子，“虚假”过生活。虚伪生活可这样理解：虚伪是一种心理表现，生活是一种行为表现，两者的结合，就是虚伪生活。例如，虚伪快乐的人过着假恩爱、假友谊的生活；虚伪幸福的人过着假阔气、假大款的生活；虚伪道德的人过着假慈悲、假君子的生活……

虚伪生活的人的心理特点：一是心态上普遍存在虚荣心理，普遍存在追求享受的心理。二是善于伪装自己，经常戴着面具生存、过活，经常以假面孔出现在社会和生活中。三是虚伪的人总是比较自私，也善于算计别人。四是心里充满矛盾，不坦荡，不直率，表面看很愉悦、阳光、幸福，其实内心很纠结、忧郁、多疑，生怕人家识破内心，活得很不自在，这样的人也属于“双面人”。

俗话说“一种粮食，养出百种的人”。的确，社会上有不少人整天过着不真实、不实在的虚假生活。它是社会的一角，在一定程度上，反映了人性的本质形态，也反映了人的多样性的生活形态。

（二）虚伪生活的表现

人生百态，生活百面。虚伪生活有各种各样的形态表现：

——伪荣华。社会上一些人，不是靠自己正当的劳动，而是靠地位、权力搜刮民脂民膏，靠贪污、受贿得到财富金钱，过着奢侈无比的生活。这是虚伪荣华，虚伪生活。

——伪风光。社会上一些人，不是靠自己的能力本事，而是靠关系当上董事长、总经理，或靠偷税、漏税，或靠圈地、买地，或靠贪污、侵吞国有资产，而到处演说，出国游览，肆意挥霍。这是虚伪风光，虚伪生活。

——伪富有。社会上一些人，通过违法走私，造假售假，诈骗拐卖，放高利贷，赚得万桶金，过着十分富有的豪华生活。这是虚伪富有，虚伪生活。

——伪君子。社会上一些人，弄虚作假，靠作弊，靠关系，靠“拿”学生论文来发表，靠拿同行的成果来组合、上报科研奖项，而后当上教授、名教授、院士、校长，或获得各种头衔、荣誉、奖状、奖金，实在可耻。另一类伪君子是表面斯斯文文，实则淫乱成性。这是伪君子，也是一种虚伪生活。

——伪友好。社会上一些人，表面上看似友好、和睦、称兄道弟，实际上是貌合神离，钩心斗角，相互拆台；到了竞争上岗时，就相互诋毁，甚至匿名诬告。这也是一种虚伪生活。

——伪身份。社会上一些人，为了达到某种目的，而伪装身份。例如，篡改身份证进京买房的“房姐”；利用权力读研究生，利用下属写作业、写毕业论文；用假文凭、假材料，或篡改年龄、学历，而后升官发财，飞黄腾达，步步高升。这是伪身份而得来的虚伪生活。

——伪善良。社会上一些人貌似善良，实是险恶，一边布施一边坑害别人，一边“行善”一边作恶，用善良的一面伪装自己，迷惑大众，实则是为了私利，做尽坏事。这种伪善良的行径也是虚伪生活。上面谈到的“双面人”的虚伪的道德行为，就是伪善良。

——伪幸福。社会上一些人以虚假的面孔在过活。例如，一些人表面看生活很顺意、很满足、很快乐、很幸福，内心却很忧愁、很压抑、很悲伤、很痛苦；“笑面”于众，夜里流泪，一旦内心崩溃，就走上绝路。又如，表面上夫妻恩爱，有说有笑，相敬如宾，心里却在淌血，泪往心里流，一旦捅破，即刻离婚。

——伪阔气。社会上一些人虚荣成瘾，打肿脸充胖子，喜欢跟有钱人攀比，温饱还没解决，生理需要还未着落，就假装过好日子。例如，超越自身经济承受能力，宁可借钱欠债，也要穿高档衣服，抽名烟，买名车，购楼房，摆阔气，装富有。这是伪阔气，伪能力，伪生活。

——伪工作。社会上一些人整天在“伪工作”，出工不出力，拿着国家的工资却不上班，拿着老板的薪水却不劳动。例如，上班只是看报、喝茶、聊天、吹牛、磨洋工、谈论是非；或工作出差错，无创新，无成绩；或经常与同事过不去，天天要领导“以人为本”，多发奖金。这是伪工作，是另一形态的虚伪生活。

第三节　遗憾人生

命运或许是不公平的，或许是无法抗争的，或许是无法选择的，但我们要坚强面对，好好地生活下去。

一、残障人生

所谓残障人士，根据联合国世界卫生组织的定义，是指在心理、生理、人体结构上，某种组织、功能丧失或者不正常，全部或者部分丧失以正常方式从事某种活动能力的人。所谓残障人生是指残障人士一生的生活际遇。

我国目前将残障分为五类：①视力残疾，是指由于各种原因导致双眼视力障碍或视野缩小，而难以做到一般人所能从事的工作、学习或其他活动。②听力语言残疾，听力残疾是指由于各种原因导致双耳听力丧失或听觉障碍，听不到或听不清周围的声音；语言残疾是指由于各种原因导致不能说话或语言障碍，从而难以同一般人进行正常的语言交往活动。③智力残疾，是指人的智力活动能力明显低于一般人的水平，并显示出适应行为的障碍。④肢体残疾，是指人的四肢的病损和残缺或四肢、躯干麻痹、畸形，导致人体运动系统不同程度的功能丧失或功能障碍。⑤精神残疾，是指患者患精神病的病情持续一年以上未愈，从而影响其社交能力，并在家庭、社会应尽职能上出现不同程度的紊乱和障碍。

1987 年 4 月 1 日，我国第一次残疾人抽样调查结果显示，我国有残疾人口 5 164 万，其中 0 ~ 18 岁的残疾儿童数量为 1 074 万，0 ~ 14 岁的残疾儿童有 817. 5 万，6 ~ 14 岁义务教育学龄阶段的残疾儿童约 625 万。目前，我国有残疾人 8 000 多万，各类残疾人所占比例为：视力残疾人占 14. 6%，听力言语残疾人占 34. 3%，智力残疾人占 19. 7%，肢体残疾人占 14. 6%，精神残疾人占 3. 8%，多重和其他残疾人占 13%。

（一）命运与不幸

应当承认，无论是生下来就残障，还是后来才残废，都是人生命运的不幸。其注定人生波折，命运坎坷，学习和工作受到一定限制，精神上和心理上要承受别人无法承受的压力，生存要比别人付出加倍的努力。

应当承认，有的残障人士不仅自己不幸，而且还影响家庭，家庭成员不得不接纳、承受着这种不幸，同时也不得不在精神上、经济上、生活上负载着这种不幸。

（二）生活与际遇

残障有多种类型，且有轻有重，不同程度的残障人员，生活上、学习上和工作上会遇到许多不便，甚至是不幸。

轻度残障人士，自己的起居能够自理，日常生活能够适应，能够从事学习和合适的工作，能够靠自己劳动维护生活，能够成家立业，能够正常参与社交活动和集体活动，甚至经过努力，能够做出一番事业。

中度和重度残障人士，如果日常起居难以自理，日常生活就无法自理，学习工作必定受到影响，社会活动受到限制，必定影响正常的娱乐和运动。如果连家庭夫妻生活都不能适应，那么，生存就相当艰辛。

少数极重度的残障人士，整天与药物为伴，与睡床为伴，一生都要靠别人照顾，生活质量极差，生存非常艰难。

（三）弱者与强者

从生理的角度看，残障人士是生活弱者，是社会的弱势群体。从心理的角度看，残障人士（智障、精神障碍人士除外）是生活的强者、工作的强者、心理的强者、人格的强者、做人的强者。

——他们做出常人无法做到的事：许多残障人士热爱生活，有所追求，做出了许多常人无法做到的事情。如张海迪坐在轮椅上，写出《轮椅上的梦》、《生命的追问》、《孤独的碎片》……写出人生的奇迹；如刘伟失去双臂，用脚趾头弹钢琴，弹出动听的乐曲，奏出人间的心声。

——他们有超人的意志和坚韧力：残障人士身残志坚，虽是生活的“弱者”，却是精神的巨人，他们用超人的意志和坚韧的毅力去跟命运做斗争，与不幸人生际遇作顽强的对抗。请看残奥之星：周菊芳在2005年英国曼彻斯特举行的残奥世界杯比赛中，获得女子LC1级500米场地计时赛和2 000米场地争先赛2枚金牌。王燕红在2004年雅典残奥会射箭70米女子个人（站姿）决赛中，以292环的成绩打破世界纪录，为中国代表团赢得了参加残奥会以来首枚射箭项目的金牌。张海东在2004年雅典残奥会上，大显身手，夺得1枚金牌。残障人士是心理的强者、意志的强者。

——他们战胜无数挫折和困难：人残心不残，残障人士要战胜生活、学习、工作中的困难挫折，才能获得成功。如邰丽华2岁时因一次高烧失去听力，喉咙也关闭，从此成了聋哑人，但她靠意志毅力，克服困难挫折，学习舞蹈，学习文化，考上湖北美术学院，成了中国残疾人艺术团演员队队长，又出任中国特殊艺术协会副主席。

——他们坚强而又乐观地活着：活着就意味着坚强，活着就意味着乐观，活着就意味着胜利！许多残障人士向往生活，向往未来，对生活充满希望，他们虽然残疾，却坚强而又乐观地活着，而且他们之中许多人为社会进步作出贡献。例如，大科学家霍金，大音乐家贝多芬，不仅坚强乐观地活着，而且还为人类作出巨大贡献。

（四）关爱与尊重

世俗的眼光，往往带有歧视成分，一些人看不起残疾人士，尤其在入学、招工等方面。随着社会发展、观念进步，残疾人问题越来越得到全社会的关注和关心。为了保障残疾人的合法权益，2006年12月，联合国大会通过了《残疾人权利公约》。2007年，联合国将国际家庭日的主题定为“家庭与残疾人”，其目的就是呼吁国际社会对残疾人及其家庭给予更多的关注和尊重。我国也采取了许多措施，提高对残障人士的生活、学习、工作、医疗、运动、娱乐等的保障。

残障人士应该得到社会的关爱与尊重。在生活和工作上，全社会要关爱残障人士，在人格和情感上，全社会要尊重残障人士，让他们过得更幸福，活得有尊严。这是现代文明社会进步性的体现。

二、孤儿人生

（一）孤儿是一种社会存在

1. 孤儿的界定

孤儿，一般是指失去父母，包括父母双亡或查找不到生父母的未满16周岁的未成年人。美国《移民法》规定，如果双亲失踪或死亡，或被父母抛弃，或与父母分离、走失，都属于孤儿；如果孩子的单亲没有能力照顾好他，或为了让孩子获得移民和领养而正式放弃对他的抚养权，并且不会撤销此行为，这个孩子也属于孤儿。我国法律上对孤儿没有明确的定义，但在实际执行方面，往往只把双亲失踪和双亲死亡的孩子列为孤儿，而被父母抛弃的孩子，常常被忽略①。

2. 孤儿是一种社会存在

据《中国儿童福利政策报告2011》公布，我国孤儿人数从2005年的57.4万上升至2010年的71.2万，5年间增长约24%。增长原因主要是地震等天灾。我国孤儿主要分布在西藏、青海、甘肃等地，其他省市也不同程度的存在②。孤儿的存在和分布，与地区的社会经济状况息息相关。

《中华人民共和国收养法》（以下简称《收养法》）于1991年12月29日第七届全国人民代表大会常务委员会第二十二次会议通过，1992年4月1日起施行，并于1999年经修改后实施新的《收养法》。根据《收养法》的规定，孤儿是指不满14周岁，丧失父母的儿童、婴幼儿。国家、社会和公民对孤儿的救助有多种方式，如对孤儿上学进行资助，助养孤儿、收养孤儿和向社会福利机构捐赠钱物等。

世界上任何国家和地区都有孤儿。孤儿的生活、生存状态，孤儿的抚养、关爱、教育的程度，反映一个国家、地区的政治、经济、文化状况和社会文明进步的状况。

（二）孤儿是社会弱势群体

小孩子本是最需要照顾、最需要关爱的，但孤儿却失去父母，失去照顾，失去关爱，孤苦伶仃，无依无靠——成长无人教养，衣食无人问津，冷暖无人关爱，生病无人照料，真是“无妈的孩子像根草！”

人生有三个阶段的不同生活形态：幼儿时父母养育，长大时自我独立，老年时孩子照顾。那么，失去父母的孤儿，最值得怜悯和关爱的是：

---

① 民政部社会福利和慈善事业促进司，联合国儿童基金会，北师大壹基金公益研究院．中国儿童福利政策报告2011.

② 尼古拉斯·埃伯施塔特．人口研究报告．2010.

1. 生活照顾

儿童正处于长身体的时期，最需要家人的照顾，但他们由于失去父母而成为孤儿，生存的基本条件无法保障，往往连基本温饱都得不到解决，经常忍饥挨饿，严重影响身体健康和正常成长。

2. 教育成长

儿童正处于长知识和社会化时期，正需要学知识、学礼貌、学道理、学做人，需要接受作为社会人的必要的教育。但由于失去父母成为孤儿，到处流浪，缺少关爱，缺少教养，缺乏道德行为约束，因此他们往往会出现无知、无礼、散漫、我行我素、不着边际，或偷盗、抢劫等行为表现，这对孩子成长发展和社会治安都有影响。英国作家狄更斯的著名小说《雾都孤儿》正是从一个侧面反映孤儿的生活、成长、心理、行为的特点和表现。

3. 心灵创伤

心理学研究得知，儿童时期的一些不幸遭遇，会在儿童的大脑中留下记忆，在心灵上留下阴影，从而影响健全人格的形成，也影响今后的生活心态。由于孤儿的不幸遭遇，缺少父母的关爱，缺乏教养的熏陶，缺少亲情体验，故内心容易产生强烈的自卑感、孤独感和不安全感，心理上会留下悲凉的心灵创伤，容易形成孤僻个性，影响其人际交往，影响其个性形成和对待生活的态度，会影响其一生的幸福。当然，孤儿的坎坷经历，会提高其生活应对、生存意志和独立能力，如果后期能得到教育、关爱的补偿，那么心理的自我调节、自我修养，就能化创伤为力量，或许将发挥其所能，生活得更好。

（三）大爱无疆

在我国，全社会都在关注孤儿：许多人在为孤儿慈善捐款，许多人在支付孤儿的生活费和学费，许多人在认养孤儿，许多省市、地区都建立了孤儿院，许多人在从事关爱孤儿的社会志愿者工作。

目前，中国儿童少年基金会设有关爱孤儿专项基金，主要是慈善救助孤儿，关爱孤儿学习生活，扶助孤儿院。《中国儿童福利政策报告 2011》中，建议政府启动儿童大病、残疾、学前教育福利制度，并建议政府在未来 5 年投入资金 600 亿元，其中 200 亿元用于孤儿的治病、生活和教育。

三、单身人生

单身，往往称为单身族，包括不婚者、未婚男女等。单身族是一个特殊的社会群体，随着社会人口男女结构的不平衡，社会观念的变化，单身群体似乎越来越壮大。单身人生，它是人间万象的一隅，是社会百态的一角，是遗憾人生的一页。（有的人认为，单身是个人意愿，没有遗憾，因而不是遗憾人生。）

（一）关于单身人生

单身人生，很难下一个准确的定义。只能说，狭义的单身人生是指一个人成年以后仍然没有结婚，没有配偶，一辈子孤居生活。它可分为两类：一是无奈的，另一是自己意愿的。广义的单身人生还包括离异的、丧偶的。那么，就暂且分别称作“无奈单身人生”、“意愿单身人生”、“离异单身人生”和“丧偶单身人生”。

下面讨论无奈单身人生、离异单身人生、丧偶单身人生。

1. 无奈单身人生

所谓无奈单身人生，是指到了结婚年龄的青年，由于各种原因一直无法嫁娶，以致无可奈何地成为“剩男”或“剩女”，过着单身生活。我国传统世俗观念认为：第一，人活着到了什么年龄就必须完成什么事，如小时候必须上学，长大必须立业、成家和结婚；第二，一个人成年之后就应该结婚，如果一个人一辈子没有结婚，那么这是人生的缺陷，是遗憾的人生。

造成无奈单身人生际遇的原因：其一，男女性别比例失衡。目前，我国 4 岁以上的男女比例大概为 123：100，这种情形不可避免地加剧了长期的配偶短缺①。其二，个体主观条件的原因。由于主观条件的限制而导致单身生活，如身体残废、智力低下、丧失劳动力、个性因素、能力素质和没有缘分却苦恋一辈子等。其三，社会经济与风俗的原因。由于家境贫困，社会风俗对结婚的要求过高，如要房子、车子、票子等条件，导致无法成家立业，而一直单身——这种情况，男性居多。其四，错失婚姻嫁娶时机。由于对婚姻对象要求过高，选择对象条件过于苛刻，高不成低不就而成为单身者。当然，还有其他原因，如一辈子单相思的人，非她（他）莫娶（嫁）的人。当然，有的人单身是因为自己婚恋观念的改变，自己选择成为单身。这类单身，不在我们讨论之列。

2. 离异单身人生

离异单身人生是指婚后男女双方认为无法或不能过正常的家庭婚姻生活而选择离婚，且没有再婚，过着单身生活。离异单身人生，有的是有孩子的，有的是没有孩子的。我国传统观念往往认为，婚姻要从一而终，如果一个人离异，人生就不顺利、不完美，总觉得是遗憾人生。在我国，无论过去还是现在，女性离异就较难结婚成家，这是非常不公平的。

造成离异单身人生际遇的原因是多种多样的，主要有：双方个性情感不合，或家庭经济困难，或夫妻生活不和谐，或出现第三者，或有婚外情（外遇），或夫妻一方出现刑事犯罪，还有丧失生育能力等原因。

婚姻的破裂，总是伴随着感情破裂，无论男女，都或多或少会留下情感创伤，留下心理阴影，严重的还可能出现精神、个性问题，影响正常生活。

3. 丧偶单身人生

丧偶单身人生是指年轻人婚后一方不幸死亡，留下另一方单身生活。年迈夫妻，一方正常死亡，另一方也算是丧偶，但人们总认为这是正常人生。

（二）单身人生的苦楚

失去一半的家，还是家吗？缺少爱人与被爱的心，又该如何？单身人生伴随的是各种苦楚。

① 孤独的中国男人. http：//www. caistv. com，2011－11－21.

1. 生活上的苦楚

单身人生在生活上的苦楚，别人是难以体会和理解的。除个别高学历、高收入的单身外，总的说来，大多是因为经济基础薄弱，或生活负担较重，或个体素质原因，过着单调、贫困、寂寞的生活，生活幸福指数较低。再者单身对家的概念淡薄，生活随心所欲，起居、睡觉、食宿没有规律，并且形成性饥饿、性渴望，或性冷淡、性无能。还有单身者的生活质量较差。有的孤居的单身汉已到了生活潦倒的地步；有的单身者长期沉浸在过去的痛苦回忆中走不出来，缺少生活的乐趣；有的单身者担心老了无人照顾生活，精神负担较重。

英国科学家研究表明，单身者因病死亡的风险较已婚人士高出 5% 到 10%，与吸烟造成的死亡风险相近。东莞市人民医院生殖医学中心主任陆仁康教授研究认为，单身女性患癌症几率高，单身汉更易患心血管病，单身者死亡率高于已婚者。

2. 心灵上的苦楚

由于命运的遭遇，心灵上难免苦楚，由于长期单身，容易出现生活压力、心理压力，容易造成精神障碍、情绪障碍和人格障碍。

譬如，由于长期孤居单身，长期期望结婚成家，期望过上正常婚姻生活，心理压力大，容易出现精神障碍和情绪障碍。由于长期单身，没有夫妻生活体验，会出现性饥饿、性幻想，容易导致个性孤僻和人格障碍。

又如，由于离婚而单身，原来两人一起生活，离婚后突然变成一个人生活，平静安逸，却总是感觉心里空空的，不知道该怎么打发日子，心里很空虚和寂寞，存在孤独感，缺乏安全感。由于离婚过程精神上的折磨，情感上的损害，心理上的创伤，容易出现离婚综合征。

再如，由于丧偶成为寡妇（或孤男），精神、情感、心理受到极大打击，时常回忆以往夫妻恩爱的生活，白天时常触景伤情，夜深人静时泪湿枕边，心如刀绞——世上情感千万种，失去情爱最伤心，失去一个可以亲昵倾心的人是最揪心的。再加上工作压力、生活压力、社会压力和性压抑，容易出现精神崩溃，心理抑郁，严重的或许还出现性格刁蛮、人格变态和行为怪异。父母丧偶的际遇，以及由此引起个性行为，往往还会影响孩子的人生观、婚姻观和性格的形成，影响孩子的行为表现。

第四节 悲观人生

悲观人生是人生万象、生活百态的一面。悲观人生，这里是指悲观的人生态度和生活表现。悲观是情感态度，人生是生活表现过程，悲观人生是一个广泛的概念，包含的内容、范畴甚广，形态过程也较为复杂。也许可以这样理解，悲观人生是一种变异人生。

为了讨论的方便，本节只能将它的概念缩小，只限定在：悲观人生包含厌世人生、隐居人生和自绝人生。

一、悲观人生种种

悲观的程度有轻有重，悲观人生的表现也就各种各样。轻者，只表现为一种生活意识：消极生活情绪，悲世心态，厌世人生观。重者，变成人生行为：厌世人生、隐居人生、自杀人生，甚至是杀人行为、反社会行为。如报复性杀人而后自杀，制造爆炸、自焚事件等。

（一）厌世人生

1. 厌世人生的概念

厌世是一种对生活的情绪态度，厌世人生是指个体对生活失去期望，对人生失去信心，精神颓废、厌弃人世。生活的艰辛、工作的压力、爱憎的苦恼、人际的冷暖、世态的炎凉，使社会上一些人产生了悲观情绪和厌世行为，成为厌世者。

厌世与贪生相反，是一种消极的、悲观的情绪和心态。厌世者用悲凉心态对待人生，总认为人间苦楚，世道昏暗，社会无爱。厌世者遇事都往坏处想，总认为自己苦命，事事不顺心。厌世者用不良心态看待外界一切事物，总认为做人烦事多，做人没有意义，把人生看得一片黑暗。厌世者总认为，生不如死，死了没有苦恼，死了一了百了，不会再受生活煎熬。总之，厌世者有厌世情绪，或避世意图，或轻生念头。

2. 厌世人生的表现

厌世是社会心理现象，厌世人生是一种社会心理与行为表现。厌世人生有各种表现：

有些人自我封闭，整天不出门，少参与社会活动，少参与人际交往活动。

由于厌恶生活，有些人生病时拒绝医治，恨不得早日离开这个世界。

有些人选择隐居山林，过着与世隔绝的隐士生活，躲避人间世事与烦恼。

有些人选择出家为僧（或为尼），过着终日念经拜佛，修身养性，与世隔绝的生活。

有些人选择自杀行为，了却自己生命，自绝人生，以死避世。

有些人厌恶社会，厌恶人生而采取报复社会或他人的行为。

例如，最近有人在互联网上，留下这么一句话："对生活产生极强的悲观感，我想放火烧掉房屋，我想让汽车爆炸，我想放火烧森林。总之我想报复……"

互联网上，有人在组织"厌世协会"，号召厌世者加入该组织，准备形成厌世群体；有人在相约"厌世自杀者"一起跳楼自杀。

总之，厌世现象也好，厌世人生也好，相对于大众来说，都是变异人生。

（二）隐居人生

1. 何谓隐居人生

隐居人生是指远离或躲避社会群体而过着自认为安静、安逸、与世无争的隐蔽生活。隐居人生可分两类：隐士人生（指独居山林的隐者、隐士）和空门人生（包括和尚、道士）。

隐居的人和隐居人生，或多或少都有厌烦、躲避、悲观、厌世的成分，在世俗看来也属于异常人生。许多僧人、尼姑与世人、常人相比，的确有许多异常行为，如拜佛、念经、敲钟、修道、穿衣、打扮、削发、化缘、吃斋、不婚、戒色、戒性、不杀生等。异常的因由，直接与悲观人生有关。

2. 佛教的隐居人生

佛法经义有许多内容，明显带有“悲心”、“悲观”、“人生八苦”、“厌世”、“出世间法”和“西方极乐”等成分。的确，有许多人因“厌世”而遁入空门，而且出家人在弘法时，也在自觉不自觉向信徒们传导“人生悲”和“厌世”的悲观观念。

佛教所说的“厌世”，其“厌”字的含义是“厌恶”、“厌离”；而“世”字，就是指“世间”，包括“器世间”和“有情世间”，前者指“无情世界”，也指“物质世界”，后者指“有情众生”，还包括“六道”——地狱、饿鬼、畜生、阿修罗、人和天。佛教将对现实生活中的生、离、死、别、烦、累、苦等种种无奈和不满，渲染得淋漓尽致，也将消极的厌世心态，传染给了信徒和大众。

（三）自绝人生

自绝人生是指以自杀行为结束自己的生命和人生，故也叫自杀人生。自杀，一般指个体蓄意和自愿采取极端手段结束自己生命的行为。自杀行为是一种复杂的社会现象，它反映了社会政治、经济、文化的某一侧面。

自杀行为，除个别精神病人外，除个别为了正义而采取自杀行为（如为人类解放，在战场上举枪自杀）外，大多数人是因生理、心理、家庭关系、社会人际关系等各种复杂原因引起的偏激行为，是悲观人生的极端行为表现。

从心理学角度看，自杀行为是由厌生、厌世心理引起的。归根结底是由情感因素、心理压力引起的。因为生理、心理、家庭、社会关系等原因引起厌世心理，最终汇集为心理压力、心理情感问题而产生自杀行为，也即各种客观原因超越个体心理承受能力而引起自杀，如果个体“心本”素质好，承受能力强，对人生有积极认知，就不会有自杀行为。因此，有自杀倾向的高危人群，是可以通过心理疏导而化解的。

据有关调查显示，曾经有厌世情绪的人很多，曾经有自杀念头和行为的人也不少。有调查研究表明，中国人口占世界人口的1/5，而每年自杀人数却占世界自杀人数的1/4。

——北京心理危机研究与干预中心执行主任费立鹏公布的一组数据令人触目惊心：中国每两分钟有1人自杀死亡，8人自杀未遂，每年至少有25万人死于自杀。

——根据卫生部2004年的死亡数据进行分析，自杀是我国第5位的重要死亡原因，占15～34岁人群的死因首位。

——新加坡《联合早报》2009年4月18日报道：牛津大学自杀研究中心的研究表明，全球每年100万人自杀，其中30%来自中国，其自杀人数占全国所有死亡人数的3.6%左右[①]。

——2010年，富士康集团职工的“十连跳”自杀事件，震撼全国。

——据《新快报》2009年4月24日报道，广东省召开高校心理健康教育工作会议，会上透露，广东去年共有26名大学生自杀身亡，另有5人自杀未遂……从2003年至2008

① 欧洲研究报告：中国每年自杀人数占全球30%. http://www.sina.com.cn，2009-04-19.

年底，全省高校发生学生自杀事件101例，研究生自杀率呈上升趋势①。

——明星自杀频繁。2009年3月7日，26岁的韩国影星张子妍因抑郁症在家中自杀。3月8日，21岁的日本影星伊藤隆大死于自驾车内，警署认定为自杀。3月12日，韩国歌手李昌容在家中上吊自杀，终年38岁。2003年4月1，香港影星张国荣在香港文华酒店24楼跳楼身亡，震惊全亚洲。

二、悲观人生的缘由

（一）人生的悟道

人对自己的人生，有所体验，对自己的生命，有所认知，而认知方式总是：

——人总是喜欢憧憬和想象。人喜欢想象人生一帆风顺，或一路春风得意，人生路上处处遍布鲜花和充满芬芳。但现实生活却是另外一回事。人生总是充满打拼、竞争、劳累、压力、挫折、失败、苦恼，且还有生离死别。而这时，有的人充满自信，意气风发，顺应生活；有的人则感到悲观厌世，终日生活在忧愁之中；有的人因悲观厌世而躲避生活，隐居人生；有的人却走向极端，自绝人生。活得如何？活得是否开心愉悦？这些都取决于人对人生、生命、生活的认知，取决于人的“心本”素质。

——人总是喜欢向上攀比。人喜欢与别人攀比，而且总喜欢向上比较，喜欢和有钱的、当官的比较。这都是“人往高处走，水往低处流”的人生观在起作用，似乎不“往高处走”就没有出息。这样一来，就比出高低、比出沮丧、比出悲观、比出厌世，如果心理素质不高，就容易比出隐居人生和自绝人生的行为来。

——人总是喜欢执着追求。人总是执着追求，而且追求更高、更快、更强、更美、更好。因为我们从小接受的家庭教育、学校教育、社会教育都要求人要有理想、事业、前途、当官（学而优则仕）、发财（有出息）；因为许多老师都经常说“马局长曾经是我的学生”、“当年，我是牛经理的班主任”、“杨市长，高三我教过她”，却很少有老师说“那个想自杀的学生是我教的”。因为许多鲜花、奖状、荣誉、掌声、赞扬、金钱、美女、官位都向执着者、成功者抛来。而对许多人来说，什么人生的理想、事业、前途，都随着岁月推移，随着现实生活而一个个相继破灭——成为“破灭者”、“失败者”，在破灭之中就伴随失意、烦恼、悲观、厌世，就算成功者，也有竞争、压力、苦恼、不顺心……

——人总是在贪婪中度过。说好听一点，是人总是追逐完美，而完美的标准却越来越高，贪婪的念头越来越大。圆了大学梦，又想读名牌大学名牌专业；有了好岗位，又想当大官；发了一点财，又想大富大贵……生活要求总是在贪婪的驱使下，不断膨胀扩张，人总是在贪婪中度过人生，而一旦达不到完美要求，就认为活着丢人，就认为人生无意义，就灰心丧气。

——人总是在情感中活着。世上有许多动物，唯人是最有意识、最有情感的动物，他会有憧憬、攀比、追求、执着、贪婪、好坏等意识，然后产生各种各样的认知、情绪和情

① 广东去年26名大学生自杀身亡，研究生自杀率上升. http://www.chinanews.com，2009-04-21.

感，悟道人生，形成人生观：或是乐世的，或是厌世的。这就是人对自己人生的悟道。

总之，由于社会现实、社会际遇、社会经历、人格品质和"心本"素养等的不同，人们对人生认知和悟道存在差异。有的人在接受教育之下，在憧憬、攀比、执着和失败、失意、压力经历之下，在个性素质作用之下，就产生了悲观、厌世、隐居等人生观，或者自绝行为。

（二）自杀的动因

自杀行为是悲观人生的典型和极端行为，有必要单独分析。

自杀的动机和原因，归根到底是人生际遇的压力与情感问题。个体一旦感觉人生累了、苦了，心力无法承担人生的压力了，就干脆以"死"去解脱痛苦，了却人生。具体来说，自杀的动因有客观的，也有主观的。（以大、中、小学生自杀事件为例。）

1. 客观原因

不和谐的社会环境、不健全的教育体制、不温馨的家庭环境等因素是诱发个体自杀的客观原因。

——不和谐的社会环境。社会缺失安全感、归属感：就业失业、工资福利、分配不公、贫富悬殊、竞争激烈、工作强度、生活压力、社会习俗、社会风气、社会治安、社会稳定等因素，都有可能直接或间接地引发学生个体的自杀行为。

——不健全的教育体制。教育理念、策略、体制、制度（如教育资源不公平）；教育目标、内容、方式和评价方法（如高考评价方式和压力）等因素，以及不成熟的老师的言行（伤自尊、辱人格），都会给学生带来压力或误导，给学生带来情感上的伤害，因而诱发学生的自杀行为。

——不温馨的家庭环境。家庭经济、生活、结构，父母文化、修养、养育方式和家庭危机、暴力，以及家庭不幸等因素都会诱发孩子自杀。"一个双差生的背后就有一个不幸的家庭"就是这个道理。

2. 主观原因

学生个体的心理素质、人格特征、个性倾向、道德品质、社会态度、生活心态、工作心态、人际心境、适应能力、身体状况等因素是决定个体自杀的根本原因。

——个体心理素质的原因。有心理障碍、人格缺陷、个性内向、情绪冲动的个体，一旦遭遇人生挫折，身处逆境，或失业，或家庭不幸等，就常常以消极心理去看待人生，以不良的情绪去体验世界和扩大生活逆境，将生活看得一无是处，就以自杀的方式去应对人生逆境。

——个体道德品质的原因。道德修养差，社会责任感不强，私欲较旺的个体，一旦人生际遇不顺，或工作压力过大，就自卑消极，感觉前途渺茫，厌烦了这个世界，觉得这个世界阴暗，就寻求自杀来解脱烦恼和逃避现实生活。

——个体生活际遇的原因。有生活悲观、工作消极心态和人际关系紧张、适应能力较低的个体，当生活遭遇到困难和挫折，或家庭危机，或人际危机等，就容易出现悲观心理，难以承受压力，就常常采取消极的方式、自杀的方式来应对遭遇。

——个体身体健康的原因。身体缺陷、身体不健康，或有精神分裂症、抑郁症的个体，由于久病折磨，精神忧郁，心理受到痛苦煎熬，就会出现自杀的念头。

众所周知，近二三十年来，中小学生的自杀行为时有出现，甚至大学生的自杀事件也不少。这给学校教育和管理，以及家庭教育提出了一个极其严肃的问题。本书作者在全省中小学心理健康教育的教师培训时，曾讲过这样一段话：

学生自杀行为必须具有两个前提条件：一是极端情感，二是诱发事件。两个条件的关系好比是“炸药包”和“导火线”的关系。

首先，极端情感就好比“炸药包”。学生平时生活上、学习上、人际交往上产生的情感垃圾，一点一滴堆积在心里，积累多了就产生情绪压力和厌生心理，就逐渐形成极端情感，形成“炸药包”。因此，一个人（学生），要经常清空心理上的情感垃圾，及时消减心中的“炸药包”，这叫压力和情绪的自我管理，通俗地叫“清理心理垃圾”（或叫“掏掉心中炸药”）。一个好的老师，要善于引导学生、帮助学生清理心理垃圾，“掏掉心中炸药”；至少，不能给学生添加心理“垃圾”和“炸药”，不能用语言或行为伤害学生的情感，损害学生的自尊，侮辱学生的人格。

其次，诱发事件就好比“导火线”。我们知道，干柴只有遇到烈火才会熊熊燃烧，“炸药包”只有点燃“导火线”才会引起猛烈爆炸，譬如军火库有许多炸药，如无人点火，是相当安全的。一个人有了心中的“炸药包”，如果不点燃“导火线”，也不会有自杀行为出现——有一些人，心理“垃圾”和“炸药”很多，但未有自杀行动，原因就是没有点燃“导火线”。反过来说，如果心中有了“炸药包”，一旦点燃“导火线”，立刻就引起爆炸，自杀事件就会出现。学生的自杀事件，可以认为是个体脆弱的心灵中藏着“情感炸药包”，被某一事件诱发而点燃了“导火线”，而后情感爆炸，演化为自杀行为。

那么，什么是“导火线”？如何发现“导火线”？

家庭变故，譬如双亲遇难，或父母离婚，或生意失败，或锒铛入狱；

身体生病，譬如突然得了重病，得了不治之症，或容貌受损；

恋爱失败，譬如骤然失恋，尤其是“被抛弃”的一方，心情极端痛苦；

学习变化，譬如一贯学习成绩好的学生，骤然不爱学习，考试失常，成绩骤降；

自尊受损，譬如隐私被曝光，大庭广众之下被侮辱，自尊心受到严重伤害；

倍受委屈，学生年纪小爱面子，一旦受委屈，最容易点燃“导火线”，譬如被冤枉偷窃，严重感到委屈。

……

一个高明的老师或班主任，要善于了解班上每个学生的个性和脾气，善于了解班上哪个学生心中装有“炸药包”，属于高危心理；也要善于发现“导火线”事件。同时，还要及时地帮助学生清除心上的“炸药包”和灭掉“导火线”，千万不要糊里糊涂地亲自点燃学生心中的“导火线”。但可惜的是，有个别老师常常不自觉地给学生增添心理“垃圾”和“炸药”，偶尔还不小心点燃“导火线”。

第五节 罪恶人生

罪恶是指严重危害民众、危害社会的犯罪行为，如偷盗抢劫、制毒贩毒、杀人放火等行为。社会上有些人严重违反道德和法律，偶尔或长期以违法和恶劣手段，严重危害民众、危害社会的犯罪行为，就叫罪恶。罪恶人生是指一个人有严重危害民众、危害社会的犯罪行为，是指有犯罪心态与罪恶行为的人生。

罪恶人生是人间百态中，性质最为恶劣、手段最为残忍、程度最为严重的一种伤害他人和危害社会的人生行为和人生形态。

一、罪恶人生种种

（一）盗窃与抢劫

1. 盗窃

盗窃是用不合法的手段、不可见人的秘密方式，偷取别人金钱财物的行为。按其手段、性质、程度的不同，可分为：盗贼（一般的偷盗和行窃），强盗（强抢和掠夺他人财物），盗匪（用暴力劫夺他人财物，扰乱社会治安，带有抢劫的性质）。

2. 抢劫

“抢劫”是指以非法占有为目的，明目张胆地使用威胁、暴力等武力手段和方式，强行掠夺、挟持、劫持他人财物和人身的行为，可分为海盗（占据在某一海域，以劫抢过往商船的财物为生），山贼（往往也称“土匪”，盘踞在某一山林，以劫抢过往路人、商队的财物为生）。抢劫带有敲诈勒索、威逼掠夺、绑架的性质。

盗窃与抢劫的性质特点：第一，不道德、不合法。第二，以非法手段夺取他人的财物。第三，（除个别盗贼外）有团伙性质，甚至有组织、团队的性质。第四，（除个别盗贼外）大多以盗窃与抢劫为生活的主要来源。第五，其行为侵犯他人利益和人身安全，危害社会治安。

盗窃与抢劫是犯罪行为，是一种罪恶人生。目前，我国海盗、土匪、盗匪极少，但盗窃和抢劫行为还时有出现，甚至有些地方还存在黑社会性质的组织。他们盘踞一方，使用暴力手段，威胁别人，强抢强卖，欺行霸市，收保护费，甚至敲诈勒索，抢劫绑架，打人要挟，伤人杀人，扰乱社会治安，犯罪行为猖獗。

（二）拐卖与绑架

1. 拐卖

拐卖，这里特指拐骗贩卖人口的犯罪行为。拐卖行为主要是拐骗贩卖儿童和妇女，其性质是抢劫人身，贩卖人口，是一种违法犯罪行为。犯罪分子将拐骗抢劫的儿童，贩卖到国内外富裕地区的家庭；将拐骗抢劫的妇女，卖到国内贫困地区的人家。

一直以来，我国拐卖人口案件时有发生。据统计，2011 年全国共侦破拐卖妇女案件

5 360 起，拐卖儿童案件 5 320 起，共打掉 3 195 个犯罪团伙，解救被拐儿童 8 660 人，妇女 15 458 人。2012 年 3 月 7 日零时，公安部统一指挥山东、贵州等 14 省区市公安机关同步开展集中抓捕、解救行动，彻底摧毁了一个“第三地”交易的家族式特大跨省拐卖儿童犯罪网络，抓获 310 名犯罪嫌疑人，解救 77 名被拐卖儿童①。

2. 绑架

绑架是指利用被绑架人的近亲或者其他人对被绑架人安危的忧虑，以勒索财物或满足其他不法要求为目的，使用暴力、胁迫或者麻醉方法，劫持或以实力控制他人作为人质的行为。

所谓以勒索财物为目的，是指绑架行为人以加害被害人相威胁，迫使被害人的近亲交给其包括货币、有价证券、金银财宝等具有经济价值的财物。绑架所使用的方法本身，就危及被害人的身体健康、人身自由和人身安全；犯罪目的（勒索财物）一旦不能得逞，还可能会对被害人下毒手，杀人灭口。

绑架的对象：任何有生命的自然人，包括妇女、儿童、婴幼儿、个体户、私营业主或大公司（企业）的重要人物。

绑架是一种犯罪行为。1997 年《中华人民共和国刑法》（以下简称《刑法》）修订后定为“绑架罪”。

绑架的性质构成：①主体为一般主体，凡达到刑事责任年龄（满 16 周岁）且具有刑事责任能力的（犯罪）自然人。②主体表现为直接故意，且以勒索他人财物为目的或者以他人作为人质为目的。③客体是他人的身体健康权、生命权、人身自由权及公私财产所有权。④客观方面表现为以暴力、胁迫、麻醉或其他方法，劫持他人的行为。

据全球绑票保险业巨头英国希思可（Hiscox）公司 2009 年 10 月 22 日的一项调查报告称，最近 10 年间，全球的绑票案件翻了 3 倍，从绝对值来说，中国人遭绑架人数最多，因为中国人口众多，而且有很多中国人生活在海外……公民被绑架最多的国家，前十名中排在第一位的是中国，其次是法国、德国、菲律宾、俄罗斯、英国、印度、西班牙、韩国，意大利与乌克兰并列为第十名②。

（三）制毒与贩毒

《刑法》第 357 条规定：“毒品，是指鸦片、海洛因、甲基苯丙胺（冰毒）、吗啡、大麻、可卡因以及国家规定管制的其他能够使人形成瘾癖的麻醉药品和精神药品。”

众所周知，毒品的危害性极大，可概括为：毁灭自己，祸及家庭，危害社会。

首先，毒品危害人的身体，对身体健康造成直接而严重的损害，长期吸毒会精神萎靡，形销骨立，并可诱发多种并发症，甚至导致死亡。毒品进入人体后，使人体体能、神经系统发生变化，并对毒品产生生理与心理依赖性，故容易成瘾，使得吸毒者失去工作、生活的兴趣与能力。

---

① 抓获犯罪嫌疑人 310 名，解救被拐儿童 77 名. http://www.legaldaily.com.cn，2012-03-09.

② 报告显示，最近 10 年全球遭绑架最多的是中国人. http://www.chinanews.com，2009-10-21.

其次，一个人一旦吸毒就难以戒掉，一个人吸毒成瘾，就道德沦落，人格丧失，四处举债，倾家荡产，六亲不认，也就家无宁日，妻离子散，家破人亡。

最后，吸毒与犯罪如一对孪生兄弟。吸毒者为获得毒资往往置道德、法律于不顾，越轨犯罪，严重危害人民生命与社会治安。吸毒者丧失工作与正常生活能力，对吸毒者各种医疗费用，缉毒、戒毒力量的投入，药物滥用防治工作的开展，这些都给社会经济带来严重的损失①。

制毒贩毒是一种犯罪行为。毒品的危害性极大，我国对毒品的管制也严打严抓，对制毒贩毒的法律惩罚也很严厉（可判处极刑）。但制毒贩毒的利润极高，在利益的驱动下，一些丧尽天良、利欲熏心的人就置他人生命于不顾，置法律于不顾，为了金钱铤而走险，为了利益制毒贩毒，危害他人，危害社会，扰乱治安。

制毒贩毒者，当然懂得毒品的危害性，熟知毒品的高利润，知道制毒贩毒是严重违法的犯罪行为，也知道制毒贩毒的行为是一种罪恶，其人生是罪恶人生。但在高利润与冒险、高利润与罪恶、高利润与极刑的面前，他们往往为了前者而不顾后者，害人害己。

（四）杀人放火

杀人放火是一种以利益，或复仇，或毁灭罪证等为目的的手段极其残忍的犯罪行为。

1. 杀人

杀人是指毁灭他人的生命和剥夺他人的生存权的行为。在我国法律中是犯罪行为，杀人犯是指非正当防卫情况下，蓄意伤人，导致被害人死亡的人。

杀人犯的构成有两个要件，包括犯罪行为（非正当防卫情况下，蓄意伤人）和杀人行为（导致被害人死亡）。当然，在有精神疾病的状况下，行凶者可以不承担法律责任。

杀人动机：为何要杀人？古今中外，杀人的原因是相当复杂的。大体有：见利起杀心，谋财害命（包括争夺家产）——为财杀；杀人灭口，为了自身不暴露——毁证杀；奸情杀夫（妻）——情杀；报仇雪恨——仇杀。另外还有：受雇于人（职业杀手、保镖）的杀人，路见不平拔刀相助的杀人，为了尊严的杀人，祭奠行为的杀人，反社会行为的杀人，政治行为的杀人，激愤状态下的杀人，非刑事的杀人，法律许可的杀人等。

杀人手段：枪杀、械杀、刑杀、毒杀、烧杀、埋杀、吊杀、蒙杀、淹杀、勒杀、坠杀等等。杀人方式有暗杀，也有明杀。无论以何种手段杀人，都是十分残忍的。例如，云南大学2000级学生马加爵，2004年2月13—15日在校内连杀4名同学后潜逃。其杀人手段十分残忍，案件震惊全国。

2. 放火

放火是指蓄意纵火的犯罪行为，放火常常与谋财害命伴随在一起，故有"杀人放火"之说。放火的目的是为了报复而毁灭他人财产，或为了杀人灭口，或为了销毁证据，或为了嫁祸于人。

① 上海市公安局网页，2007-03-20.

二、罪恶人生的缘启

（一）天生犯罪说

“天生犯罪说”是近年来出现的一种说法，持这一观点的有德国杰哈德·罗斯教授和美国肯特·基尔教授。

德国不来梅大学精神病学家杰哈德·罗斯教授，通过对罪犯的大脑进行X光扫描发现，罪犯的大脑的前下方有一块黑色的斑块，称为“罪恶斑”。罗斯认为，一个人犯罪，往往是因为他的大脑哪个区域出现肿瘤斑块……“罪恶斑”是罪恶的渊薮。这也就是说，有些人可能天生就是罪犯。持这一观点的，还有美国新墨西哥大学心理学家肯特·基尔教授，他曾对2 000多名罪犯做过大脑核磁共振扫描，结果发现他们的大脑扫描图像具有一个共同的特征——具有单胺氧化酶（MAOA）基因。基尔认为，如果一个人具有单胺氧化酶基因，同时又来自压抑环境，出现暴力攻击行为的可能性就增大①。

如果上述观点成立，则有几个值得讨论的疑问：①犯罪行为是一种病吗？②犯罪行为是否是由罪恶心态引起的？③除“暴力攻击行为”外，贪腐、盗窃、绑架、贩毒、杀人等犯罪行为也由“罪恶斑”引起吗？④由“罪恶斑”引起犯罪，那么，犯罪能引起“罪恶斑”吗？两者是否互为因果？

（二）罪恶心态说

无论是盗窃抢劫、拐卖绑架，还是制毒贩毒、杀人放火都是犯罪行为。哪怕是正义战争的杀人，也是杀人，也是对人类的犯罪，也是人道上的犯罪。因此，世界上很多人都反对战争，反对滥杀无辜。

从犯罪心理学的角度，从“原罪”的角度看上述的犯罪行为，归根结底“原罪”是每个罪犯的犯罪行为的根源，色欲、饕餮、贪婪、懒惰、愤怒、妒忌和傲慢是诱发人产生犯罪行为的源头——“原罪”惹的祸。

从“心本”的视角看上述的犯罪行为，无论是盗窃抢劫，拐卖绑架，还是制毒贩毒，杀人放火，都是“人性恶”在作怪，都是犯罪者的人性趋恶、人格变态所引起的行为后果。一切犯罪行为由心而起，一切违反社会道德，违背人道的行为，都是良心泯灭、罪恶灌心——罪恶心态所引起罪恶行为，构成罪恶人生。一个人如果缺乏做人的基本素质，缺乏良好的道德修养，缺乏良好的“心本”修养，缺乏法律意识和人道意识，就会私欲熏心，丧心病狂，就什么坏事都干得出来，就会为了私欲铤而走险，为了私欲杀人放火。这样看来，“心本”才是“罪恶人生”的真正源头。

所谓人生百态，说到底是人心百态、“心本”百态。无论是平常人生、勤劳人生、真善人生、和谐人生、幸福人生，还是贪逸人生、虚伪人生、遗憾人生、变态人生、罪恶人生，说到底是心态人生、“心本”人生。所以，我们就得出这样一个结论：“心本”决定人生。

---

① 广州日报，2013－02－08.

附录："心本"人生之言

1. 人生是一本书，一本尽管你用心读，也未必读得懂的书。而"心本"人生是你一辈子用心写，却未必写得好的书。

2. 人生是一条漫长的"心路"，由心感受而成：可以很顺畅、很好走，让你觉得很开心、很幸福；也可以很波折、很难走，让你觉得很痛苦、很不幸。

3. 人生是一个历程，一个由心去谱写的历程。什么样的心态，就有什么样的人生感悟，有什么样的人生感悟，就会谱写出一本什么样的书。

4. 人生面临着几个既难以回答又没有统一答案的问题：活着为了什么？人生意义是什么？何为幸福？生命的终极在何时？

5. 人生如下棋，开局如何，影响后面的博弈。

6. 人生历程是一条心路，对待生活是一种心态，如何活着，从心生活。

7. 人生何物？你活着，总觉得它很苦——厌烦它；你将死，又想着生——留恋它。真是可笑！何不换一思路：活得愉快，死得自然。

8. 人生的一切不是从天上掉下来的，更不是偷来、抢来、拿来的，它是靠努力得来的。

9. 人生在世，多少世事，多少际遇，多少经历，是处境使然？还是自主选择？

10. 人生在世，不要求完美，不追逐功利，不挑剔环境，不埋怨世事，不烦恼遭遇；只求健康平安，只求简朴自在，只求平顺安稳，或许更容易获得快乐，活得幸福。

11. 人生的进取奋斗，是为了什么？为了自己的人生目标？然而，实现目标就能幸福吗？人生达到什么程度才为止境？

12. 人生本是忙碌的、劳累的、艰辛的、痛苦的，甚至是残酷的，因此，人们才追求平安、快乐和幸福。

13. 人生如棋局，进不一定赢，退不一定输，该进则进，该退则退，它尽在你对全盘棋局的运筹帷幄之中。

14. 不现实的希望，终究变成折磨；不实际的追求，终究变成烦恼。

15. 人活着，不做圣人，因为它太苦；人活着，不做俗人，因为它太俗。那么，人活着，就做常人吧。

16. 所谓世道险恶，全是人心莫测使然，而人心莫测又是人性自私使然；倘要顺应世道，只有心本修养，人性修善，而后坦然！

17. 以心感悟人生，以心感知人生，以心应对人生，以心享受人生——用心看世界，用心度人生，用心过生活。

18. 心乃人之灵魂。心是人的感应器、调节器和驱动器，调节人的心理状态，控制人的行为表现。

19. 人的生存，很大程度靠心灵去感受外界的一切，去适应外界的一切。心是世界的中心，心是人生适应和行为的指挥所。

20. 一个人若没有良好的心态修养和优质的品格境界，其越有钱、越有势时，就会越空虚、越张狂、越痛苦。

21. 生时一团肉，活着皆是苦，糊里糊涂活，死后一抔土。

22. 生命的结构：躯体、心灵、思维、意识、欲望，这是生命的本源。

23. 生命能量表现为：劳作、学习、运动、交往、责任、使命、执着、幸福、快乐、困惑、烦闷、绝望、疾病、死亡等。这些都是生命参数。

24. 既然活着，就得生存；既然生存，就要有质量。

25. 人的本能就是欲望，欲望永不满足，则产生痛苦；人若被本能欲望牵制，则痛苦无常。

26. 人类征服自然、征服世界、征服他人，却偏偏征服不了自己——因为人有太多本能欲望，却时常缺乏人生智慧。

27. 人靠什么去竞争，去适应，去生存？主要靠两方面的素质：坚实的文化技能和良好的人格心理。

28. 世界上最强大、最难抗衡、最可怕的力量是心力：取之不尽，用之不竭，持续性长，坚韧性大。它能跨越任何阻碍，战胜任何困难，心力是人能够发奋和发展的第一要素。

29. 心是人性欲望之源点，心是万念之源、万恶之源、万行之力，一切皆在心中。

30. 心造一切，心主言行：烦由心生，躁由心生，苦由心生，乐由心生，情由心生，感由心生，善由心生，诚由心生，学由心生，勤由心生，志由心生，忍由心生，韧由心生，语由心生，行由心生……

31. 人的烦恼根源在于欲望（物欲、贪欲、性欲），苦苦追求财、物、色和权力、地位、名利，得到了又怕失去，岂不烦恼。

32. “心本”修养：接纳自己、接纳他人、接纳现实、接纳一切——“心”的平和、大度、大器——养成良好的心品。

33. “心本”决定性格，性格决定命运。

34. 人的一生，卓越只是一种偶然，平凡却是一种必然；人若只是为一宿三餐，其实人生并不难；人若为名利、“官财”，的确人生很苦，苦到“官财”化为棺材为止。

35. 罪恶再大，大不过放纵欲望；祸患再大，大不过不知满足；过失再大，大不过贪得无厌。

36. 与人不争高低，不结怨恨，得饶人处且饶人，得忍让时且忍让，活得自由自在，活得超然洒脱。

37. 无智慧则烦恼，无善心则处恶。世间有人的确如此：没有智力就使用暴力，缺乏魅力就使用武力；没有善心就起歹心，没有智慧就会烦心。

38. 人性本能充满欲望，“生而有欲”，有欲则求，求而不得，于是有苦。人生痛苦的根源，全是“人性恶”的本能所引起的，全是人的欲望、贪婪、自私所引起的。

39. 智慧来自对人生的全面认识和彻底悟道。天有阴晴，月有圆缺，事有成败，人有祸福。

40. 什么是人生的立命之本，不是知识，更不是金钱，而是人生智慧。

41. 睿智人生就是利用人的智慧来管理人生：学会管理自己的时间、健康、钱财、学习、生活、人际、事业，更重要的是管理自己的心，包括个性、情绪、意志、修养和言行等。

42. 教育的根本在于育心，也即教育“以心为本”，从心开始；育人要育心，管人要管心；心育乃教育之母，心品是人品之基。

43. 不能改变环境就适应环境；不能改变事情，就改变对事情的态度；不能改变别人，就改变自己；不能向上比较就向下比较。

44. 无欲便无私，无私便无求，无求便无争，无争便无烦，无烦便快乐。

45. 求快乐难过登天，求烦恼易如反掌——人若自寻烦恼，必能如愿以偿。

46. 怒如猛虎，欲似深渊。

47. 理想、目标、事业是一种心愿，心愿内在，其他外在，内在促外在行动，没有行动的理想是幻想，行动是成功的前提。

48. “以心应世、积极顺生”是“心本”所主张的人生活法。

49. 以积极之心调节自己的情绪，生活将过得更开心。

50. 人生最害怕的东西是什么？不是孤独、贫穷、失败、误解、绝望……而是自己的无知和心力的丧失。

51. 智者，如水之品格：甘居低位，流向低处，填平崎岖，冲刷污垢，洗涤污浊；可柔，可刚，可顺，可逆；涓涓细流，滋润大地，滋养众生，包容万物，容忍万象；有容乃大之本色，海纳百川之风格。

52. 懂得热爱自己，热爱他人，热爱天地万物的人，才懂得享受人生。

53. 放下是一种心态，一种选择，一种气量，一种智慧，一种学问；放下不是消极推卸，而是轻囊远行。

54. 放下，活在当下，自在安然；放不下，活在境中，自生烦恼。

55. 容忍是一种心力——容得下，忍得住，它来自于心的修养；容忍不是无能无为，而是大量大度。

56. 宽容处世，就要不比富、炫富、崇富、仇富，也不嫌贫、怨贫、轻贫、笑贫。

57. 和谐如调琴：弦调紧了，会断线或者“走音”；弦调松了，就弹不出声音。两弦失调，则音不和谐；两弦和谐，弹出的音乐才有美。

58. 宽容是一种博大，一种度量，一种美德，一种品格；宽容是一种涵养，一种胸怀，一种心态，一种境界。

59. 忍耐不是懦弱无能，而是策略退让，坚强应对。

60. 为人应大器：经得起，负得责；识大体，屈不折。

61. 心境宁静，才能志存高远。

62. 有这样一种人：居高位自大，居低位自卑，居富贵自傲，居贫穷自怜；遇顺境自视，遇逆境自馁，遇挫折自暴，遇困难自弃。

63. 官高境险，权重惧多。

64. 有一些人：走得太快了，灵魂跟不上；爬得太高了，做人底线看不见。

65. 感情是婚姻家庭的黏合剂，夫妻要经营感情，才能经营好婚姻家庭。

66. 生活之道、为人之道：甘做小草，接纳自己，摒弃虚荣，自我谦卑；与人为善，不与他人计较，不与他人争夺，得不到的不勉强；老实做人、诚实做事，规矩生活，不在灯红酒绿之中寻求生活。

67. 男人是天空——宽广、宽容、宽度；女人是大地——承载、承受、承担。男女之间是一个乾坤，一方博大、高远、坚强，罩住大地；另一方深情、滋润、柔软，承接天空。男女之间，宽容与承载，就和谐幸福。

68. 人，如果“恋爱”错一次，只是失败一次，若“恋爱观”错一次，则失败一辈子。

69. 家庭教育必须注重非智力因素的内容：心灵、个性、情感、意志、智慧、礼德、道理、真诚、善爱、感恩、责任心等。

70. 一个家庭就是一所学校，“好妈妈”胜过“好老师”。父母的性格决定孩子的个性，父母的修养决定孩子的素养，父母的教育决定孩子的未来。

71. 中国父母，普遍患有“育儿焦虑症”：过分担心孩子输在起跑线上，过分担心孩子学习前途，过分担心孩子未来发展……这是中国父母的心病。

72. 教育究竟要培养什么样的人？或者要培养人的什么？这实际上是一个人才“核心素质”的问题。

73. 一切顺其自然，得之不悦，失之不忧。

74. 孤独感是一种不愉快的、令人痛苦的主观体验或心理感受。心病要用心药医，只有用“心本”素质才能消解孤独感。

75. 历史是由铁血和泣血写成的，人生是由热泪和冷泪写成的。

76. 为人必须：听天命，尽人事，顺人生，顺自然！

77. 人只有两个问题：生与死——你能否悟出其中真谛?!

78. 如何顺应生命、顺应人生：把握心态，把握世事，把握生死。

79. 老年人要做到“七不”和“四无”：不争、不比、不虑、不管、不怨、不恨、不气和无所求、无所畏、无牵挂、无遗憾。

80. 人难免一死，对生命结束的恐惧是一种心理作用，与其在恐惧中死去，不如在平静中离世；要珍爱生命又要坦然面对死亡，笑着离开人生——因为人生包括死亡，因为我已领略了人生。

81. 何时生，何时死，如何生，如何死，的确难以自己选择，但如何活，应该自己选择！

82. 我们根本无法知道，自己将在何时何地以何种方式离开人世。既然未知，担心与恐惧都是多余的，就让生命顺其自然地生与存，消与逝，因为任何生物，从来都伴随着死，生都是为死铺垫。

83. 佛说，东方琉璃，西方极乐。东方琉璃代表通透无瑕，心无杂念，无污垢，无贪欲，活得自在；西方极乐代表没有痛苦，超越生死，逍遥仙境，生命的最高境界。

84. 有教义说，人生在世，不由自主，由命注定。其实人生在世，心品决定性格，性格决定命运，所以，心可自主，心主命运。

85. 结怨不如结缘，结仇不如解仇。

86. “心本”人生寄语：“修来有量万事了，难得无求一世空。”

87. “心本”人生寄语：“识尽生界红尘，看破人间世事。”

88. “心本”人生寄语：“活来一身轻，死去无牵挂。”

89. “心本”人生寄语：“舍得一切无遗憾，放下万望有福缘。”

90. 对生活看得开，对事物看得透，对世事看成无，对人生看成空。

91. 有量就有福，无量终日烦。

92. 幸福小日子：一份自己喜欢的工作，一份维持生计的薪水，一间住得下三五个人的房子，一位自己喜爱的伴侣，一个健康自立的孩子。

93. 如何看待幸福？要做到“四不要”：不要抱怨生活现状，不要抱怨不幸，不要向上比，不要自寻苦恼。

94. 决定幸福快乐的不是物质、财富、美色，而是心态。

95. 将人生悟透了，人就清醒了，心就平顺了，就感到幸福了。

96. “心本”追求的是感悟人生、睿智人生、幸福人生。

97. 大千世界，人生百态。造成人生百态的原因，是前世修行的因果？还是六道轮回的报应？是命运注定？还是“原罪”引起？或是“心”的造化？

98. 四季更替，物换星移，你若能理解和悟出其中道理，你就对荣华富贵、功名利禄、得失顺逆，淡然，坦然！

99. 每一个人首先是并且实际上确实是寄居在自身的皮囊里，而不是活在他人的见解之中。

100. 如果一个人是否具备价值只能取决于这个人在别人的眼中所呈现的样子，那这样的生存将是悲惨的。

[注]“心本”之言100句，大部分是作者对人生感悟之言，小部分是从本书“参考文献”所列的书籍中摘录的。

参考文献

1. 吴发科 . 心本教育 . 广州：暨南大学出版社，2011.

2. 段勇 . 生命的定义和生命起源的充分必要条件 . 河海大学学报，2006（12）.

3. Wylie R. C. *The self-concept*. In：Lincoln W. *Theory and Research on Selected Topics Vol*（2）. NE：University of Nebraska Press，1979.

4. 燕国材 . 教育人本论刍议 . 云梦学刊，1995（2）.

5. 刘善循 . 高效率学习与心素质训练——如何使你更聪明 . 北京：商务印书馆，2000.

6. 冠诚 . 有一种境界叫舍得 . 天津：天津科学技术出版社，2012.

7. 冠诚 . 有一种心态叫放下 . 天津：天津科学技术出版社，2012.

8. 郑希付 . 健康心理学 . 上海：华东师范大学出版社，2003.

9. 张中行 . 顺生论 . 北京：中华书局，2010.

10. 蓝药师 . 去西藏杀毒 . 羊城晚报，2013 - 12 - 12.

11. 冯友兰 . 论命运 . 读者，2013（6）.

12. 曹梅静 . 心理健康教育 · C 证教材 . 广州：广东省语言音像电子出版社，2008.

13. 吴发科 . 心理健康教育 · 主题教学 . 广州：广东省语言音像电子出版社，2008.

14. 般若竹 . 中国社会正在进入“心理人”时代 . 商业周刊 · 中文版，2012（4）.

15. 吴甘霖. 心本管理——管理学的第三次革命. 北京：机械工业出版社，2006.

16. 龙长青，李琴，徐锋 . 心本管理——管理学前沿的新方向 . 法制与社会，2007（9）.

17. 吴舒蔓，吴发科 . 心理问题起因与“两极无痛”原理的探讨 . 中小学心理健康教育，2008（4）.

18. 星云大师 . 觉悟——星云大师的心灵修行课 . 北京：线装书局，2012.

19. 释果宁 . 佛法即活法 . 北京：文化艺术出版社，2010.

20. 洪向华 . 幸福社会的四个维度 . 光明网，2012 - 02 - 22.

21. 郑雪等 . 幸福心理学 . 广州：暨南大学出版社，2004.

22. 吴舒蔓，吴发科 . “幸福的特性”. 探析 . 中小学心理健康教育，2011（12）.

23. 佛恩居士 . 走进佛教 .（闽）新出（2010）内字第 19 号（宗）.

24. 史铁生 . 昼信基督夜信佛 . 读者，2012（12）.

25. 姜国柱 . 中国儒家的伦理道德观 . 中国文化研究，1996（4）.

26. 林达 . 学会认输 . 读者，2013（1）.

27. 张卫等 . 感恩及其与幸福感的关系 . 心理科学进展，2010（5）.

28. 刘鸣．教育的最大目标应是孩子的终生幸福．南方日报，2011－06－05.

29. 唐华山．向西点军校学执行力．北京：人民邮电出版社，2010.

30. 李荐中等．初中生青春期逆反心理发生率及其对心理健康状况的影响．中国全科医学，2006（23）.

31. 薛森强．“差生”从何来？教育导刊，2005（7）.

32. 吴舒蔓，吴发科．“叛逆期现象”剖析及其教育对策．现代教育论丛，2009（11）.

33. 吴发科．家庭教育的策略与方式．教育导刊，2005（1）.

34. 莫雷等．青少年心理健康教育．上海：华东师范大学出版社，2003.

35. 唐洪波，陈筱洁．小学生积极心理培养．广州：暨南大学出版社，2012.

36. 彭聃玲．普通心理学．北京：北京师范大学出版社，2004（4）.

37. 许燕．工作压力与心理调适．珠海文化大讲堂，2008－12－16.

38. 吴发科，任旭明．“幸福心理效应”现象探析．中小学心理健康教育，2011（9）.

39. 民政部社会福利和慈善事业促进司，联合国儿童基金会，北师大壹基金公益研究院．中国儿童福利政策报告 2011. 2011.

40. 尼古拉斯·埃伯施塔特．人口研究报告．2010.

41. 刘学兰等．中学生心理健康教育．广州：暨南大学出版社，2012.

42. 迟毓凯．领导心理学．广州：暨南大学出版社，2012.

43. 许思安．青少年十种常见问题行为的矫治．广州：暨南大学出版社，2012.

44. 王玲．校园突发事件的危机干预．广州：暨南大学出版社，2012.

45. 黄喜珊，张霞．中外故事在心理课程中的应用．广州：暨南大学出版社，2012.

28. 刘鸣. [illegible]目标[illegible]技巧的[illegible]. 2011-06-03.
29. [illegible]内地[illegible]. 北京: 人民[illegible]出版社, 2010.
30. [illegible]等. [illegible]对中学生[illegible]学习及[illegible]管理[illegible]. 中国[illegible]. 2006(23).
31. [illegible]. 文化[illegible]从[illegible]. 教育导刊, 2005(7).
32. [illegible]. [illegible]教育[illegible]. 现代教育论丛, 2009(1).
33. [illegible]. [illegible]教育的策略与方式. 教育导刊, 2005(11).
34. [illegible]. 青少年心理健康教育. 上海: 华东师范大学出版社, 2005.
35. [illegible]. [illegible]小学生心理[illegible]. 广州: 暨南大学出版社, 2012.
36. [illegible]. [illegible]. 北京: 北京师范大学出版社, 2004(4).
37. [illegible]. 青少年[illegible]心理问题. 北京: 北京大学出版社, 2008: 12-16.
38. [illegible]. [illegible]. 2011(3).
39. [illegible]社会[illegible]. [illegible]. 中国儿童[illegible]发展报告. 2011.
40. [illegible]. 人口研究报告, 2010.
41. [illegible]. [illegible]心理健康教育. 广州: 暨南大学出版社, 2012.
42. [illegible]. [illegible]. 广州: 暨南大学出版社, 2012.
43. [illegible]. 青少年[illegible]行为的研究. 广州: 暨南大学出版社, 2012.
44. [illegible]. 校园[illegible]. 广州: 暨南大学出版社, 2012.
45. [illegible]. [illegible]在心理课程中的应用. 广州: 暨南大学出版社, 2012.